基盤的調査観測の対象活断層
(活断層の位置・番号・名称)

地震本部による地震の長期的な
発生の予測(長期評価)は公表済

番号			
北海道地方	101～	中国地方	601～
東北地方	201～	四国地方	701～
関東地方	301～	九州地方	801～
中部地方	401～	沖縄地方	901～
近畿地方	501～		

北海道地方

番号	旧番号	断層の名称	ランク
101		サロベツ断層帯	S
102	1	標津断層帯	X
103	2	十勝平野断層帯	A
104	3	富良野断層帯	Z
105	4	増毛山地東縁断層帯・沼田-砂川付近の断層帯	AX
106	5	当別断層	A
107	6	石狩低地東縁断層帯	ZA
108	7	黒松内低地断層帯	S
109	8	函館平野西縁断層帯	A

東北地方

番号	旧番号	断層の名称	ランク
201	9	青森湾西岸断層帯	A
202	10	津軽山地西縁断層帯	X
203	11	折爪断層	X
204	101	花輪東断層帯	A
205	12	能代断層帯	Z
206	13	北上低地西縁断層帯	Z
207	14	雫石盆地西縁-真昼山地東縁断層帯	XZ
208	15	横手盆地東縁断層帯	ZX
209	16	北由利断層帯	A
210	17	新庄盆地断層帯	AS
211	18	山形盆地断層帯	SA
212	19	庄内平野東縁断層帯	ZS
213	22	長井盆地西縁断層帯	Z
214	20	長町-利府線断層帯	A
215	21	福島盆地西縁断層帯	Z
216	23	双葉断層	Z
217	24	会津盆地西縁・東縁断層帯	Z

関東地方

番号	旧番号	断層の名称	ランク
301	30	関谷断層	Z
302	31	大久保断層	A
303	31	深谷断層帯・綾瀬川断層(関東平野北西縁断層帯・元荒川断層帯)	AZX
304	34	立川断層帯	A
305	35	伊勢原断層	Z
306	36	塩沢断層帯・平山-松田北断層帯,国府津-松田断層帯	A
307	37	三浦半島断層群	X
308	29	鴨川低地断層帯	X

中部地方

番号	旧番号	断層の名称	ランク
401	38	北伊豆断層帯	Z
402	43	富士川河口断層帯	S
403		身延断層	X
404	104	曽根丘陵断層帯	A
405	25	櫛形山脈断層帯	S
406	26	月岡断層帯	A
407	27	長岡平野西縁断層帯	A
408	103	六日町断層帯	A
409	39	十日町断層帯	SA
410	102	高田平野断層帯	SZ
411	40	長野盆地西縁断層帯(信濃川断層帯)	ZX
412	41,42,44	糸魚川-静岡構造線断層帯	SA
413	46	境峠-神谷断層帯	SX
414	51	伊那谷断層帯	ZX
415	45	木曽山脈西縁断層帯	ZSX
416	105	魚津断層帯	A
417	56	砺波平野断層帯・呉羽山断層帯	SA
418	55	邑知潟断層帯	A
419	57	森本・富樫断層帯	S
420	49	牛首断層帯	Z
421	47	跡津川断層帯	Z
422	48	高山・大原断層帯	SAX
423	52	阿寺断層帯	SZX
424	53,54	屏風山・恵那山断層帯等及び猿投山断層帯	AZX
425	50	庄川断層帯	Z
426	59	長良川上流断層帯	X
427	58	福井平野東縁断層帯	ZX
428	60	濃尾断層帯	ZX
429	61,62	柳ヶ瀬・関ヶ原断層帯	ZX
430	63	野坂・集福寺断層帯	ZX
431	64	湖北山地断層帯	Z
432	67	養老-桑名-四日市断層帯	A
433	97	伊勢湾断層帯	ZA

地震本部の「主要活断層帯の長期評価(概略位置図)」をもとに作成.

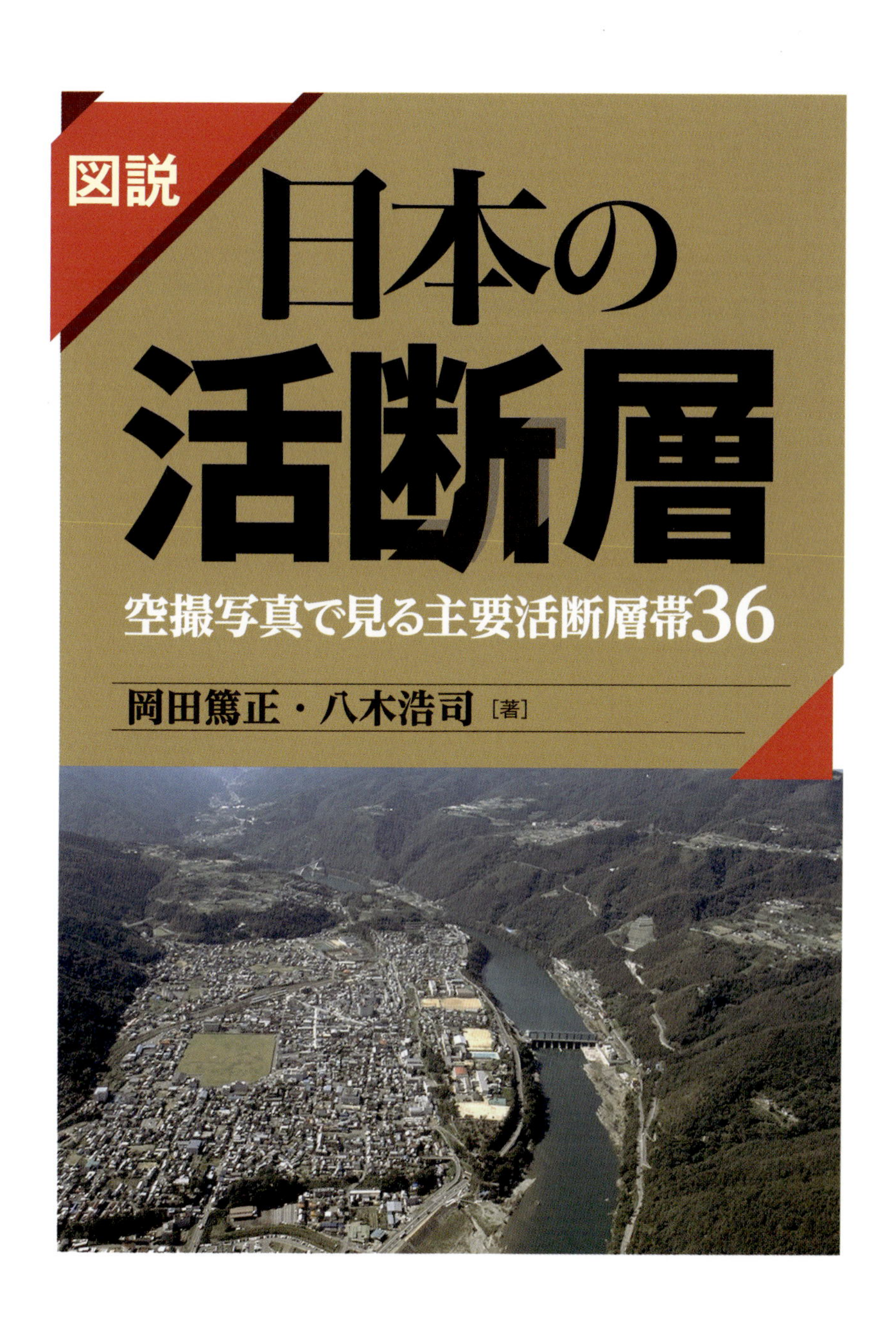
図説
日本の
活断層
空撮写真で見る主要活断層帯36
岡田篤正・八木浩司［著］

朝倉書店

はじめに

日本列島は起伏が激しく，地域的な変化に富み，美しい風景を展開させている．幅の狭い列島の割に高低差のある急峻な山地が多く存在する一方で，その間には盆地や平野のような低地が各所に発達する．このような変化に富む地形（起伏）は，新しい地質時代における活断層の動きを含めた地殻運動の激しさが密接に関与して形成されてきた．

日本列島の太平洋側の沖合には日本海溝や南海トラフとよばれる深い溝状凹地が連なり，これらに沿って巨大地震が100年前後の間隔で発生してきた．内陸部でも大地震が各地で発生し，甚大な地震災害が引き起こされてきた．こうした大地震時には広い範囲に及ぶ大きな地殻運動が生じたり，内陸の活断層が再活動して地震断層を出現させたりして，人々を驚嘆させてきた．

日本列島とその周辺域は4つのプレートが会合するという複雑な位置にあるが，このような場所は世界でも珍しい．これらの動きは時代と共に変化しており，地殻運動の多様性や複雑さがもたらされてきた．日本列島の内陸には2000本を超す活断層が分布するが，周辺の海底を含めるとこれに倍する活断層が発達している．

日本と周辺域では地震の発生数が世界の約1/10に及ぶ．まさに日本は地震大国と言える．これは日本列島と周辺域が現在も激しく変動していることを意味し，山地・山脈や盆地・平野のような地形の成因や配置に活断層の活動が関与しているからである．日本列島の地形はきめ細かく多様性に富むが，数多く分布する活断層の動きに伴われて形成されてきたとも言える．

日本列島に分布する活断層は配列や性質において大きな地域性があり，東日本では一般に南北方向に細長く連なる山地と盆地（平野）の地形境界沿いに主な逆断層帯が発達する．こうした地形境界沿いには第三紀層が厚く分布しているので，撓曲を伴った運動であることが多く，活断層の変位地形はやや緩く複雑な地形を呈する．断層面は一般に山側の地下へと傾斜し，断層線は湾曲したり，分岐したりするので，活断層の位置を詳しく追跡することが難しいことも多い．

一方，中日本から西日本にかけては，横ずれ活断層や逆断層が発達し，基盤岩石と第四紀の地層とが直接することが多い．断層線は直線状に長く連なり，高度差のある急傾斜面（断層崖）が伴われており，活断層の位置は比較的容易に追跡できる．また，九州中部にはほぼ東西方向に連なる正断層群が密に発達し，火山性の堆積地形が切断されて，特異な凹地帯をなす地溝が数多く形成されている．

平成7（1995）年兵庫県南部地震による大災害の教訓から，これを引き起こした活断層（帯）について解明すべき社会的な要請が生じた．調査観測の基盤的な対象活断層（約110本）が選定され，詳しい各種の調査が多くの研究機関や研究者により実施されてきた．これらは長さ20 kmを超す明瞭な活断層（帯）であり，マグニチュード7級以上の地震を引き起こす可能性があることから，変位地形の詳細や活動履歴などに関する活断層の重要な性質を解明する努力がなされてきた．得られた成果や既往の研究の取りまとめが行われ，地震調査研究推進本部地震調査委員会（以下，地震本部と略称）から長期的な地震の評価が公表されてきた．これらの評価は新しい情報や成果の更新が出されると，改訂も行われてきた．地震本部による主要活断層（帯）の性質・過去や将来の活動予測などは地震防災にとって基本的に重要な判断材料や指針となっている．

筆者らは航空機（セスナ機・ヘリコプター・飛行機など）による活断層地形の撮影を1960年代から行ってきた．代表的な活断層の空撮写真は，東京大学出版会から刊行された『新編日本の活断層』・『九州の活構造』・『近畿の活断層』・『第四紀逆断層アトラス』，『日本の地形』などの著書で一部を紹介してきたが，ほとんどは白黒写真（赤外線写真）が使用された．撮影時にはカラー写真も同時に写していたが，今までの出版事情ではカラー印刷ができる機会は限られていた．本書では代表的な事例を選び，カラー空撮写真や図表を多用して，典型的な活断層（帯）の紹介を試み，その理解を深めるよう努めた．

ここで取り扱った空撮写真は主に1970年代以降に撮影されたものであるが，この約半世紀の間において，主要な活断層沿いに高速道路，住宅地，工場などの建設が行われ，自然地形が消失・改変された場所も多い．もはや当時の風景を観察や撮影ができなくなった地区も数多くに及ぶ．これらの写真は実に貴重な記録となってきた．こうした視点から写真には，撮影年月や位置と方向を付記し，現状との比較ができるように試みた．

いくつかの貴重な写真は同僚の研究者からの提供を受けて，本書に掲載することができ，内容の充実が計られた．

2019年1月

岡田篤正・八木浩司

目　　次

上：長野県諏訪郡富士見町の糸静線断層帯中央部：若宮断層沿いの地形（1978 年 12 月岡田篤正撮影；p.68）
下：徳島県三好市池田市街地付近における池田断層と周辺の地形（2004 年 10 月八木浩司撮影；p.165）

図説　日本の活断層

空撮写真で見る主要活断層帯36

0 活断層に関する総説

［岡田篤正］

0-1 断層とその運動様式

1. 断層

断層は，岩石や地層中に認められる割れ目（あるいは断裂）に沿って，「ずれ」が認められるものである．このずれの面を断層面，ずれ動く現象を断層運動または断層変位とよぶ（■図1）．

断層面は，実際には1つの面ではなく，板のような厚みをもち，多くの平行な面に沿うずれ変位の集合，つまり（断層）破砕帯をなしている．しかし，変位量はこれらの面に一様に分散しているのではなく，もっとも著しい変位を示す面が存在する場合が多い．また，破砕帯中の断層面は時代とともに場所を変え，結果として破砕帯の幅が増していく．地震

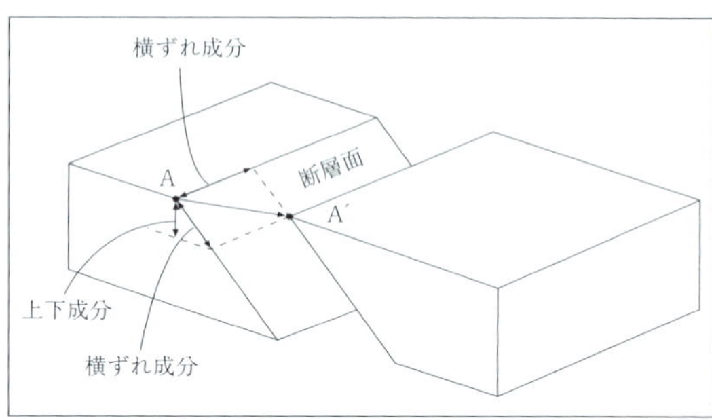

■図1　断層の概念図（活断層研究会編，1980，1991）

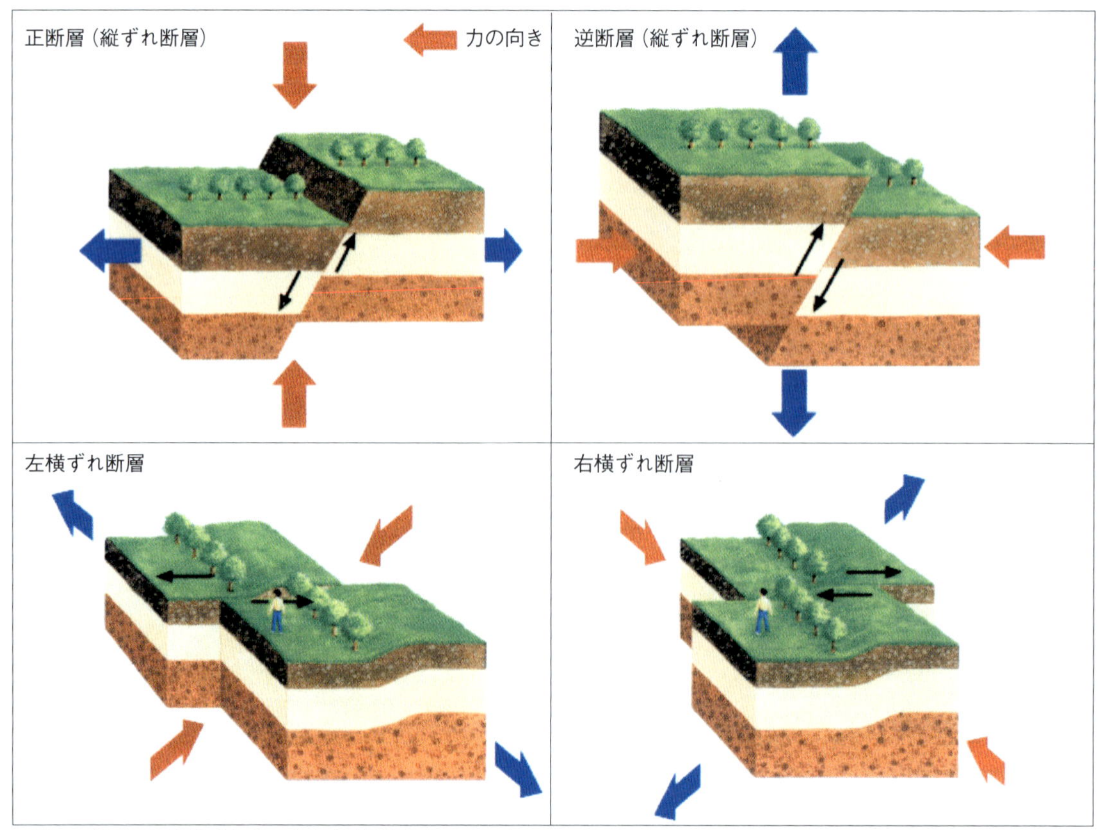

■図2　断層の運動様式と力の向き（科学技術庁，1996）

断層を伴うような新しい断層面は破砕帯の片側へ寄っていることもよく観察される．

断層面と地表との交線を断層線という．断層線がほぼ平行ないし雁行状に何本も分布しているときは，それ全体を断層帯という．

断層面の上で，ずれ変位のベクトルを考えてみる（活断層研究会編，1991；岡田・東郷編，2000）．例えば，図1のAとA'はずれ変位が生じる前には接していたとすると，ベクトル$\overrightarrow{AA'}$の向きと量がA側のブロックを不動とした場合のA'への変位を表す．逆に，A'側のブロックを不動と仮定することもできる．その場合には，変位のベクトルは逆向きの$\overleftarrow{A'A}$となる．

2. 断層の運動様式

断層面上の変位ベクトル（■図1）は，断層面の走向方向と傾斜方向との2成分に分けられ，これらの2成分を，それぞれ縦ずれ（上下）成分（傾斜移動成分），横ずれ成分（走向移動成分）とよぶ．もし縦ずれ成分が大きければ縦ずれ断層，横ずれ成分の方が大きければ横ずれ断層という（■図2）．両成分がほぼ等しい場合はめったにないが，横ずれと縦ずれのいずれの成分もかなりある場合には，斜めずれ断層という．前者にはさらに，断層面を境に上盤（うわばん）（A'側）がすべり落ちた関係になっている正断層，上盤（A'側）が下盤（したばん）（A側）に対してのし上がった関係になっている逆断層がある．また横ずれ断層は，ずれの向きによって右（横）ずれ断層と左（横）ずれ断層に分けられる．なお，縦ずれ断層の2種は，断層面が傾いている場合にだけいえることであり，断層面が垂直の場合と水平の場合では，この2種に分類することができない．また，水平の場合には，横ずれや縦ずれ断層の区別もつけられない．

断層の運動様式は，断層が存在する地域の応力場と断層の走向・傾斜などによって決まる（■図2）．これらの一般的な性質について解説する．

逆断層：　水平方向から圧縮の応力がかかっていると，この力を逃がすために断層面ができ，片方（上盤）がのし上がり，他方（下盤）が斜め下へ動く（■図2）．動き方が重力の方向に対して逆（さか）らっているので，逆断層という．

逆断層のうち，断層面の傾斜が緩やかであるものを衝上断層（スラスト），あるいは水平に近い断層を低角逆断層とよぶ．通常，水平面と断層面との角度が45°以上のものを高角逆断層，それ以下を衝上断層という．また，地表に向かって徐々に低角度化して，地表付近ではほぼ水平になることも多い．さらに，断層面が途中で折れ曲がる事例もある．圧縮を受けて一方の側にのし上げるため，破砕帯や変形帯の幅は広く，破砕の程度も激しい．上盤側の前方部に盛り上がりを受けた丘が形成され，その背後（山地側）に向かって傾き下がる特異な地形が伴われる．

断層線は一般に屈曲して，一直線には延びない．断層面の角度が場所によって異なり，湾曲や分岐す

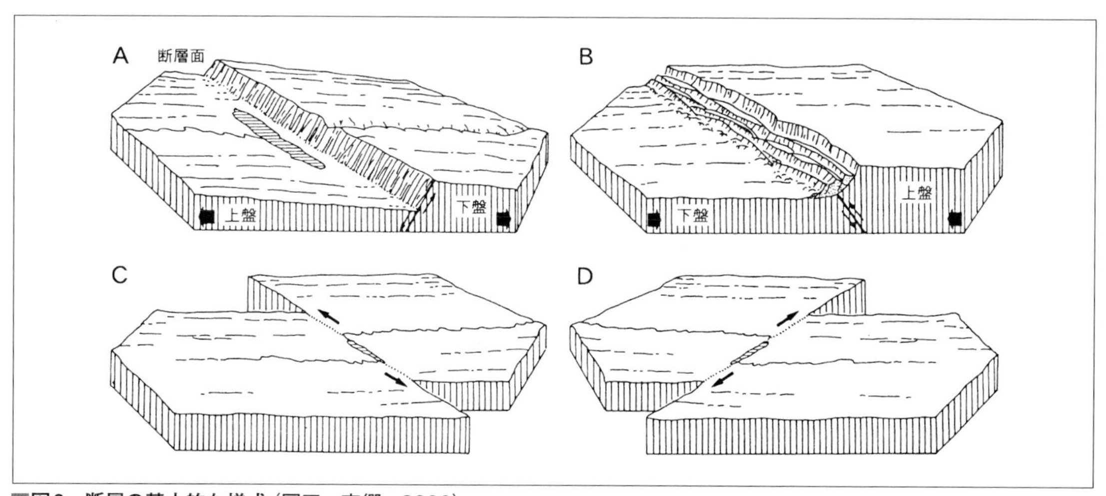

■図3　断層の基本的な様式（岡田・東郷，2000）

A：縦ずれ断層（正断層），B：縦ずれ断層（逆断層），C：横ずれ断層（左ずれ断層），D：横ずれ断層（右ずれ断層）

ることから，断層線を正確に追跡することが困難な場合も多い．

多くの南北方向に連なる山脈が北海道から近畿地方まであるが，その山麓に沿って逆断層は長く延び，一般に山側が隆起する．

顕著な逆断層の事例は1896年陸羽地震（M7.2）の際に現れた千屋断層・川舟断層，1945年三河地震（M6.8）の深溝断層などである．

正断層：　引張の応力が水平方向からかかっている場所に生じる．地表から地下へ斜めに入った断層面を境にして，片方（上盤）が他方（下盤）の上をすべり落ちるように動く．重力の方向に対して正常なので，正断層とよばれる．

断層線は湾曲して延びることが多く，直線状には繋がらない．並走する断層を伴うことが多く，一般に断層群として連なる．引張によるずれで形成されるため，断層面に沿った破砕帯や変形帯は幅が狭く，それらの度合が相対的に少ない．断層面が地表に向かっていくつかに分岐・分散することも多い．こうした現象に伴って断層線を正確に追跡することが難しい場合も多い．

九州中部の火山地帯には東西方向に延びる正断層（群）が多くみられ，いくつもの地溝帯が形成されている．日本列島では九州に限られた現象とみられていたが，2011年東北地方太平洋沖地震（M9.0）の1ヶ月後に発生した福島県浜通り地震（M7.0）では，湯ノ岳・井戸沢の各断層が地震断層として現れ，いずれも高角度の正断層であった．しかし，日本列島は全体として圧縮場に位置しているため，上記以外の場所では正断層はほとんどみられない．

横ずれ断層：　断層に対して斜め水平方向から圧縮力が働いて，横方向へ動く断層で，右ずれ断層と左ずれ断層とに区分される（■図2，3）．断層の手前からみて，相手側が右手にずれている場合を右ずれ断層，左手を左ずれ断層とよぶ．断層線はほぼ直線状に長く延び，断層面は垂直に近い．断層破砕帯や変形帯の幅も一般に広い．断層線が屈曲する場所には，運動様式に対応した各種の変動地形が伴われる．

中部日本とこれ以西の近畿・中国・四国・九州地方にかけて多くみられる．これらの地方では，北東‐南西方向の活断層は右ずれ，北西‐南東方向の活断層は左ずれを示す．この動き方から，ほぼ東西の水平方向から圧縮を受けていると考えられ，両者は互いに共役の関係にある．左ずれ断層には，1891年濃尾地震（M8.0）の根尾谷断層，1927年北丹後地震（M7.3）の郷村断層，1930年北伊豆地震（M7.3）の丹那断層，などがある．右ずれ断層には，1943年鳥取地震（M7.2）の鹿野・吉岡断層，1995年兵庫県南部地震（M7.3）の野島断層，2016年熊本地震（M7.3）の布田川断層などがある．

世界では，プレート間のすれ違いにより形成される，大規模なトランスフォーム断層がある（■図4）．カリフォルニア州のサンアンドレアス断層や，ニュージーランドを縦走するアルパイン断層などは，大規模な地震を歴史時代に何回も引き起こし，活発な活動を繰り返しているプレート境界の横ずれ活断層の代表例である．

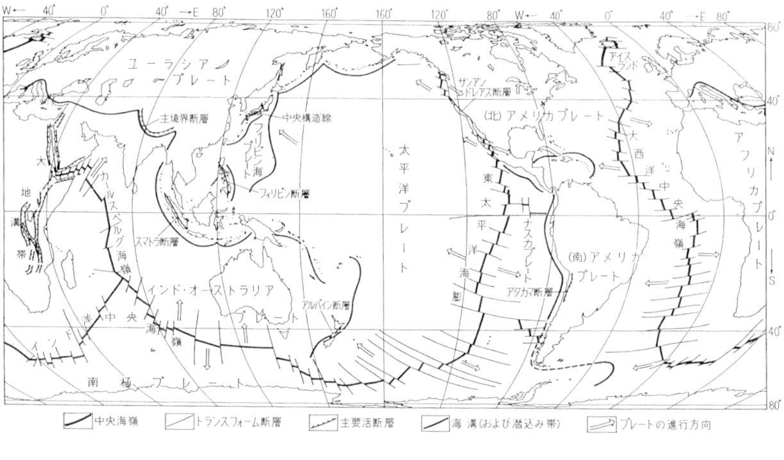

■図4　世界の主な地体構造，プレート，活断層（岡田，1979b）
大西洋やインド洋の中央部を縦走する中央海嶺や太平洋の東部を走る東太平洋海膨はプレートが拡大する場所で，裂けて広がる変動帯である．アフリカ東部の大地溝帯も含めて，正断層の密集地帯であり，中規模以下の浅発地震が多発している．トランスフォーム断層はプレートが相互にすれ違う場所に形成されている横ずれ断層である．海溝（および潜り込み帯）はプレートが潜り込む場所で，主に逆断層（帯）が発達している．世界の主要活断層はプレートの進行方向に対応した活動様式を示す．

0-2 活断層と地震断層

1.活断層の概説と定義

活断層は，最新の地質時代である第四紀（約260万年前以降），とくにその後期に活動し，将来も活動すると予想される断層をいう（松田・岡田，1968; 阿部・岡田・垣見，1985; 池田・島崎・山崎，1996）．

活断層研究会編（1991）の『新編 日本の活断層』では，安全率も考慮して第四紀に活動した断層としている．国土地理院から刊行中の「1:25,000活断層図」や，池田ほか編（2002），中田・今泉編（2002）などでは数十万年以内に活動を繰り返してきた断層としている．近畿地方の中部では第四紀前半に活動した断層でも，第四紀後半には活動を停止した断層が数多く見つかってきた．したがって，第四紀に活動した断層のすべてを活断層とするには時代範囲が広すぎるという意見も多い．

活断層の「活」の文字から活火山を連想し，日常的に動きつつある断層であると考えられがちである．例えば毎年少しずつ動いているクリープ性の断層（運動）は，アメリカ合衆国カリフォルニア州のサンアンドレアス断層の一部に知られているが，日本の陸上では確認されていない．跡津川断層の一部でクリープ性の断層運動があるとの指摘もあるが，それは年mm程度の動きの存否であり，1858年飛越地震（M7.0～7.1）が発生したように，地震で大きくずれ動く断層運動が主である．日本陸上の活断層の運動は，ほとんどの場合に間欠的な動きであり，今日現在は活動していないが，将来再び活動すると判断される．

ここでの「最近の地質時代」とは第四紀以降のことであり，第四紀の地層や地形（面）を変位させている断層という意味で活断層の語が広く使われてきた．現在の地殻変動様式や応力場がどれくらい前から始まり，継続しているかは，活断層を定義する上で重要な鍵となる．

西南日本では，第四紀前期と中期（約70万年前）以降では，地殻変動の様式や応力場が著しく異なるという見解があり，「最近の地質時代」を第四紀後半に限定して考える研究者も多い．

東北日本では鮮新世初頭（約500万年前）以降，

■表1　日本の主な地震断層とその諸性質

地震名（マグニチュード：M）	発生年月日	地震断層名	走向	長さ［km］	最大変位量mなど 水平変位／上下変位（隆起側）
濃尾（8.0）	1891.10.28	根尾谷ほか	N45W	80	左8.0／南西4.0
陸羽（7.0～7.5）	1896.8.31	千屋	N20E	40	0？／東3.0（逆断層）
		川舟	N60E	15	0？／西2.0（逆断層）
北丹後（7.3）	1927.3.7	郷村	N30W	16	左2.6／西1.2
		山田	N65E	8	右0.8／北0.7
北伊豆（7.3）	1930.11.26	丹那	N15W	30	左3.5／西2.4
		姫之湯	N70W	3～6	右1.2／北0.87
鳥取（7.2）	1943.9.10	鹿野	N75E	8～14	右1.5／南0.75
		吉岡	EW	5	右0.9／南0.5
三河（6.8～7.1）	1945.1.13	深溝	EW-NS	19	右・左1.0／西南2.0（逆断層）
		横須賀	EW-NS	7	左0.6／西南1.2（逆断層）
伊豆半島沖（6.9）	1974.5.9	石廊崎	N55W	5.5	左0.57／南西0.2
兵庫県南部（7.3）	1995.1.17	野島	NE-SW	10	右 2.1／南東 1.2
福島県浜通り（7.0）	2011.4.11	湯ノ岳	N50W	15	左0.1／北東0.9（正断層）
		井戸沢	N20W	15	左0.1／北東2.1（正断層）
長野県北部（6.7）	2014.11.22	神城	NNE-SSW	8～9	0？／東1.4（逆断層）
熊本（7.3）本震	2016.4.16	布田川	NE-SW	27	右2.2／南～北0.9
（6.5）前震	（2016.4.14）	日奈久	NNE-SSW	6	右0.8／南東0.1

同様な地殻変動の様式が継続しているといわれている．

第四紀後期以降に確実に活動を繰り返している断層は，「活断層」の典型例であり，本書で取り扱う活断層はすべてこの範疇に入る．一方で，活断層を定義する時代的な範囲は出版物により異なるので，注意が必要である．また，「最近の地質時代」の定義は地域によってさまざまであり，それについての詳細は今後の研究に託されている．

2.地震断層

内陸の浅い地震が発生したときに地表に出現した断層を**地震断層**という．地震を引き起こしたと想定される地下の断層を地震学では地震断層とよぶことが多い．これと区別するために，地下深部の断層を震源（地震）断層とし，地表で観察される断層を地表地震断層と表現することもある．地震時には地表に地すべりや崩壊・亀裂などが多く現れるが，こうした重力性の地表変状は地震断層とはいわない．しかし，重力性の地表変状との区別が難しい場合も多くある．震源断層の一部が地表に到達した明瞭な断層は，地震の原因・被害や地殻運動の全体像を考える上で重要である．地震断層の典型的な事例を紹介する（■表1）．

濃尾地震は1891（明治24）年に発生した直下型の大地震であり，日本の陸域で起こった歴史上で最大の地震である．その震央は岐阜県本巣（もとす）市北西部付近とされ，地震の規模（マグニチュード：M）は8.0と推定されている．この地震に伴って，総延長約80kmに及ぶ地震断層が現れ，北西−南東方向に延びていた．中央部に位置する根尾谷断層が地形的にとくに明瞭であり，本巣市根尾水鳥（ねおみどり）地区に現れた地震断層崖は，上下方向に約6m，左ずれ約3mの変位を示した（■写真1）．これは実に明瞭で貴重な断層崖であり，1927年に国の天然記念物に，1952年に国の特別天然記念物に指定された．1991年に

■写真1　濃尾地震時に現れた水鳥地震断層崖（1891年10月岐阜測候所撮影）
断層崖は北東側が6m隆起，左ずれ約3mが伴われた．崖面は出現と同時に崩れた斜面で，断層面はほぼ垂直（断層地下観察館内の断面で判る）．岐阜県本巣市根尾水鳥において北方を望む．

■写真2　根尾谷断層に沿う左ずれ（1980年11月岡田篤正撮影）
畑の境界（茶の木の列）が7.4m左ずれしている．岐阜県本巣市根尾中地区において南西を望む．

はこの南東部に断層地下観察館が建設され，断層の地下のようすがいつでも観察できるようになった．また，根尾中地区では，約7.4mに及ぶ左ずれ断層が出現し，このときに現れた地震断層中で最大の変位量がみられ（■写真2），2007年に天然記念物に追加指定された．

北丹後地震は1927（昭和2）年に京都府の丹後半島基部で発生した直下型の大地震（M7.3）である．郷村断層と山田断層という互いに直交する2系統の地震断層が地表に現れた．郷村断層は陸上部で北北西–南南東方向に約16km延長し，左横ずれ量は最大で約3m，南西側が最大1m相対的に隆起した（■写真3）．山田断層は東北東–西南西の走向で，北側の隆起量と右横ずれ量は共に約0.8mであった．山田断層は全長27kmで，北丹後地震時に中央部の数kmの区間が変位した．地形・地質的に山田断層の方がより明瞭で，その一部が活動したにすぎない．

三河地震は1945（昭和20）年に愛知県中南部で発生した浅発の地震（M6.8）で，局所的に大被害をもたらした．三ヶ根山を鉤の手型に取り囲むようにして，南北と東西走向の深溝断層が約19kmにわたり現れた．南北走向の部分（約7km）は途中で大きく稲妻状に屈曲し，東落ちの純粋な逆断層であった．東西走向の部分（約7km）は谷底の水田を左ずれで撓曲を伴った逆断層として出現した（■写真4）．

兵庫県南部地震（M7.3）は1995（平成7）年に発生し，阪神・淡路地域に甚大な被害をもたらした．六甲山地の南側では，地下10km付近が大きくずれ，地表には明瞭な地震断層は出現しなかった．しかし，淡路島の北西側山麓線沿いに，延長約10kmにわたって明瞭な地震断層が現れた（■写真5）．これは野島断層とよばれ，地震前から右ずれで南東側山側が隆起する活断層と指摘されていたが，この指摘通りの場所とずれ様式の地震断層が現れた．北淡震災記念公園には天然記念物に指定された野島断層が保存され，観察館では地震断層や地下断面が観察できる．

2011年福島県浜通り地震（M7.0）で湯ノ岳・井戸沢の地震断層が出現したが，日本列島では少ない事例の高角度の正断層であり，2011年東北地方太平洋沖地震（M9.0）により誘発された．

2014年長野県北部の地震（M6.7）では，糸魚川–静岡構造線（糸静線）断層帯の北部に属する神城断層の一部が活動した（■写真6）．糸静線断層帯は延長が約160kmと長く，変位速度も大きい．最新活動は信州地域を中心に大きな被害をもたらした762年あるいは841年と考えられており，その後の経過時間も長いため，将来の地震発生の確率が高い断層とみなされてきた．2014年地震は推定された地震規

■写真3　郷村地震断層の左ずれと上下変位（1927年3月多田文男撮影）
郷村小学校北西側の道路から南西方向を望む．

■写真4　三河地震時に現れた深溝地震断層（1945年1月津屋弘逵撮影）
愛知県額田郡幸田町西深溝の水田を東方に望む．南側（右手）が約2m相対的に隆起し，左ずれ約1.3mも伴われた．水田面には撓みや亀裂が現れたが，後に行われたトレンチ調査で構造も判明．

模より小さく，地表地震断層の発現範囲も限られていた．なお，1714（正徳4）年に発生した小谷地震は被害のようすが類似しており，ほぼ同じ規模と震央をもつため，1つ前の地震の可能性が高い．約300年という短い発生間隔とやや小規模の地震であり，神城断層の固有地震ではないとみなされ，注目される．

2016年4月14日には熊本地震の前震（M6.5），28時間後の4月16日には本震（M7.3）が発生し，震央付近では震度7が2回も生じた．前震により日奈久断層の北端部（約6km）が，本震により布田川断層帯の東半部（布田川断層；約27km）に沿って地震断層が現れた．いずれも右横ずれが卓越し，最大2.2mに達した（■写真7）．布田川断層沿いの南西部では南東側上がり，北東部では北西側上がりで，右ずれの進行方向部が相対的に隆起する一般的な傾向を示した．日奈久断層白旗－高木区間では南東側の隆起が伴われた．「だいち2号」搭載の合成開口レーダーを使用した干渉SAR画像の解析によって，地震断層沿いの変位が詳しく判明し，地表での情報との精密な検討が行われている．日奈久断層や布田川断層だけでなく，周辺に分布する副次的な活断層にも数十cm程度ないしそれ以下のずれが認められ，数多くの「誘発された断層」も出現した．

これらの事例のように，地震の原因や被害の主因などにとって，地震断層の位置や性質は重要である．いずれの地震断層でもすでにある活断層が再活動し，同じような運動様式で動いている．日本では明治時代以降，約二十数例に及ぶ地震断層が知られ，地震－地震断層－活断層の分布密度は高い．こうした点では日本列島はまさに世界最高位にランクされる場所に位置しているといえる．

■写真5　野島断層の上下・右横ずれ変位（1995年4月岡田篤正撮影）
兵庫県淡路市平林に現れた野島地震断層を東方に望む．山側隆起1.2m，右ずれ2.1mで野島断層では最大の変位量．

■写真7　布田川断層の右横ずれ変位（2016年4月熊原康博撮影）
熊本県益城町堂園の水田を横切る地震断層を北方に望む．約2.2mの右横ずれが現れた．

■写真6　長野県北部地震による地震断層崖（2014年11月岡田真介撮影）
長野県白馬村塩島地区に現れた神城地震断層を北東方に望む．2014年長野県北部地震（M6.7）は糸静線北部で発生した．上下変位量は約90cm南東側上がりの逆断層．

0-3 断層地形

断層地形は，広い意味では，断層が何らかの地表形態として表現されている地形をいう．地質時代の遠い過去に活動した断層が，最新地質時代の侵食作用によって起伏に表現された地形を断層組織地形とよぶ．これは侵食で地質構造がある程度に地形に表現されている場合と同様であり，侵食地形の一種である．断層の存在が地形に反映しているが，それは受動的な表現にすぎない．断層線崖の形成過程を模式化して示したのが，図1であるが，断層線谷（せんこく）もほぼ同じような侵食の過程で形成される．

かつて断層が活動した際には，地表に断層崖や断層谷が形成されたが，その後に侵食により平坦化したり，地層の被覆を受けたりして，本来の地形が消失した後に，崖や谷地形が再現されることがある．崖地形は断層線崖とよばれ，新しい地質時代（第四紀とくに後期）の断層運動は伴われていない．これは以下で述べる断層崖と用語がよく似ており，一文字多いだけであるが，形成過程や意味は大きく異なる．断層線谷も断層面や断層破砕帯に沿って選択的に侵食されて形成された谷地形であり，直線的に連なることが多い．新しい地質時代（第四紀とくに後期）の運動は伴われていない．

一方，断層運動の直接的な結果で生じた地形は断層変位地形とか活断層地形とよばれ，これらも断層地形に含まれることから，断層地形とは表現を変えた用語が使用されてきた．なお，本書では主に活断層のいろいろな地形を取り扱うので，これに伴う用語を以下に解説する．

1. 断層変位地形（活断層地形）

活断層（運動）に伴って形成された特徴的な地形であり，断層の運動様式（正断層・逆断層・横ずれ運動）の違いや新旧・累積性などによって，さまざまな種類の地形が形成される．山地や山脈を構成するような大規模な断層崖の地形から，比高数m以内の小さな崖地形まで，規模も多様である．形態的な特徴により，崖地形（変動崖），凹地形（変動凹地），凸地形（変動凸地），横ずれ地形に分類することが多い（■表1）ので，これらについて解説する．

①崖地形（変動崖地形）

断層崖： 断層運動に起因する急傾斜の斜面で，断層（線）に沿って一般に長く連続する．1回の断層

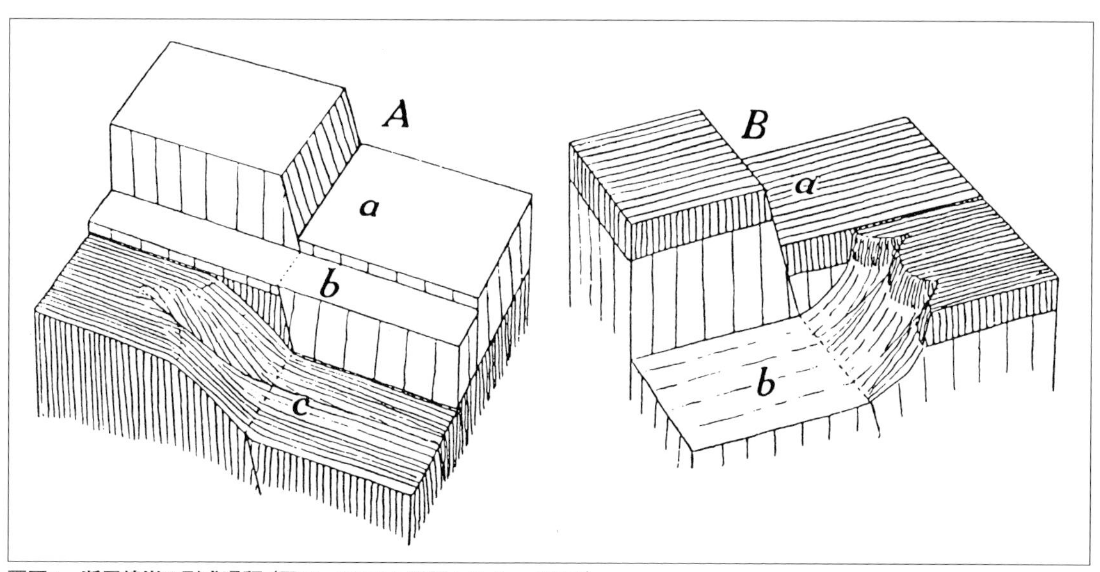

■図1 断層線崖の形成過程（岡田，1984；原図：Cotton, 1958）
A-a：断層崖の形成，A-b：侵食による平坦化，A-c：（再従）断層線崖の形成，B-a：断層崖の形成，B-b：隆起側の侵食低下による（逆従）断層線崖の形成．

運動によって地表に現れる地震断層の崖地形は数m以下である．数十以上の比高をもつ断層崖は何回もの断層運動の繰り返し（累積）により形成される（■図2）．この斜面は形成と同時に崩壊したり，侵食を受けて低角度化したりする．斜面の傾斜は断層面ではなく，斜面を構成する地質の安定角を示す．乾燥地域の正断層崖の一部では，断層崖が断層面と一致する事例もあるが，日本では一般に崖斜面は断層面とは異なる．

尾根の全面（立面形）が三角形を呈している急斜面を三角末端面という．断層崖下部の尾根末端にみられ，いくつも並んでいることが多い．また，小さな三角末端面に分かれ，下のものほど急傾斜で，明瞭な三角形を呈する．これらが集合してより大きな断層崖を形成している（■**写真1**）．

低断層崖：　川・海・湖などの底が干上がって台地となった平坦面は段丘面とよばれるが，これらを切断する場所にできた崖地形が低断層崖であり，断層崖と本質的には同じである．「低」の厳密な定義はないが，崖の高さが数十m以下の場合に一般に使われる．日本では平坦な段丘面が残されていれば，それは通常数十万年以降に形成された新期の地形と考

■**表1　断層変位地形（活断層地形）の主な用語と分類**（岡田，1984を修正）

崖地形（変動崖地形）	断層崖（D），撓曲崖（A），低断層崖（B），三角末端面（C），逆向き低断層崖（E），眉状断層崖
凹地形（変動凹地）	断層谷，地溝，小地溝（G），断層凹地，断層陥没池（H），断層池（I），断層鞍部（J），断層角盆地
凸地形（変動凸地）	地塁，半地塁，小地塁，ふくらみ（バルジ；F），断層地塊（山地），傾動地塊（山地），圧縮尾根，断層分離丘（P）
横ずれ地形	横ずれ尾根（K），横ずれ谷（L），閉塞丘（M），段丘崖の横ずれ（N），山麓線の横ずれ（N），截頭谷，風隙

()の英大文字は図2，10の地形に示されている．

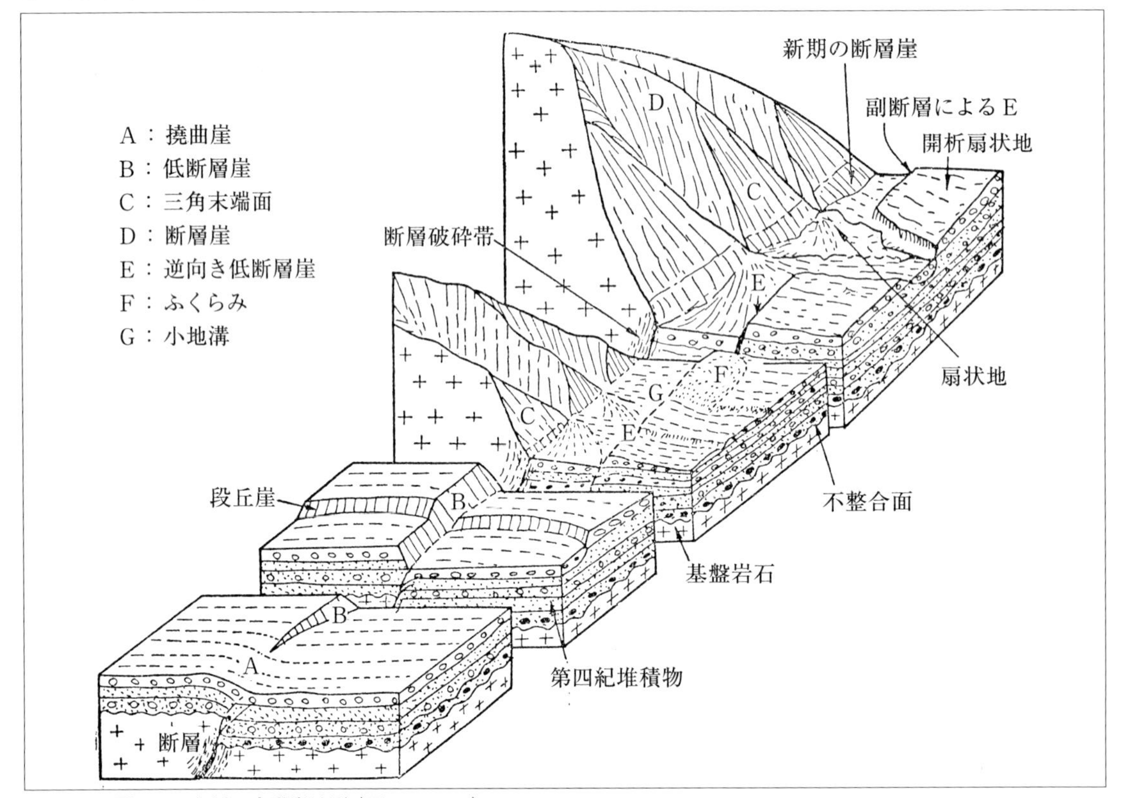

■**図2　各種の変動崖地形**（岡田，1984）
手前に小規模の撓曲崖・低断層崖，こうした上下変位の繰り返しで，奥手に大規模な断層崖や並走する断層が形成されてくることを想定．変動崖の各種の地形を配置した．

えられる．したがって，低断層崖の地形が認められれば，その断層は活断層と認定できるので，活断層崖ともよばれる．また，その形成年代を明らかにすれば，変位量の計測により，変位速度や断層運動の時期が解明でき，とくに注目される．ほとんどの低断層崖は，背後にある大比高の断層崖と同じ向きに配列する（■図2；写真1，2）．しかし例外的に山地側を向いた低断層崖が認められることがあり，逆向き低断層崖とよばれる（■図2のE，図3b，c）が，横ずれに伴う移動や局部的な陥没で形成される．

また，扇状地を横切って形成された低断層崖は扇央部では崖の比高が大きく，扇状地の側扇部では河川の堆積や侵食により比高が小さくなり，眉形になる．このような形態のものは眉状断層崖とよばれたり，扇状地断層崖といわれたりする（■図3a）．

撓曲崖：　撓曲とは，地表を構成する地層が断層により切断されないで，撓（たわ）みを受けて上下方向に変位していることをいう（■図2のA）．未固結の第四紀層が厚く堆積しているような場所で形成されやすい．一連の崖地形で，第四紀層が厚い場所では撓曲崖，第四紀層が薄く基盤岩石が浅所にある場所では断層崖となり，地表での形態が異なることもある．また，撓曲（崖）を伴った断層（崖）である場合も多い．したがって，両者を区別しないで，一括して変動崖といい，一般的な断層崖に含めてよぶこともある．

②凹地形（変動凹地）

断層谷：　断層谷はほとんどの主要な活断層沿いにみられ，ほぼ直線状に長く延びる谷である（■図4）．断層運動に伴う沈降や陥没などによって生じた谷で，侵食や堆積の影響も加わって二次的に変形していることが多い．その起源が直接的には断層変位による場合をいう．この谷の特徴は直線状または穏やかな弧状を描いて長く連続する．谷底に沿って鞍部（あんぶ）がいくつも並ぶことも多い（■写真3）．

地溝：　地溝とは両側が断層で限られた低地である

■写真1　石鎚断層崖と中萩低断層崖（岡村断層）の空撮写真（1980年3月岡田篤正撮影;赤外線フィルム写真）
石鎚断層崖麓に沿って，石鎚断層が通過し，三角末端面を伴う断層崖が東北東－西南西方向に連なる．これに平行する岡村断層の低断層崖が新居浜平野南部に延びる．愛媛県西条市飯岡付近より東南方向を望む．

■写真2　中萩低断層崖と背後の石鎚断層崖（2009年2月岡田撮影）
愛媛県新居浜市萩生の岡村断層に伴う低断層崖を南方に望む．この低崖基部を横切るトレンチ調査が数ヶ所で実施された．背後は三角末端面を伴う石鎚断層崖．

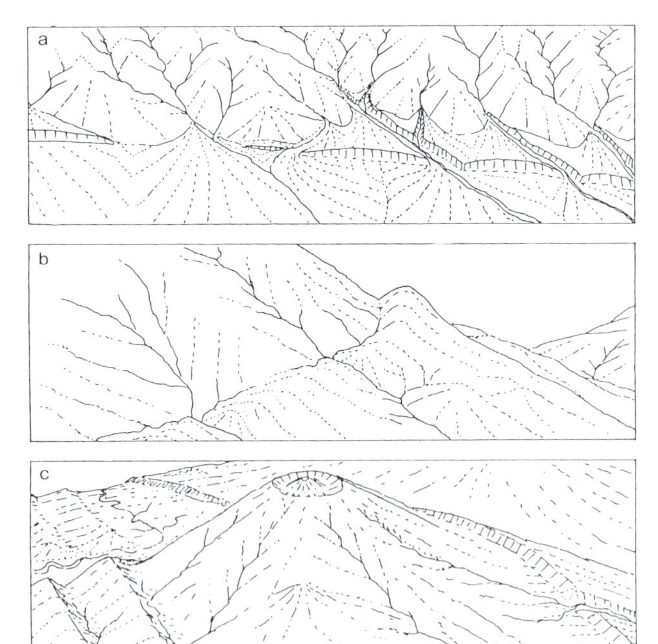

■図3　低断層崖3種（岡田，1985）
a：山麓の低断層崖（眉状断層崖），b：逆向き低断層崖，c：火山斜面を切る逆向き低断層崖で，火山性地溝を形成．

■図4　花折断層沿いの断層谷と比良山地の鳥瞰図（カシミール3Dで岡田作成）
左が花折断層谷，右は比良山地の地塁．

■写真3　花折断層谷と丹波山地・比叡－比良山地（1981年3月岡田撮影;赤外線フィルム写真）
左下から右上の直線状谷は花折断層に沿う断層谷であり，鯖街道として利用されてきた．左下は大原，中央は花折峠で，葛川谷－途中谷へと連なり，右上は比良山地，手前は比叡山地で，両者は和迩川（わにがわ）で分けられる．北方を望む．

（■図2のG，図3c）．日本での典型的な事例は諏訪湖であり，両側を糸魚川−静岡構造線断層帯に属する活断層で縁取られ，正断層成分も伴われている．九州中部に発達する別府湾や雲仙火山は両側を正断層で限られた地溝である．また，これらを結ぶ地帯には火山を切断する東西方向の地溝が密集し，日本でも特異な場所となっている．

邑知潟（おうちがた）断層帯は能登半島の基部を北東−南西方向に走る地溝を形成する．南東縁が石動山（せきどうさん）断層で限られ，地形・地質的により明瞭な逆断層として追跡されるが，北西縁も眉丈山（びじょうざん）断層に伴う断層崖が連なり，逆断層成分の大きい断層とみられる（■図5）．両側が逆断層で限られる地溝はランプバレーとよばれ，やや珍しい事例である．

幅が数十m以下で深さも十数m程度の規模が小さな小地溝，断層陥没地，断層池などの凹地が活断層線沿いに認められることがある．断層線上に生じた比較的小さな盆状の沈降地を断層凹地といい，そこに水が溜まっている場合が断層陥没池である．しかし，断層線沿いにみられる池は陥没によるだけでなく，いろいろな成因のものが考えられる．例えば，谷の下流側の地盤が隆起または横ずれしたために形成された堰止め性の池や，断層破砕帯からの湧水による池が生じることもある．このような，断層運動に起因して形成された池を総称して，断層池とよんでいる．とくに横ずれ断層では，断層線が湾曲・屈曲したりする場所に形成される事例が多い．糸魚川−静岡構造線断層帯や中央構造線断層帯のように長大な活断層では，ところどころに湾曲や屈曲する場所があり，そのような走向や傾斜が変化する部分に形成されている．

（断層）鞍部：　鞍部は断層に沿った尾根部に連続的に認められ，多くの場合に断層線の認定や追跡に有用な地形を提供している（■図10のJ）．山地の尾根部を断層線が横切るところに，鞍部ができていることがある．このような鞍部の地形は，断層運動の直接的な変形によるものか，断層運動によって形成された破砕帯に沿って，そこが差別的に侵食されたことによる組織地形であるか，または両者の複合したものである．断層変位によって生じた鞍部をとくに断層鞍部とよんでいる．従来，この地形を日本ではケルンコルということが多かったが，この言葉は現在ではほとんど使われていない．

断層角盆地：　断層角盆地は断層の下盤（低下）側が緩やかに断層に向かって傾斜し，新期の堆積物で埋積された平野である．断層の上盤（隆起）側は断層崖が連なり，それを開析する河谷の下流に扇状地が形成される．信濃川中〜下流部・松本盆地・濃尾平野（■図6）・琵琶湖・和歌山平野・徳島平野などが代表例である．これら平野の地下構造はボーリング調査や反射法地震探査などにより解明され，地質構造の概要や形成過程も明らかにされてきた．低下側では主な断層に向かって堆積物が厚さを増し，下部のものほど傾斜が大きい．最下部に存在する基盤岩石上面（不整合面）も傾斜するが，堆積物と同じ向きに傾き，傾動を受けながら沈降してきた事例が多い．

③凸地形（変動凸地）

地塁：　断層運動に伴って生じた相対的な隆起部を凸地形あるいは変動凸地という．断層山地から小丘

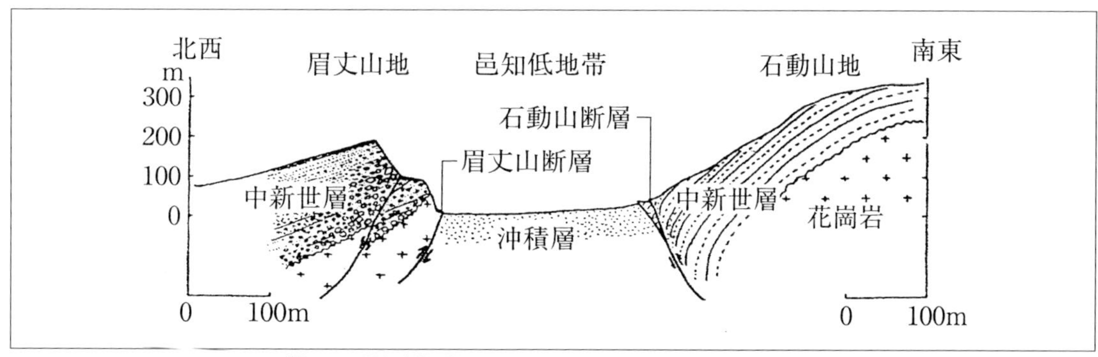

■図5　邑知低地帯を横切る模式断面図（太田ほか，1976）
逆断層で限られた低地帯を南北方向に横切る模式的な断面．

まで，規模はさまざまである．両側を断層崖で限られた細長い隆起部を地塁とよび，奥羽・木曽・鈴鹿・六甲などの山脈・山地が代表例である（図7）．両側の断層が逆断層の場合と正断層の場合があるが，日本では逆断層で限られている事例が多い．しかし，中部九州では正断層で限られた地塁をなす山地が多く分布する．なお，一方の側だけが断層で限られている場合には，半地塁または不完全地塁とよばれる．

こうした地塁や地塊がある方向に傾いていると，傾動地塊あるいは傾動山地とよばれる．中部地方にある猿投（さなげ）山地や養老山地は西方へ傾いた傾動地塊の典型例である（図6左側）．このような山地の前面は急傾斜の断層崖であるが，その反対側には緩傾斜の斜面をなす背面がみられる．

小地塁・ふくらみ・圧縮尾根： 幅や高さが数十m程度の小規模な地塁をとくに小地塁という．中央構造線断層帯や糸魚川-静岡構造線断層帯等の代表的な活断層沿いでは，こうした小地塁やふくらみ（バルジ；bulge）・圧縮尾根（プレッシャーリッジ）などの凸地形が断層線沿いにいくつも連続したり，他の変動地形と複合して発達する．長野県富士見町にみられる糸静線断層帯の釜無山（かまなしやま）断層崖麓域には，数多くのふくらみ（バルジ）地形が発達している（図8）．こうした地形を構成する堆積物の変形もトレンチ調査や大規模な露頭調査で解析され，横ずれに伴う波曲状の変形が原因とみなされる．

大規模な逆断層帯の上盤側には，背斜軸を伴うふくらみ地形が発達したり，傾動が伴われたりする．代表的な事例として，横手盆地東縁・伊勢台地・饗庭野（あいばの）台地などでは，上盤側にふくらみの地形があり，その背後には向斜軸を伴う低下帯が走る（図9）．

ある活断層に沿って，全体としては低下側に属する地帯に，孤立的に丘ないし丘陵が分布することがある．このような断層分離丘（陵）は横ずれ断層で側方から移動してきたか，局所的な断層構造により隆起が生じたことが考えられる．

④横ずれ地形

横ずれ断層には，右（横）ずれと左（横）ずれとがある．一方の側から相手側を見て，右手側に移動していれば右（横）ずれ，その反対は左（横）ずれである．日本では中部から九州にかけての西南日本に多くみられ，北東-南西方向は右（横）ずれ，北西-南東方向は左（横）ずれであり，広域的な応力場により，走向と横ずれの方向には系統的な関係がある．

横ずれ谷（横ずれ流路）： 横ずれ断層は断層沿いの水平的な動きによって平面的な位置が食い違った地形であり，一般に多少の上下変位も伴われる（図10）．横ずれ断層が尾根や河谷，段丘崖や山麓線などを横切っていると，それらの地形が断層線付近で急に同じ方向へ屈曲する．河流や河谷は系統的に横ずれしていることが多く，地形的に認めやすく，横ずれ谷や横ずれ流路として指摘される（写真4）．河川（河流）は最大傾斜の方向，一般には断層崖とは直角方向に流れやすく，それらが断層線に沿って同じような向きに鉤型に曲がっていることがある．その付近の主な谷の下流側へ屈曲している

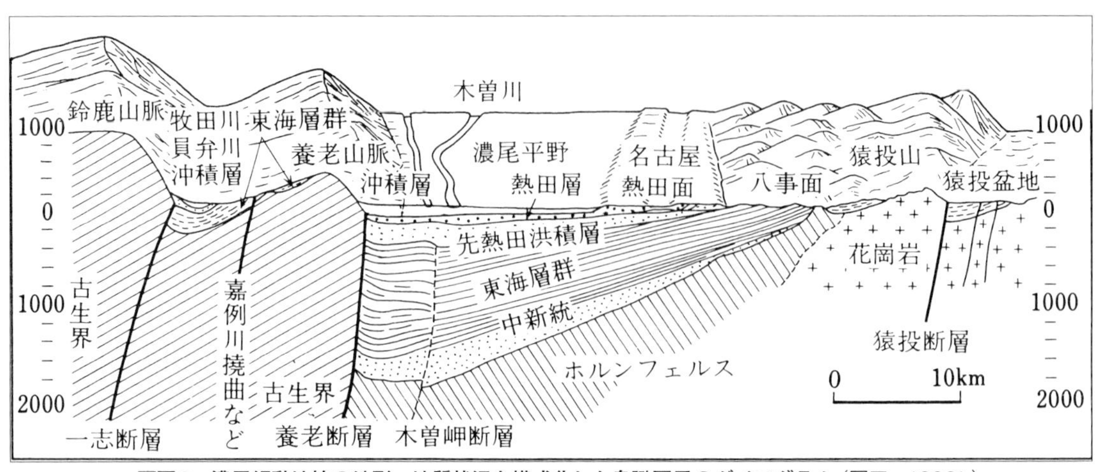

図6　濃尾傾動地塊の地形・地質状況を模式化した鳥瞰図風のダイアグラム（岡田，1990b）

(downstream offset) 場合には，他の証拠も必要である．しかし，主な谷の上流側へ向かって一度さかのぼるように系統的に屈曲している (upstream offset) 場合には，横ずれ活断層のかなり決定的な証拠となる．横ずれ谷では，断層線より上流側の谷の長さ (L km) が長いほど，横ずれ量 (D m) が大きいとされる．このD/Lの値は，A級の横ずれ活断層では0.1～1，B級では0.01～0.1，C級ではそれ以下とされ，活断層の活動度を判定する大まかな目安とされている (松田，1975b)．

横ずれ尾根： 横ずれ尾根は横ずれ谷と対になって分布することが多い (■**図10**のK)．兵庫県西部を北西-南東方向へ走る山崎断層帯では，横ずれ谷と尾根とが組み合わさって長く連続する．断層を挟ん

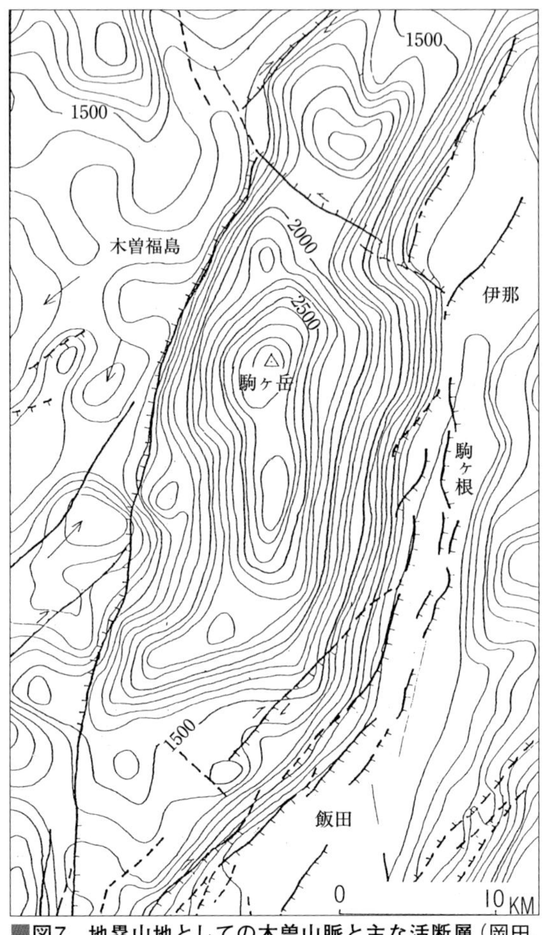

■**図7 地塁山地としての木曽山脈と主な活断層** (岡田，1985)

等高線は100m間隔の接峰面図で，主な活断層を重ね合わせた．

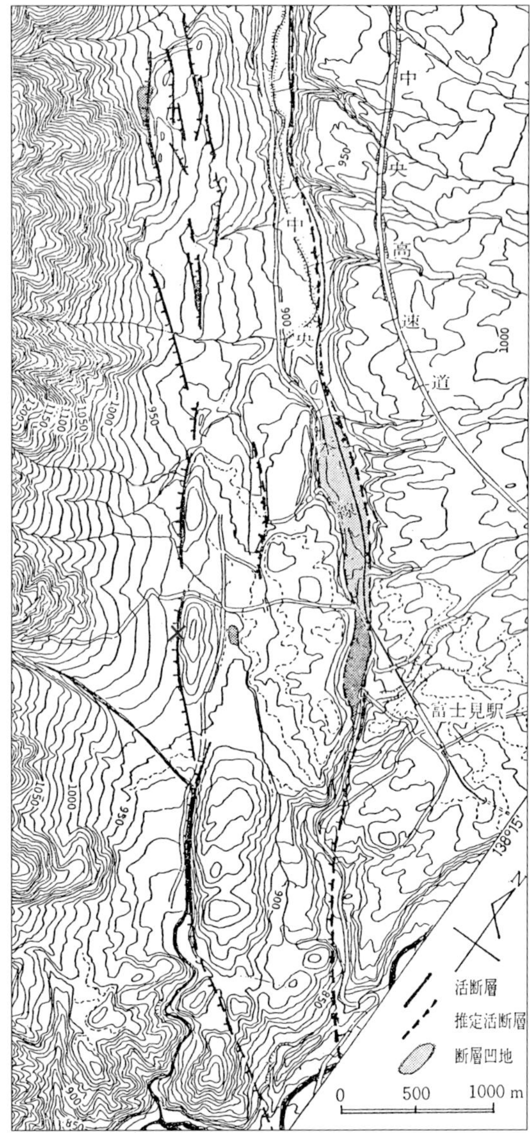

■**図8 長野県富士見町付近のふくらみ (バルジ) 地形** (岡田，1984)

糸魚川-静岡構造線中央部 (長野県富士見町付近) の活断層分布．等高線は10m間隔．多くのふくらみ (バルジ) や凹地が分布，低断層崖の多くは逆向きで，釜無山断層崖に向く．×印でトレンチ調査が行われ，高角度の断層が観察された．

での連続性は河谷の方が確実であるので，横ずれ谷が図示されることが多い．しかし，鋭い尾根の屈曲も横ずれ方向を示唆する有力な変位地形である．

段丘崖の横ずれ：　横ずれ断層が段丘崖や山麓線などを横切ると，それらの地形が断層線付近で急に同じ方向へ屈曲していると横ずれ量が計測できる（■図10のNとO）．それらの形成年代を解明すると，平均的な横ずれ変位速度を求めることができるので，貴重な変位基準（地形線）となる．次の2例は活断層地形として代表的なもので，A級の活断層に伴う変位地形である．

岐阜県中津川市坂下では，木曽川が形成した何段もの段丘面が阿寺（あてら）断層により切断されている．上下の段丘面の間にある段丘崖も横ずれを受け，上位の

■写真4　山崎断層帯大原断層の横ずれ河谷（1979年3月岡田篤正撮影；赤外線フィルム写真）
岡山県美作市（旧・勝田町）豊成から旧・大原町金谷付近を南望．右側の東谷川と左側の川上川は大原断層（矢印の区間）を横切るところで，約250 mの左横ずれの屈曲が認められる．

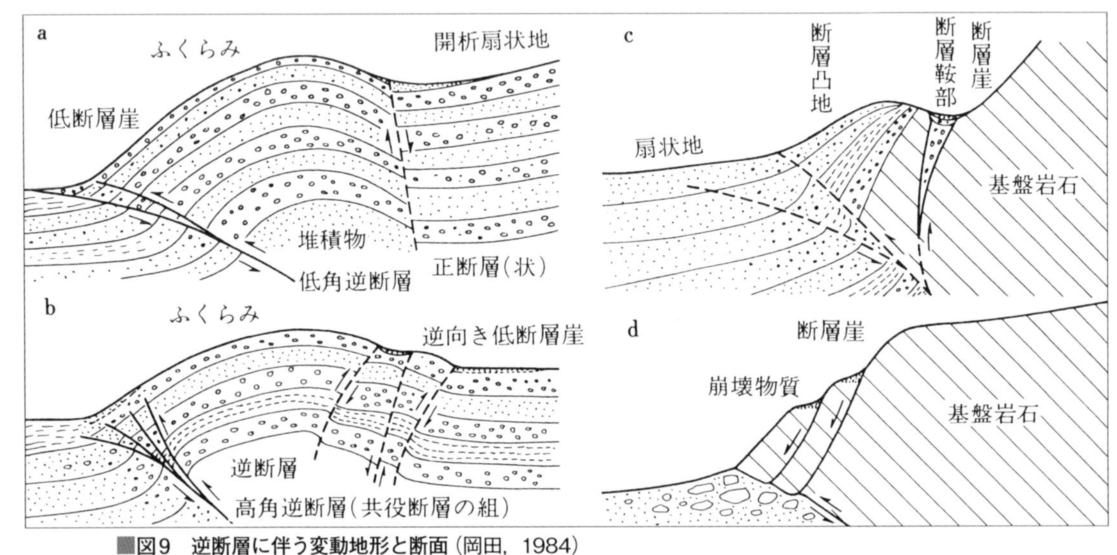

■図9　逆断層に伴う変動地形と断面（岡田，1984）
a：上盤側のふくらみ（バルジ）と凹地，b：上盤側と共役関係にある逆向き低断層崖，c：上盤側へ分岐する断層と変位地形，d：逆断層前面の崩壊地形．

ものほど上下および横ずれの変位量は大きく，累積的な変位が認められる．段丘崖の横ずれが典型的に発達する事例であり，横ずれ変位量とその形成年代が求められ，左ずれの平均変位速度は3～5m/千年と判明した（p.90，図4）．

徳島県阿波市市場町上喜来（かみぎらい）付近には，中央構造線断層帯父尾断層を横切って分布する段丘面が変位し，見事な低断層崖が発達している．段丘面を上下に分ける段丘崖も右横ずれを受けて，右ずれの平均変位速度が約6m/千年と求められている（p.159，図2）．

閉塞丘・断層池・截頭谷・風隙：　尾根ないし丘の部分が水平移動して，河谷の出口をふさぐようになると，その部分は閉塞丘（シャッターリッジ：shutter ridge）とよばれる．シャッターは鎧戸（よろいど）の意味であり，河谷の前面に立ちふさがる．山崎断層帯安富断層の安志（あんじ）峠－安志に典型的な事例が認められたが，現在では工場建設で消失した．こうした横ずれ谷が閉塞丘でふさがれると，河谷は閉ざされた凹地となる．ここに水が溜まっていれば断層池となる（図10のH）．これは断層沿いの陥没でも生じる．

なお，河谷の横ずれによって，河谷や河流の変更が生じやすくなる．上流側が隣り合う河谷に奪われると，かつての河谷は広い谷幅のまま水流を欠いた谷間が残される．截頭谷とか首なし川（図10のQ）とかよばれ，流路が変更した場所は風隙（ウインドギャップ：windgap；図10のR）といわれ，風だけが吹き抜ける空谷が形成される．

2．活断層の活動度

活断層の過去（第四紀）における活動の程度を活動度とよぶ．断層変位の認定に用いられた基準地形や第四紀層の変位量を，それらの形成時から現在までの年数で割った値を平均変位速度という．この平均変位速度（千年間に平均化した変位速度：m）によって，表2に示したようにA・B・C・D級などとして分類する．日本では，地形や第四紀層の研究が全体的に進み，それらの形成年代値が比較的よく判っている．湿潤温暖地域で，火山が数多く分布することから，地形面や第四紀層の年代資料を得られやすいので，変位速度に基づく，活断層の分類が行われてきた．しかし，外国（アメリカ合衆国・ニュージーランドなど）では最新活動時期や反復性による分類が行われている．

活動度は，A級（1m/千年のオーダー），B級（0.1m/千年のオーダー），C級（0.01m/千年のオーダー）のように分類される（松田，1975）．AA（超A）級（10m/千年のオーダー）はプレート境界とされ

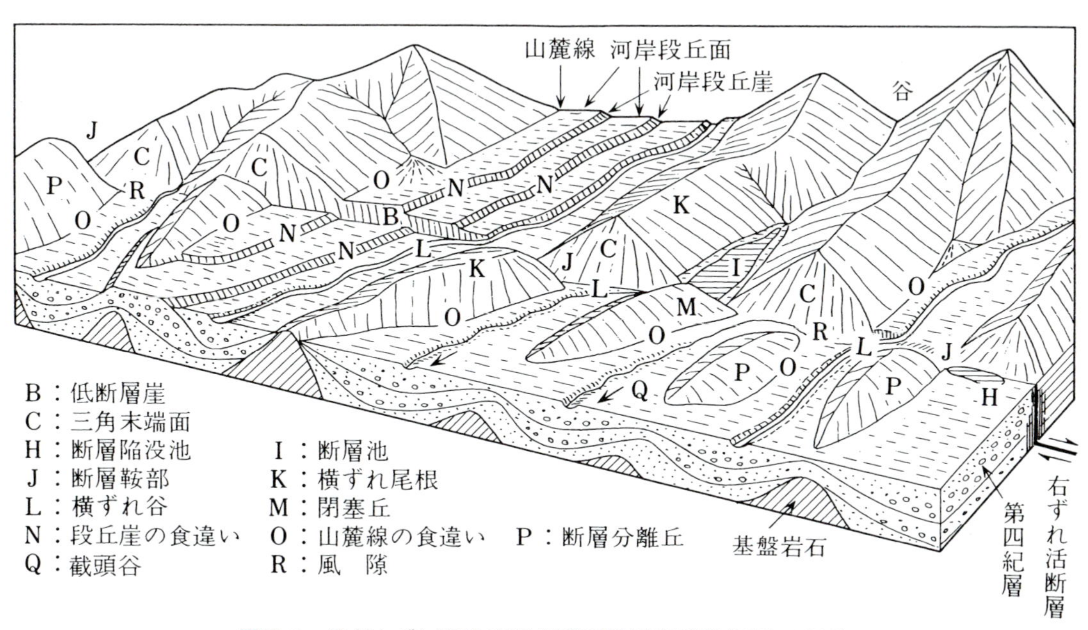

図10　横（右）ずれ断層に伴う各種の断層変位地形（岡田，1990）

るような大断層に該当し，日本の陸上では局部的にしか認められない．C級の下にD級があることになるが，認定がかなり難しくなる（■表2参照）．ここに示した活動度は，大地震の周期や今後の大地震活動時期の推定のために重要な指標である．しかし，変位量は判っていても変位基準の形成時代が判らないために，平均変位速度が求められない場合が実際には多くある．こうした場合には，年代の推定値あるいは地形の新鮮さなどに基づいて，活動度を推定するほかはなく，そうした活動度が記入された例も少なくない．

平均変位速度（m／千年）による活断層の活動度の分類と写真判読や変位地形での特徴をごく概略的にまとめてみると次のようになる（■表2参照）．

①A級―― 10 m＞S≧1 m

このクラスの活断層は縮尺4万分の1程度の空中写真の判読で地形線や地形面が切断されているのがよく判り，変位の向きが確実に判定できる断層変位地形を伴う．縮尺2万分の1程度の写真判読では容易に抽出可能であり，随伴する小規模の変位地形を詳しく吟味できる．

②B級―― 1 m＞S≧0.1 cm

縮尺4万分の1程度の空中写真の判読で，断層変位地形がどうにか認定でき，条件がよければ変位の向きも判る．縮尺2万分の1程度の写真判読では断層の位置や変位の向きはかなり明瞭であり，変位地形の分類図が作成できたり，変位地形の特徴を十分に検討できる．

③C級―― 0.1 m＞S≧0.01 m

縮尺4万分の1空中写真の判読では，断層変位地形の検出がややむずかしい箇所もある．縮尺2万分の1程度の写真判読で，断層変位地形はどうにか認定できる程度のリニアメントである．線状構造地形としてのリニアメントはかなり明瞭に追跡できる．

④D級―― 0.01 m＞S≧0.001 cm

第四紀（後期）に活動したことは確かであるが，変位地形は不明瞭ないし，ほとんど判らず，リニアメントも不明瞭である．露頭単位での確認はできるが，大地震を引き起こす活断層かどうか不明であることが多い．

変位速度が大きければ，一般に断層変位地形は新鮮で大規模なものとなり，かつ延長距離も長くなる．小さければ，変位地形は不明瞭となり，地形も全般的に小規模で，延長距離も短い．

■表2　活断層の平均変位速度による区分と断層変位地形の一般的な特徴（岡田・東郷編，2000）

区分	平均変位速度S（単位はm／千年）	事例	断層変位地形の一般的な特徴
AA級（超A級）	100＞S≧10	日本海溝沿いの断層 南海トラフ断層 サンアンドレアス断層	ランドサット衛星映像や大地形によく表現されているような大断層．ほとんどの場合，プレート境界の活断層．
A級	10＞S≧1	中央構造線断層帯 糸静線中央部 阿寺断層／丹那断層 跡津川断層	4万分の1空中写真の判読で地形線や地形面が切断されているのがよく判り，変位の向きが確実に判定できる．断層変位地形はきわめて明瞭．
B級	1＞S≧0.1	立川断層 深谷断層 長町－利府線断層	4万分の1空中写真の判読で，断層変位地形がどうにか認定でき，条件がよければ変位の向きも判る．断層変位地形はやや不明瞭．
C級	0.1＞S≧0.01	深溝断層 郷村断層 吉岡断層	2万分の1空中写真の判読で，断層変位地形がどうにか認定できる程度．リニアメントの地形は明瞭．
D級	0.01＞S≧0.001	多くの推定活断層	第四紀に活動したことは確かであるが，断層変位地形は不明瞭ないし，ほとんど判らない．リニアメントもやや不明瞭．

0-4 日本の活断層の分布と特徴

1. 日本周辺のプレートと地質地形区における活断層の分布

日本列島は太平洋の北西縁に位置し，弧-海溝系とよばれる弧状列島（島弧）を形成している（■図1B）．この弧状列島も東日本弧と西日本弧の2系統があり，本州中部で交差している．こうした配列は日本列島周辺のプレートの位置や性質に起因し，4つのプレートがせめぎ合っている．東ないし東南側には2つの海洋プレート（太平洋プレートとフィリ

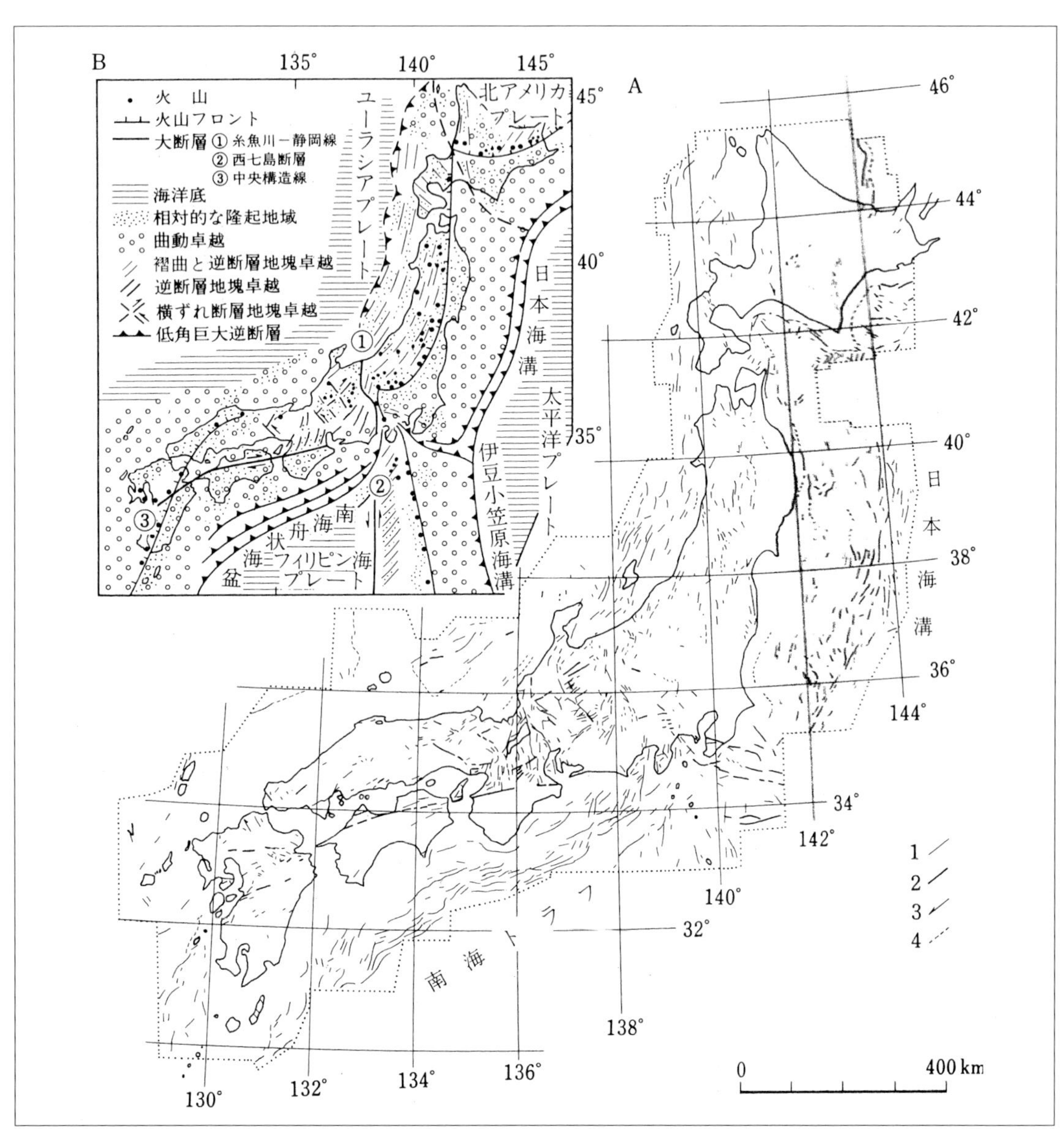

■図1 日本と周辺海底の活断層（A）と地体構造-活構造区（B）（活断層研究会編，1980を編集した岡田，1990b）

凡例 1：縦ずれ活断層，2：右ずれ成分をもつ活断層，3：左ずれ成分をもつ活断層，4：海底の活撓曲，点線内が調査域．

ピン海プレート）が，北ないし北西側には北米プレートとユーラシアプレートが配置し，プレートが集合する世界的にみても稀な場所を占めている．

東日本弧は千島弧，東北日本弧，伊豆・小笠原弧と連なり，太平洋側に日本海溝から伊豆・小笠原海溝へと連なる鮮明な海溝軸を伴う．東日本弧は太平洋プレートの西方への沈み込み（約10cm/年）に関連して，地震や地殻運動などの活動性が高い地帯として形成されてきた．2011年東北地方太平洋沖地震（M9）にみられるように，プレート間（境界型）地震が引き起こされるが，こうした逆断層型の巨大地震がある間隔をおいて発生する．

一方，西日本弧は西南日本弧や琉球弧からなり，フィリピン海プレートの北西方への沈み込み（約4～6cm/年）が関与してきた．駿河湾から南西方向へ連なり，南海舟状（しゅうじょう）海盆（南海トラフ）として東海・紀伊・四国沖から九州の日向灘沖へと延びる．さらに，沖縄東方沖から深さ6000mを超す南西諸島（琉球）海溝へと受け継がれる．東海沖から四国沖にかけての南海トラフでは，約90～150年程度の間隔をおいて巨大地震が発生してきた．

各島弧は帯状の地質地形区に分けられ，ほぼ共通の性質をもっている．海溝側から陸側へ，1）前弧海盆，2）外弧（外帯），3）内弧（内帯），4）背弧海盆，が配列する．島弧の会合部には，5）重複・衝突帯が形成されている．こうした地体構造区に関する説明は省略する．

2.プレート境界の活断層

伊豆半島部は，フィリピン海プレートの移動により北上して，本州弧に衝突し，北辺部が沈み込んでいる．その北東側の境界部に国府津–松田断層帯が位置し，大磯丘陵と足柄平野とを地形的に分けている．北東側隆起の逆断層であり，上下方向の平均変位速度は約3m/千年，活動間隔は約3000年程度，M8程度の大地震を引き起こすとされる．水平成分を含めた実質の変位速度はこれより大きい可能性がある．これはプレート境界の活断層帯であり，変位速度・活動間隔・地震規模などの値は通常の内陸の活断層より大きい．

相模湾の最奥部から富士川河口部にかけて，西側隆起の2列の活断層群が分布する．富士川河口断層帯とよばれ，上下成分だけでも6m/千年に及ぶ平均変位速度をもつ．ユーラシアプレートとフィリピン海プレートとの境界断層であり，一般的な内陸の活断層に比べて特別に大きな変位速度をもつ．

3.日本列島における活断層の地域区分の概要

日本と周辺海域の活断層は既往の資料や空中写真の判読，海底の音波探査の資料などの詳しい調査により，分布状況が判明してきた（■図1A；活断層研究会編，1980，1991）．活断層の分布，密度，長さ，走向，変位様式や活動度などをみると，著しい地域性がある．こうした特徴から，いくつかの活断層区に分ける提案がされているが，単純化した事例を以下に紹介する（岡田・安藤，1979；■図2）．なお，活断層研究会編（1980，1991）による活断層区の詳細な設定があり，海底を含めて広域となり，説明も込み入ってくるので，この紹介は省略する．

■表1　活断層区の特徴（岡田・安藤，1979に加筆）

区	活断層区	断層密度	地震活動度	断層型
I	東北日本内帯	中	中	逆断層
II	中央日本内帯	高	高	横ずれ断層＋逆断層
III	西南日本内帯（中国・北九州）	中～低	低	横ずれ断層＋正断層
Ⅳ	東北日本外帯	極低	超低	一部に正断層
V	南関東・伊豆	高	高	横ずれ断層（＋逆断層）

I　東北日本内帯：　火山を伴う内弧で，ほぼ南北走向の逆断層が分布．長さは数十km以下と相対的に短く，山地と盆地の境界を走り，活動度はほとんどがB級．内陸盆地や海岸平野が山地・丘陵を隔てて分散的に発達し，これら低地の中央部や縁辺部に活断層が伴われることが多い．

II　中央日本内帯：　中日本北部から近畿北半部では，横ずれ活断層が格子状のパターンをもって密に発達．北東–南西方向の活断層はいずれも右ずれ，北西–南東方向は左ずれを示す．活動度は全般に高く，長い活断層はA級に属する．B級に属する南北走向の活断層も含まれ，大部分は逆断層である．糸静線が最長で，北西–南東走向部は左ずれであるが，南北走向部は逆断層となる．これに並走して境峠-神谷，阿寺，濃尾，柳ヶ瀬-養老などの北西-南東方向の左ずれ活断層が数十kmの間隔をおいて配列する．これらを取り巻くようにして，跡津川，琵琶湖西岸，有馬-高槻，六甲-淡路島などの右ずれ断層帯が配置する．

III 西南日本内帯（中国・北九州）： 近畿より西方の西南日本では，中央構造線断層帯がとくに長く，活動度が高く，右ずれ活断層群として集中的に発達している．九州になると，右ずれ活断層帯はやや方向を変えながら，中部九州から八代海に延び，変動帯を形成する．岡山県・広島県東部は活断層はほとんど分布しないが，広島県西部や山口県はB級以下の横ずれ活断層が発達することが近年判ってきた．山陰地域にはC級程度の横ずれ活断層が散点的に発達し，この約百年間における地震活動は比較的高い．北九州ではB級以下の横ずれ断層や逆断層が散点的に分布する．

Ⅳ 東北日本外帯および西南日本外帯： 外弧隆起帯とよばれる太平洋側の山地域である．北海道南東部，東北日本の北上（きたかみ），阿武隈山地，西南日本の赤石，紀伊，四国，九州の各山地は，非火山性の隆起帯であり，個々の地塊として曲隆しているが，内部には盆地や活断層をほとんど伴わない．ごく稀に活断層の存在が認められても，長さも短く，活動度も低い．

V 南関東・伊豆地域： 南関東から伊豆半島部では活断層の分布密度が高く，横ずれ断層が多い．当域の横ずれ変位は北西-南東方向の活断層が右ずれ，北東-南西方向が左ずれで，東西方向は逆断層となり，日本の他地域とは異なっている．

この地帯は，上述したように，伊豆半島の北上に伴う重複衝突帯であり，こうした影響を受けて，地殻運動や地震活動が激しい地帯である．

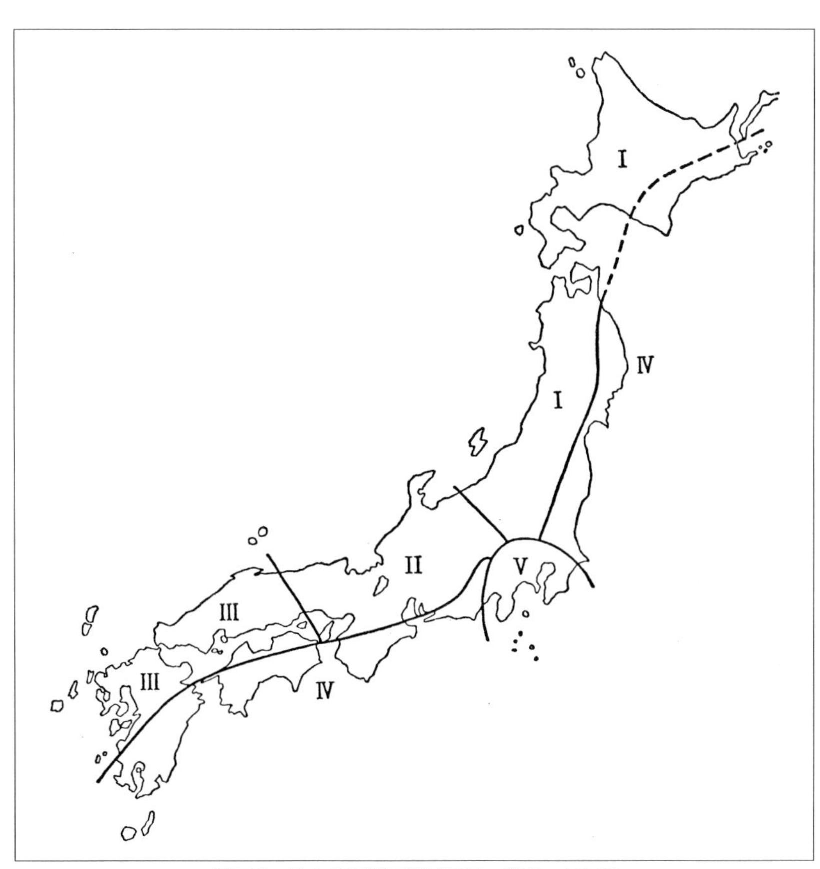

■図2 日本の活断層区（岡田・安藤，1979）
I～Vは表1および本文参照．

0-5 活断層(陸上部)の調査方法

1. 空中写真（空中写真による活断層の認定）

空中写真は飛行機から下方を撮影した精密な写真であり，隣り合う2枚の写真を同時に見ると，地形を立体的に観察できる（■写真1）．この写真にあるような立体（実体）鏡は，詳しい観察には必要であるが，安価な簡易立体鏡でも十分に判読でき，慣れれば肉眼でも見える（松田ほか, 1977）．

日本ではどの地域でも，国土地理院が撮影した空中写真がある．その縮尺は約1/1万，約1/2万，約1/4万である．また，撮影年時の新旧も重要な要素である．平野周辺部では最近の地形改変により自然地形が消失した場所も多い．全国の国鉄（当時）沿線では，戦後間もない時期に米軍が撮影した約1/1万の空中写真があり，こうした古い写真は解像度に若干の問題があるが，自然の地形を解読できるきわめて貴重な資料となっている．大規模な地形改変が行われた場所では，その前に撮影された空中写真や地形図などの入手と利用が必須の調査項目となる（松田ほか, 1977; 阿部・岡田・垣見編, 1985）．

上述のように，空中写真には縮尺の大小・撮影時期・印刷用紙などにさまざまな種類があり，目的によって選択する．また，林野庁や各種機関で撮影された空中写真もある場合がある．空中写真類は日本地図センターや地図販売店などを通して購入できる．

こうした空中写真を使って地表（地形）をくまなく点検し，活断層に伴う変位地形や地形面の変位・変形などを検討する．さらに，現地での各種の調査を加えて，活断層の性質に関する詳しい情報が得られる．大縮尺の地形図の判読や作業からも活断層の詳細位置や性質が判明する．

2. 地形図

空中写真で判読した各種の変位地形の位置や地形面・崩壊地などの区分は，国土地理院発行の中縮尺（2万5千分の1あるいは5万分の1）地形図に記載し，現地調査や探査計画の立案に活用する．大縮尺（1万分の1）地形図や国土基本図（5千～2千5百分

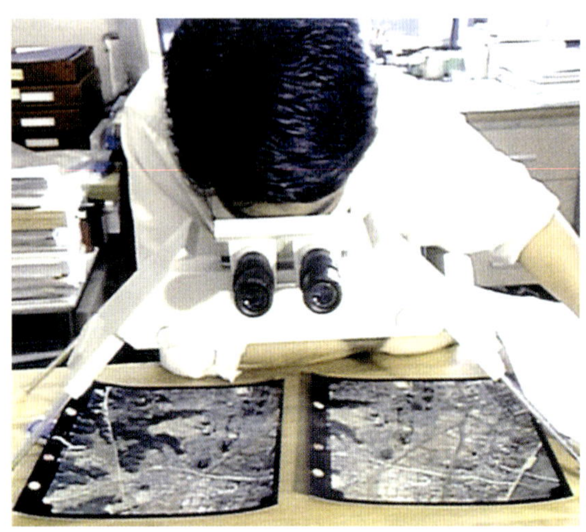

■写真1　空中写真の実体視による作業（地震予知総合研究振興会，1999）
隣合う空中写真を実体鏡を使って立体視し，活断層地形や地形面の判読作業を行う．

■写真2　ボーリング調査の現場（2012年11月岡田篤正撮影）

の1）も有用である．こうした大縮尺図を市町村などの地方自治体が発行している場合も多い．変位地形を具体的に検証していくには，判読成果を書き入れた大縮尺図に現地調査・探査・測量などの結果を書き加えて，さらに検討していく．

3.ボーリング・地層抜き取り（ジオスライサー）調査

数m以深に及ぶ地下地質の情報を得るためには，ボーリング調査が有効であり，構造物の建設のための地盤調査や石油・石炭・鉱石などの包含層の探査に広く活用されてきた（■写真2）．

平野の下に伏在する活断層を調査するには，トレンチ調査が有効であるが，調査場所を探し出せないことも多い．また，掘削が不可能な深い位置における地層の変形や変位量を明らかにしたいこともある．こうした場合には，ある測線に沿ってボーリングを高密度で実施すれば，トレンチ調査の目的にほぼ近い，最新活動・活動間隔などがかなり詳しく解明できることがある．

物理探査（とくに反射法地震探査）を実施して得られた断面図の検証や補正を行うことは大変重要なことである．こうした場合には，やや深いボーリングを適切な場所で実施すると貴重な成果が得られる．1995年兵庫県南部地震以後に各地の堆積平野で強震動予測の評価が行われ，急速に解明されてきた．

地層抜き取り（ジオスライサー）調査は板状の矢板を地層に打ち込み，それに合わせた，もう1枚の蓋板を打ち込み，それらを同時に引き抜くことにより，間に挟まれた地層を抜き取る（■図1）．断層（帯）に遭遇していれば，変形状態を記載・観察ができる．得られた地層の断面から試料の採取を行い，地層の年代や堆積環境を解明する．この調査とボーリング調査を併用した研究が琵琶湖西岸断層帯を対象に行われ，幅広い撓曲帯の解明や活動履歴の調査に貢献できた．このような撓曲を伴った変形帯や年代測定可能な軟弱な地層の解析に極めて有効である．

地層抜き取り（ジオスライサー）調査は日本で初めて試みられ，よい成果も得られてきたが，装置の打込みや引抜き時の震動や変形で地層が乱れることもある．さらに，機具（装置）が高価であったり，時間・要員・用地などの確保が難しい場合がある．しかし，市街地・埋立地・河道・沿岸部など，従来では地層の観察や調査が困難とされてきた場所での活用が注目される．

■図1　地層抜き取り（ジオスライサー）の基本的な調査手法（中田・島崎，1997）

4.物理探査

平野の地下や海底下に埋没している活断層を調査するには，通常の空中写真判読や野外踏査だけでは解明できないことが多い．そこで，地震波・電気伝導率・磁気・電磁波・重力などの物理的な計測をある測線に沿って実施するが，こうした地下の構造を間接的に把握・推定する物理探査は，土地の非破壊調査なので，探査許可が得られることが多い．

都市域や人口密集地域では，トレンチ調査を行う用地の確保が一般に困難である．一方，物理探査は土地を壊すことがなく，何回でも実施することが可能である．また，測定機器の向上に伴ってより高精度の成果が得られることが期待される．

各種の物理探査の中で，活断層調査では反射法地震探査および重力探査がもっともよく利用されてきたので，これらについて概要を述べる．

① 反射法地震探査

地表で人工的に地震波（P波およびS波）を起こすと，地下の伝搬速度の異なる地層境界に当たって，一部の波が反射して地表に戻ってくる．これを連続的に配置した地震計で受信して，記録を解析すると

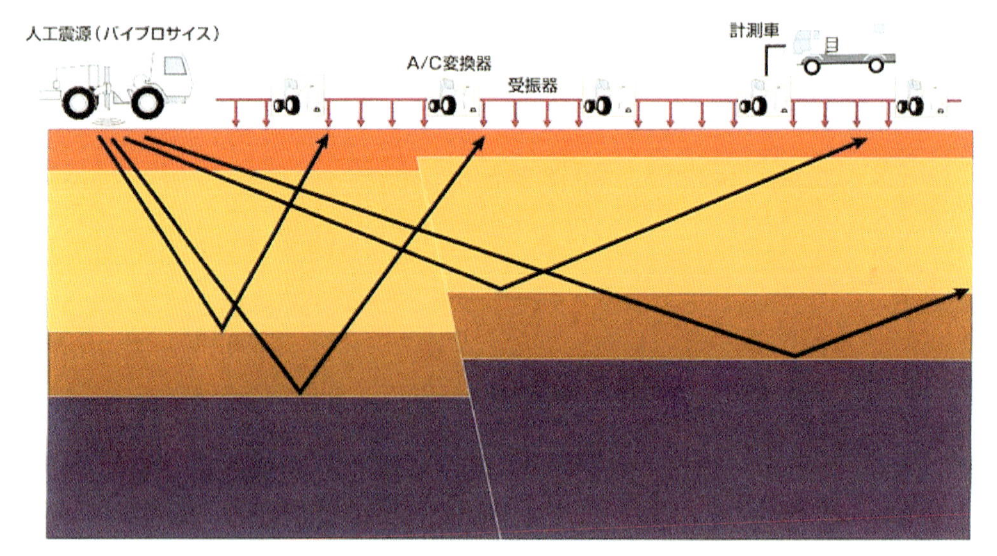

■図2　反射法地震探査の概念図（地震予知総合研究振興会，1999）

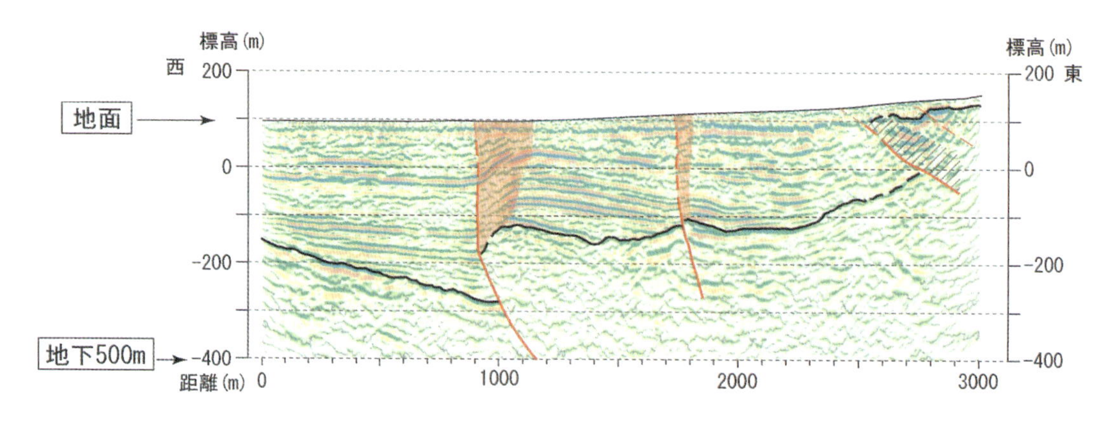

■図3　反射法地震探査とボーリング調査で得られた亀岡盆地の地下構造（京都府，2003）
3本の反射法地震探査が実施され，ボーリング調査も行われ，地質柱状図も得られた．赤線は活断層，赤色部は撓曲部．

地下の構造が判明してくるが，その不連続な部分に活断層が推定されることがある．実際の地層との対応は，ボーリング調査で得られた試料（コア）の柱状図で検証が可能である．反射法地震探査は石油・ガスなどが含まれる地層の地下構造の解明などで有効性を発揮してきた．このような経緯から判るように，厚い堆積層で覆われ，地下の地質状況が地表からだけでは判りにくい平野部の調査に有効である（■図2）．

震源には油圧インパクターを使った打撃型のもの（■写真3）と，周波数を遷移させながら起震する大型の震源車であるバイブロサイス（■写真4）がある．相対的に浅い地下構造の探査には前者が，1000m以上の地下深部を探査するには後者が使用され，受震には1地点に複数個（3〜9個）の小型地震計を1群として用いられる．これらは陸域において，P波を利用して探査されるが，通常分解能は10m程度とされ，水で飽和した地層で実施される．

一方，S波を利用した探査は主にS波を発震して，受震も地震計を横向きに設置して行われる．通常用いられる測定点間隔は0.5〜2m，探査深度は50〜200mであり，分解能は通常5m程度であるが，良好な場合には2m以下となる．こうしたS波浅層探査は浅部における活断層の構造を解明する重要な調査手法であり，ボーリングとともに主要な調査法となってきた．

亀岡盆地の東部では，東西方向の反射法地震探査が3測線で実施され，3条の不連続部が検出された（■図3）．中央に位置する河原林測線の3地点でボーリングが実施され，ある反射面（地層）の年代が判ったので，平均的な上下変位の速度は0.1m/千年であると判明した．

② 重力探査

堆積平野下に伏在する断層構造を調べる場合に，ある場所で密度の大きい基盤岩類の深度に上下変位や傾きがあると，これを境に重力異常値が変化する．そこで，ある測線に沿って多数の地点の重力を測定し，重力異常値や地下構造を検討する．この調査方法が重力探査であり，ブーゲー異常が通常では用いられる．

重力探査のみで推定できる地下構造は非常におおまかなものであり，広域の地下構造の概略が平面的に得られるという利点がある．また，調査の初期段階で既存の重力異常図を利用・解読して，地下構造の大局的な把握や傾向を検討することが望まれる．さらに，反射法地震探査や深いボーリングの成果と合わせて利用すれば，地下構造の理解がより深まる．

5. トレンチ掘削調査

活断層が現実に存在するかを確かめたり，その性質のうちとくに，断層（面）の角度・走向，最新活動時期，活動間隔などを解明したりするためには，実際に断層部を溝状に掘削して調査することがもっとも重要な方法となる．地層の食違いをつぶさに観察し，地層の年代を重要箇所から直接に採取して，測定することができる．1枚1枚の地層が薄く，食

■写真3　油圧インパクター（2012年11月岡田撮影）
油圧によって前面のおもりを地面に叩きつける方式の振動源．深度約1kmまでの比較的浅い地下の構造探査に使用される．

■写真4　バイブロサイス（科学技術庁，1996）
大型の振動源として石油探査用に開発され，重いおもりを油圧によって振動させる．

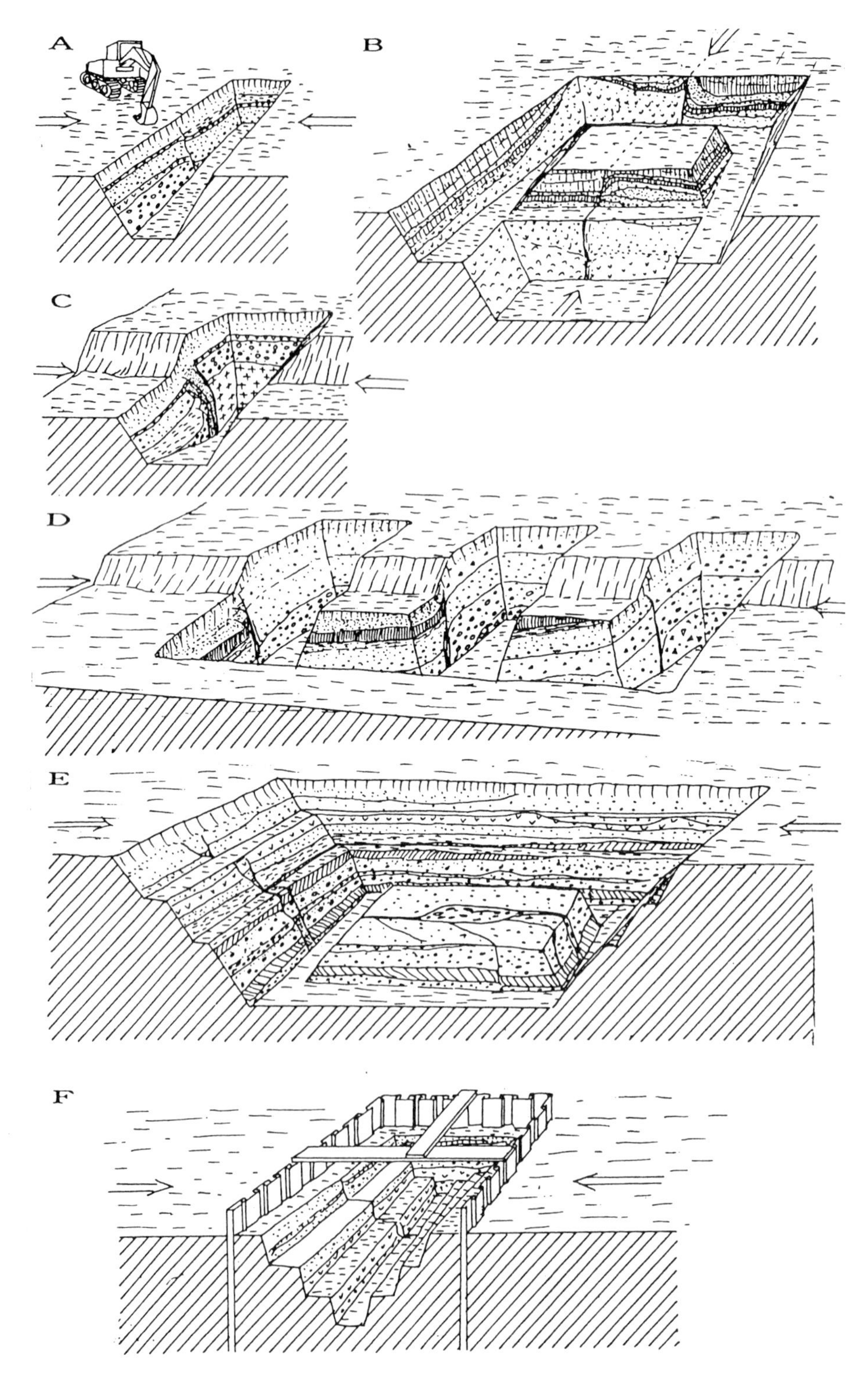

■図4　いろいろなトレンチ調査の形態（岡田，1990a）
A：通常の樋型調査溝，B：トレンチ内に凹凸を入れた大規模調査溝，C：低断層崖を横切る傾斜調査溝，D：低断層崖を横切る連続型調査溝，E：三次元構造の解明を目指した大規模調査溝，F：鋼矢板で囲まれた掘り込み型の調査溝．こうした各種のトレンチ調査が実際に実施された．

違いが明瞭に観察され，しかも地層の年代が判る試料を含んでいる調査適地を見つけ出すことが最重要の作業である．この予測の後に必要なことは，丁寧な説明や事後対応を土地所有者に行い，調査の許可を得ることである．これがトレンチ調査の成否を分ける重要な仕事となる．そして，調査用地での掘削方法，トレンチの規模（形態）などを決める（■図4）．調査要員の確保，トレンチ法面のスケッチ作成，年代試料の採取と測定，法面から解読される断層変位の状況，活動時期－間隔の検討などの具体的な作業や事柄に関してはここでは省略する．以下，日本における初期のトレンチ調査の事例を紹介する．

1943年鳥取地震（M7.2）を引き起こした鹿野断層の掘削調査が日本で初めて1978年に実施され，明瞭な断層が地層の中に観察された．鳥取地震を引き起こした断層面だけでなく，これに先行する地震が数千年前に発生し，垂直に下方へ延びる鮮明な断層面が観察されるなど，重要な事実が初めて判明した．

これに引き続いて，山崎断層の調査が1979年に行われ，ここでも大きな成果があげられた．最新活動時期の限定から，868年播磨地震（M≒7）を引き起こした地震断層が山崎断層帯であり，それ以前にも複数回の活動が認められる断層が直接に断面から観察されたが，左ずれの変位地形との関係も詳しく判明した．

丹那断層沿いには1930年北伊豆地震（M7.3）時に左横ずれの地震断層が現れた．静岡県函南（かんなみ）町丹那の丹那盆地底で規模の大きなトレンチ（長さ25m，幅22m，深さ7m）が1982年に掘削され，南北両側法面に明瞭な断層が現れたが，過去約7000年間に9回の地震イベントが解読された．700～1600年の間隔で繰り返し活動し，かなり規則正しく動いてきたことが判明した．

こうした初期のよい成果を受けて，トレンチ掘削調査はその後あちこちで実施されるようになった．とくに，1995年兵庫県南部地震の発生以後には，全国に分布する活断層に起因する大地震の長期的な発生時期の予測や，活断層の詳しい性質を解明するために，最重要で基本的な調査手法と認められ，多くの調査が実施され，長期評価の基礎資料として使われてきた．

■**写真5　トレンチ調査の法面に現れたほぼ垂直の岡村断層**（1984年3月岡田撮影）

愛媛県西条市飯岡で行われたトレンチ西側法面中央部に明瞭な断層（中央構造線断層帯岡村断層）が現れた．北西方向を望む．

0-6 主要活断層(帯)の選定と長期評価

活断層は日本全国の陸上部に約2千本あるとされるが，長さが20km以上で，その存在がほぼ確実であり，活動度がA・B級と高いものが主要活断層帯として選定された．これらはM7クラス以上の大地震を引き起こす可能性があるので，基盤的調査観測の対象として平成9 (1997) 年に98断層（帯）が選ばれた．その後に追加や削除が行われ，現在117本が指定されている．2017年に改訂が行われ，活断層（帯）の番号も地域別に割り振られ，旧番号は変更された（本書見返し参照）．

選定された主要活断層（帯）は，重点的な調査対象の活断層として，国の研究機関や地方自治体による各種の詳しい活断層調査が実施されてきた．

このようにして，得られた成果や既往研究資料に基づいて，断層（帯）の位置・形態や過去の活動履歴などの総合的な取りまとめが行われた．将来発生する地震の規模や発生確率，さらに地震動の予測について，主要活断層ごとの長期評価が行われ，その評価文は地震調査研究推進本部（以下，地震本部；http://www.jishin.go.jp/）のウェブサイトで閲覧できる．また，活断層の地域評価や長期評価結果一覧などの貴重な資料も掲載されている．

なお，長期評価が公表された主要断層帯でも必要なデータが十分に得られていないために，評価の信頼性が低いものも含まれている．このような活断層については，補完的な調査が随時行われ，信頼度を高める調査も実施されてきている．活断層の評価手法は，調査・観測の技術が進歩し，データの増加や研究の進展などを受けて，常に見直しが要請される．

したがって，公表された長期評価はその後に得られた成果によっては見直しが図られたり，改訂版や第二版が出されたりした活断層も数多くあるので，最新版を参照されたい．

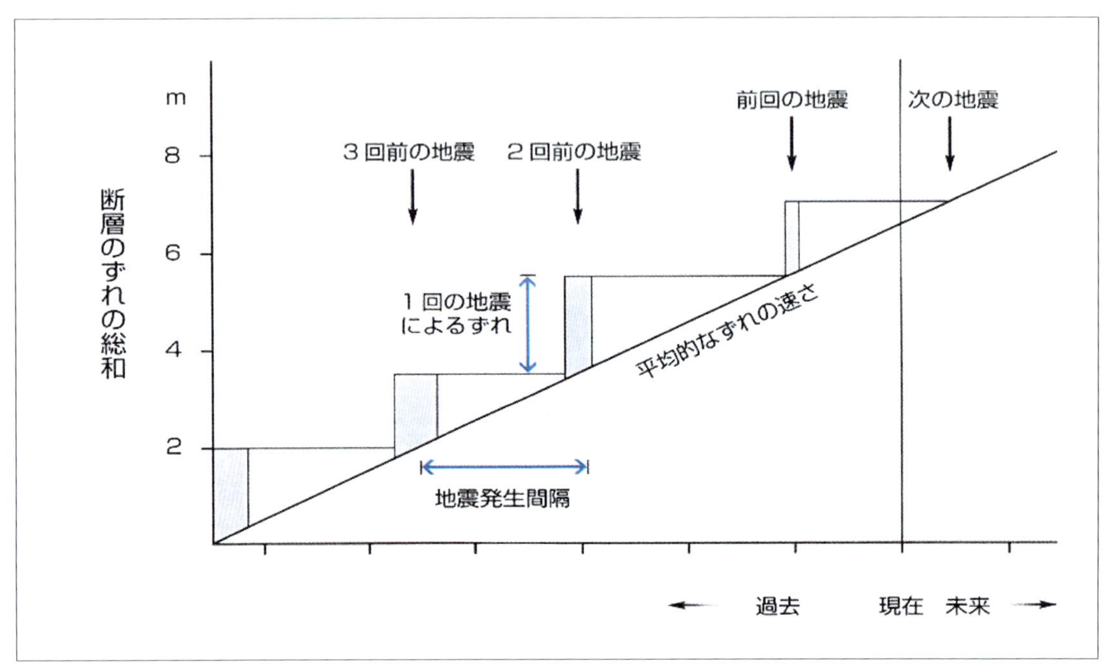

図1　活断層の活動時期とずれの累積量・将来の活動予測（京都府，2003）

0-7 活断層(帯)の分布位置に関する情報

1. 縮尺1：25,000都市圏活断層図

大都市と周辺域で直下型の大地震が発生すると，とくに活断層沿いの地帯に甚大な被害が生じる．こうした都市域における活断層の詳しい位置や性状を調べて，潜在的な危険度を把握し，地震災害の対策をする必要がある．また，都市計画や耐震対策などのためにも，活断層の詳しい分布に関する情報の提供はきわめて重要である．

そこで，活断層だけでなく，その認定根拠となった地形面や地すべり，横ずれを示す谷線やトレンチ調査場所，活断層の露頭なども記載された縮尺1：25,000「都市圏活断層図」が国土地理院から1996年以降に刊行され，2018年度で総枚数197面になる．最近では都市圏だけでなく，全国のM7級以上の地震を引き起こす可能性をもつ主要活断層帯の詳細な位置を日本全域で図示するために，「1：25,000活断層図」と改名されて，今後も数図幅が毎年増えていく予定である．

活断層の判読にあたっては，現在利用できるほぼすべての空中写真類を使い，活断層の分布位置をできるだけ正確に表現する努力がなされてきた．

活断層の認定は大学研究者の数名が相互に検討し合い，既往の文献とも照らし合わせて，変位地形が明瞭で存在の確実なものから，不明瞭で存在の可能性を秘めた不確実な推定活断層まで含まれる．地震時に地表に変位が現れた地震断層は位置を黒点で表示している．

縮尺1万分の1程度の詳しい空中写真類の使用により，判明した事例も多い．また，第二次世界大戦直後に米軍が撮影した空中写真類は当時まだ地形改変が少なく，これらの判読で初めて認定された活断層も多い．

活断層図の刊行後に，前述した反射法地震探査やボーリング〜トレンチ掘削調査，既存資料の再解析などによって，活断層の実在や詳しい性質がさらに詳しく解明されてきた事例もある．こうした場合には，改訂版や第二版が刊行された図幅も多い．とくに大地震の発生により地震断層が現れた2004年新潟県中越地震，2014年長野県北部地震，2016年熊本地震の地域では，改訂版が出版され，入手された情報の解説や整理が行われている．

「1：25,000活断層図」は国土地理院のウェブサイト（http://www.gsi.go.jp/）から，地図・空中写真＞主題図＞活断層図，と検索すると，各地域の活断層図が閲覧できる．さらに，活断層図解説書を読む／その他の活断層図／活断層図とは何か？／活断層図Q&A／リンク・利用規約について，などの解説書や利用上の注意が掲載されており，活断層情報の利活用に役立つ項目が提供されている．

2. 産総研の構造図・活断層データベースなど

産総研（産業技術総合研究所；旧 地質調査所）地質調査総合センターは，とくに重要な活断層に沿った短冊図（ストリップマップ）を縮尺1万分の1から10万分の1で刊行している．

阿寺断層系（説明書付），中央構造線四国地域活断層系（説明書付），中央構造線近畿地域活断層系，花折(はなおれ)断層（説明書付）は縮尺2.5万分の1で出版している．1995年兵庫県南部地震に伴う地震断層（野島・小倉及び灘川断層）は縮尺1万分の1で説明書付きである．柳ヶ瀬–養老断層系と糸魚川–静岡構造線活断層系は縮尺10万分の1で刊行されている．

カラーの地質図上に活断層を示しているので，地質との関係がよく理解できる．また，断層の諸特徴・情報を地すべり地形の分類も加えて示されており，これら主要活断層の全体像から細部に至るまでを理解する上で貴重な資料が提供されている．

縮尺50万分の1活構造図は日本全国が15図幅で刊行され，「東京」と「京都」は活構造図だけでなく，地震構造図・重力構造図・古地震データ図を含み，説明書でも詳しく解説されている．これら地域の活断層の全体像から細部まで理解する上で貴重な資料となっている．

産総研の活断層データベース（https://gbank.gsj.

jp/activefault/index_gmap.html）は，日本全国の主な活断層について，1）活断層（活動セグメント）の分布とそのパラメータ，2）活断層に関係する文献の書誌データ，3）文献から再録された調査地点ごとの調査結果データ，4）地下数十kmまでの地下構造データ，としてまとめられ，自宅近くや調べたい活断層が地図から検索可能である．活断層関連の文献データベースもPDFにリンクされたり，起震断層や活動セグメントの検索ができたりする．また，全国主要活断層の活動確率を解説した地図や説明書が刊行されており（吉岡ほか，2005），活断層の分布や活動履歴のデータを概観する上で貴重である．

3.主な活断層図・著書など

活断層研究会編（1991）の『新編 日本の活断層－分布図と資料』は，『日本の活断層』（活断層研究会，1980）の改訂新版であり，量的にも質的にも新たな資料が全面的に取り入れられた．縮尺約4万分の1空中写真類を基本に判読された成果であり，やや広い範囲の活断層の特徴を全体的に理解するのに適し

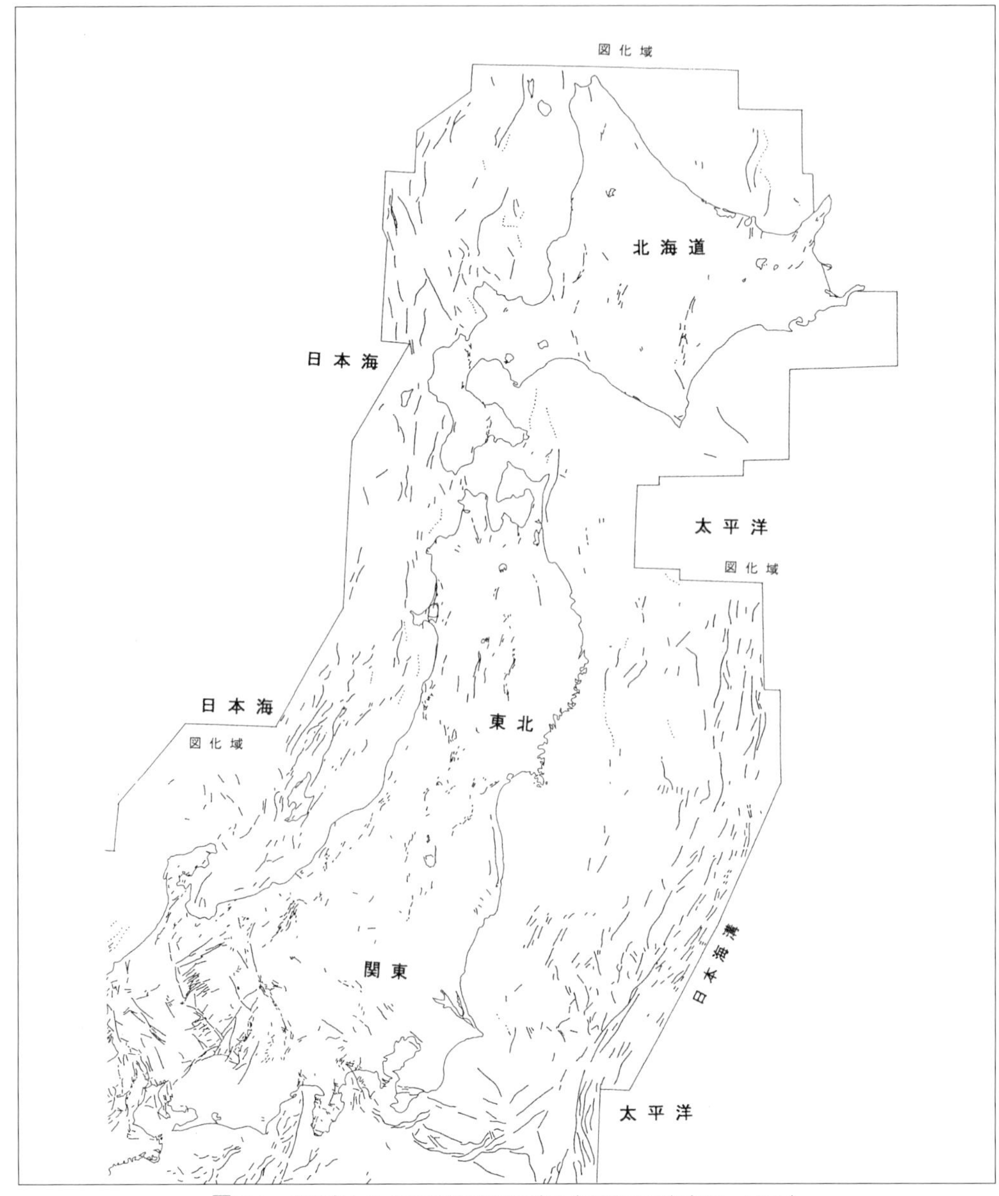

■図1　北日本とその周辺海域の活断層（活断層研究会編，1991）

ている．活断層の位置や性質は，縮尺20万分の1地勢図に示され，分布図と資料で図幅ごとに解説されている．付図Ⅰでは3図葉（縮尺100万分の1）に分けて，陸地と周辺海域の活断層分布を接峰面図と等深線図に示し，地域的な特徴がよく判るように表現している．付図IIでは日本と周辺の活断層と地震分布を縮尺300万分の1に示し，日本全域の概要が把握できる（■図1, 2）．しかしながら縮尺の関係で，建物や交通路などとの関係が判るほど，詳しい位置の情報はない．また，刊行年度の関係で最近の成果や資料情報には欠けている．

中田・今泉編（2002）の『活断層詳細デジタルマップ』は，日本列島の陸上部全域についてDVDに収録された縮尺2.5万分の1地図に活断層の位置や主な情報が示されたが，個々の活断層や調査位置などの詳しい解説はされていない．なお，この改訂版である『活断層詳細デジタルマップ 新編』（今泉ほか，2018）は活断層の位置情報に関する最新のデータを整備しデジタル化した．USBメモリに3D地図も搭載し，活断層帯の解説や応用方法も収録している．

池田ほか編（2002）の『第四紀逆断層アトラス』は，北海道から近畿地方にかけての逆断層帯を縮尺5万分の1（原図は2.5万分の1等高線図）で図示している．主要な活断層（逆断層）帯の位置・性質・文献などを地区ごとに詳しく解説している．

九州活構造研究会編（1989）の『九州の活構造』や，岡田・東郷編（2000）の『近畿の活断層』は，縮尺5万分の1地形図に地形分類・地すべり地形の分布などを加えた詳しい活断層図集である．主に縮尺約4万～2万分の1までの空中写真を判読し，各図幅内の活断層についての解説や文献を掲載している．九州や近畿地域に分布する活断層の貴重な解説書となっており，発行年度までの情報を得るためには該当する地域であれば大いに参考となる．

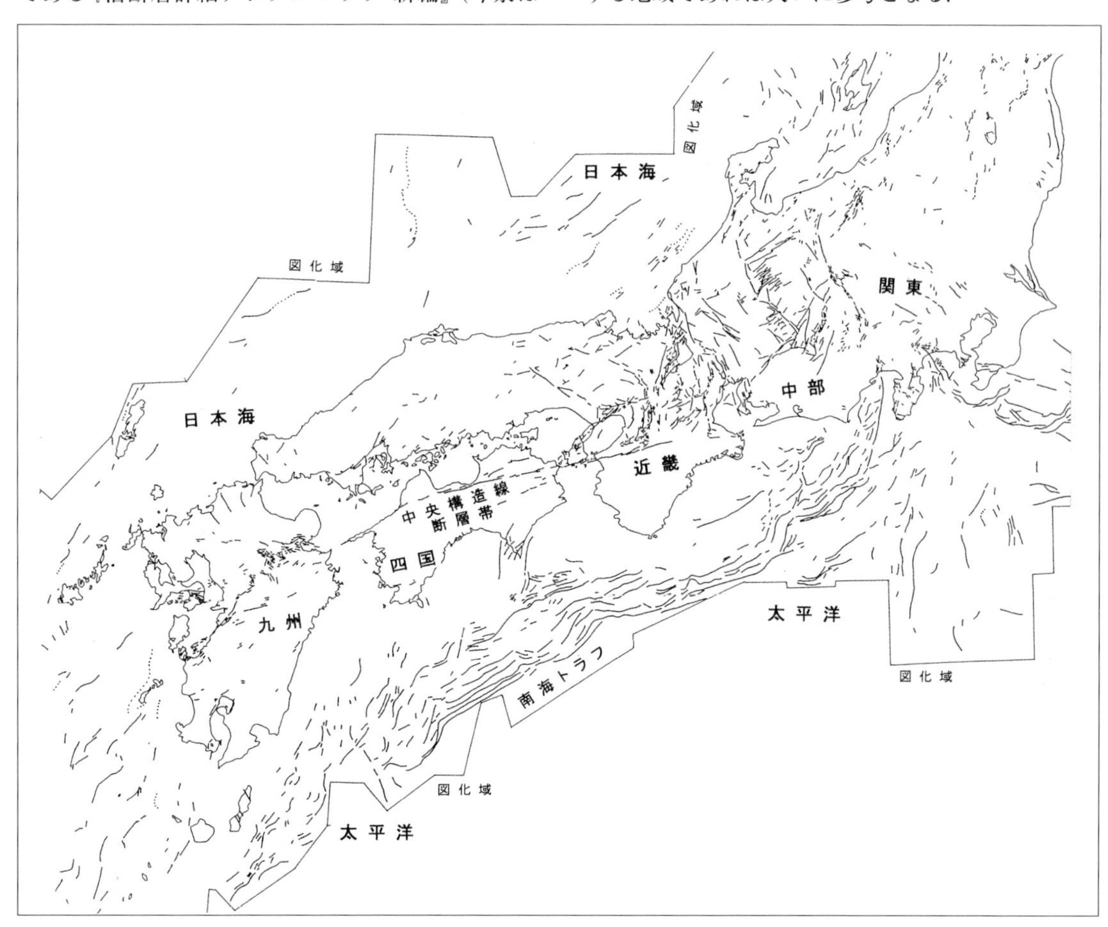

■図2　西日本とその周辺海域の活断層（活断層研究会編，1991）

1 富良野盆地断層帯　北海道

Furano-bonchi (Furano Basin) Fault Zone

■写真1　富良野盆地断層帯西部に沿った断層変位地形（1987年8月八木浩司撮影）

富良野市街北東上空から南西方向を望む．富良野盆地中央西縁部の芦別山地北東端山麓には，扇状地先端部が隆起し，扇状地の発達方向に直交して連続する細長い小丘が形成されている．その典型例は，中富良野ナマコ山断層による変位地形である．小丘西麓に御料断層が走る．写真中央から右下にナマコ山，朝日ヶ丘などの小丘が連なる．写真左から中央下を流れる川は空知川．空知川右岸の住宅密集地は富良野市街地．

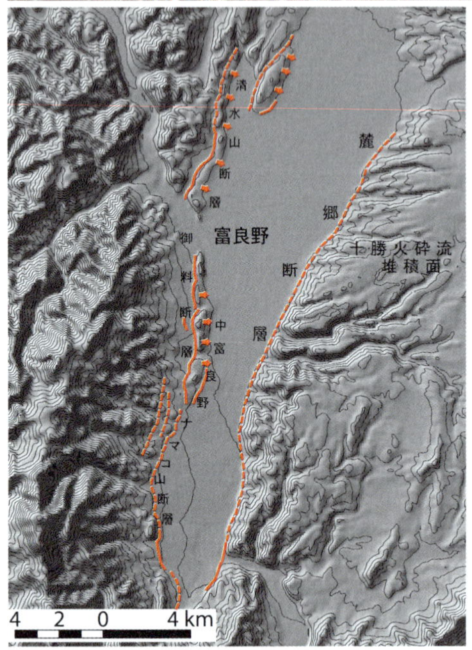

■図1　富良野盆地と周辺の地形と活断層（都市圏活断層図「富良野北部」「富良野南部」をもとに八木作成）

北海道中央に位置する富良野盆地は，南北27km，東西4～6kmと細長く，その両縁を活断層に画された構造盆地である．

富良野盆地を形成する断層は，富良野断層帯西部および同東部から構成される（地震本部，2006）．富良野盆地断層帯東部は，断層面が東傾斜で東側隆起の逆断層であり，麓郷（ろくごう）断層ともよばれている．この断層は，十勝火砕流からなる丘陵を切って比高200m程度のやや弧状に連続する断層崖として認識できる（■図1）．

■写真2 富良野盆地断層帯西部に沿って形成された逆向き低断層崖，孤立した小丘列（1987年8月八木撮影）
富良野市街西部・空知川上空から南方を望む．断層活動で形成されたナマコ山，朝日ヶ丘などの小丘およびそれらの西縁に沿って現れる御料断層やより山麓部側に断片的ながら山側向きの低断層崖が認められる．画面左上には富良野盆地東縁で火砕流台地を切る麓郷断層が見える．

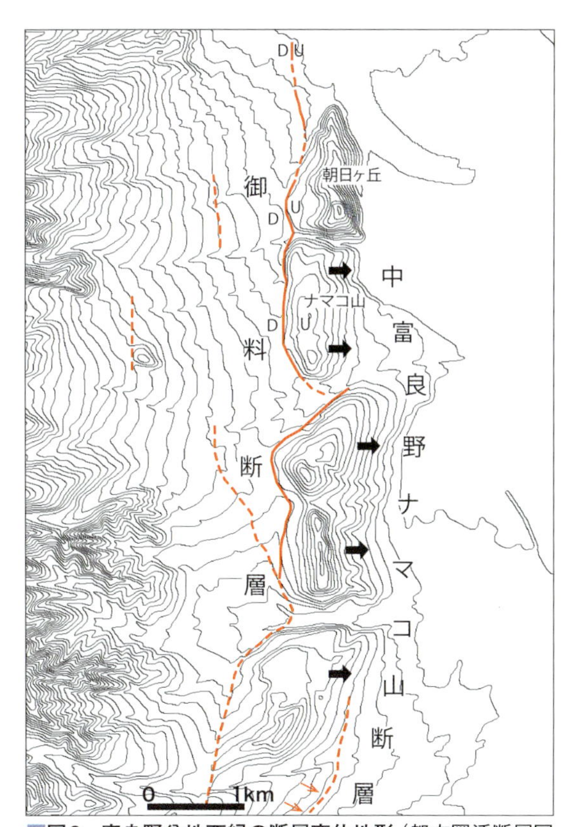

■図2 富良野盆地西縁の断層変位地形（都市圏活断層図「富良野北部」「富良野南部」をもとに八木作成）
御料断層，中富良野ナマコ山断層に沿って扇状地末端部の隆起や傾動が認められる．断層の位置は後藤・杉戸・平川（2011）．

芦別（あしべつ）山地と富良野盆地西縁を限る富良野盆地断層帯西部は，芦別山地東面から流れ出る河川が作った扇状地に，下流側隆起によって生じた南北に連続する小丘を形成し，開析扇状地面の傾動をもたらしている（■写真1，2，■図2）．このような地形変位をもたらした活断層は，中富良野ナマコ山断層とよばれている．またナマコ山，朝日ヶ丘とよばれる細長い丘陵の西縁を限るように東傾斜・東上がりの御料断層が走る．中富良野ナマコ山断層は，反射法地震探査の結果，地層の切断は認められず，地下の西上がりの撓曲構造が地形に反映されたものと考えられている（地震本部，2006）．地下と地表に認められる十勝火砕流堆積物の比高が570m程度で，その噴出年代は118～140万年前（Koshimizu, 1982；北海道，2004）であることから，上下方向の平均変位速度は0.5m/千年程度と想定されている（地震本部，2006）．　［八木浩司］

2 北上低地西縁断層帯　岩手県

Kitakami-teichi-seien (Kitakami Lowland West Rim) Fault Zone

■写真1　北上低地西縁断層帯沿いの断層変位地形（1988年5月八木浩司撮影）
花巻温泉西方上空から紫波方面を望む．矢印A：北上低地西縁の前縁断層．低地側に細長い小丘列が弧状に張り出している．矢印B：大きな地形境界となっている断層．矢印C：境界断層上部に残された侵食小起伏面

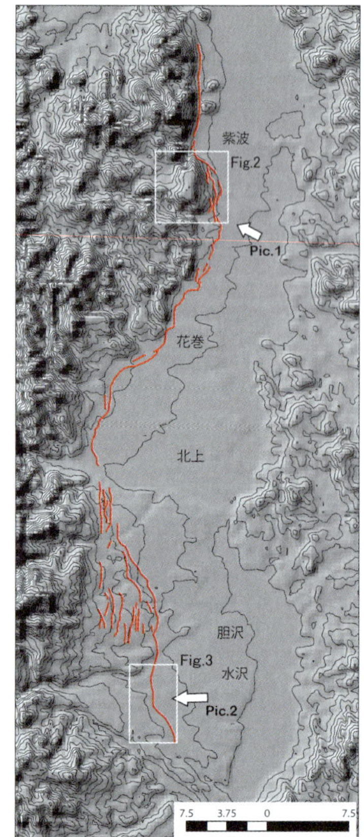

■図1　北上低地西縁断層帯（都市圏活断層図「盛岡」「花巻」「北上」をもとに八木作成）

北上低地西縁断層帯は，奥羽脊梁山脈と北上低地を限る南北走向の活断層帯である（■図1；渡辺，1989；宮内ほか，2001；今泉ほか，2001a）．奥羽脊梁山脈から流下する河川が形成した扇状地性の地形面に変位を与えている．本断層帯の変位様式は，西から東へ衝き上がる逆断層で，上下平均変位速度は0.2〜0.4m/千年と評価されている（地震本部，2001b）．花巻市から北部の紫波町にかけては，上平断層群とよばれる区間であり，変位量は小さいものの典型的な活断層地形が認められる（■写真1）．この区間では，大きな地形境界（境界断層：矢印B）となっている断層と低地側に延びた数条の低角の逆断層（前縁断層：矢印A）が，写真左下から中央にかけて認められる．もっとも低地側に位置する前縁断層は低地側に弧状に張り出し，撓曲崖やその上盤側に形成された背斜状の孤立したふくらみが連続する（■図2）．また境界断層をなす比高300m程度の断層崖上部（新山付近）には，標高510〜560mの位置に定高性のある侵食小

■写真2　胆沢扇状地に現れたわずかな断層変位（1988年5月八木撮影）
胆沢扇状地・奥州市小山上空から西方を望む．a-b-c-d に沿って比高5～十数mの低断層崖がみられる．

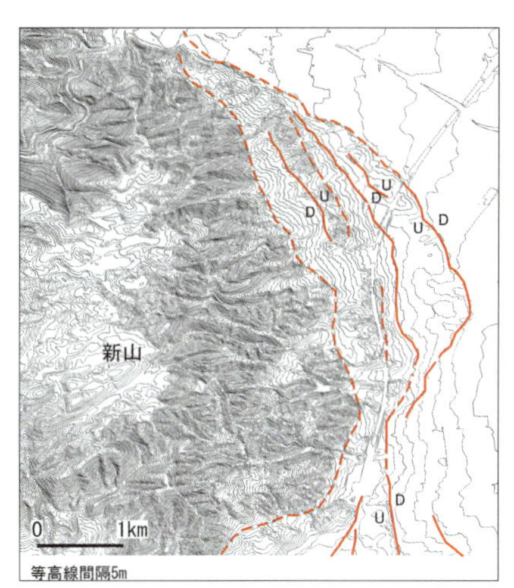

■図2　花巻北部の活断層分布（都市圏活断層図「花巻」をもとに八木作成）

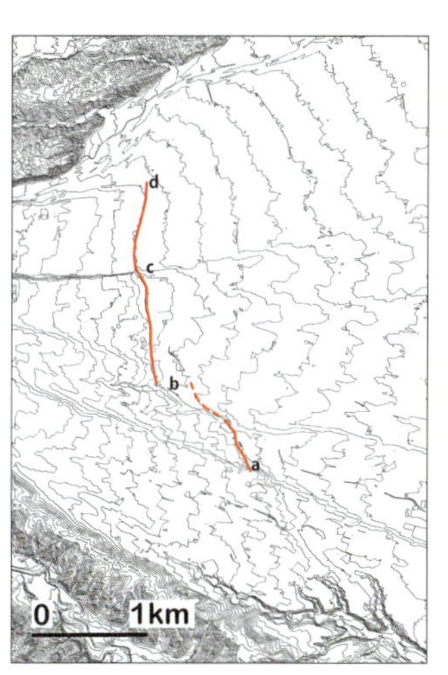

■図3　胆沢扇状地上の断層変位地形等高線間隔5m（都市圏活断層図「北上」をもとに八木作成）
等高線間隔5m．a, b, c, d, の位置は写真2の英字に対応．

起伏面が残されている（■写真1：矢印C；■図2参照）．

北上低地帯南部の胆沢川（いさわがわ）に沿って発達する河成段丘は，中期更新世から最終氷期にかけて形成された扇状地性の地形面であるが，北に向かってより新期の地形面に侵食され，階段状の段丘面が発達する（■図3）．この地形面群は，北上低地西縁断層帯によって変位を受けている（■写真2；■図3）．本断層帯の活動度はB級下位である．したがって，段丘面上に現れた上下変位も，最終間氷期最暖期頃形成の段丘でも約15mで，図3のa，b，c，dを結んだ線に沿って地形面のわずかなずれを認めることができる．　［八木浩司］

3 横手盆地東縁断層帯　秋田県

Yokote-bonchi-toen (Yokote Basin East Rim) Fault Zone

写真1　千屋断層によって持ち上げられた千屋丘陵と段丘面の傾動（2001年10月八木浩司撮影）
真昼山地東山麓・図2の矢印①から北を望む．

横手盆地東縁断層帯は，横手盆地の北東に位置する生保内（おぼない）盆地東縁の約10kmの区間（生保内断層．松田ほか，1980；澤ほか，2013）と横手盆地北東端の仙北（せんぼく）市田沢湖卒田付近から横手市南部を経て，湯沢市稲川に至る50数kmの区間からなる（**図1**）．その変位様式は，奥羽脊梁山脈と西側の内陸盆地を限る東傾斜の逆断層である．本断層帯はいくつかの断層セグメントからなるが，横手市市街から北部（北から順に白岩断層，太田断層，千屋（せんや）断層；松田ほか，1980）では断層変位地形がとりわけ明瞭である（**写真1**）．1896年8月31日に発生した陸羽地震（M7.2）の際に，上述の生保内断層，白岩断層，太田断層，千屋断層（**写真1**）沿いに地表地震断層が現れ，盆地・丘陵と山地の地形境界に沿って地震断層崖が出現した．千屋断層に沿っては，地震に伴う上下変位量が3mを超える部分がある（松田ほか，1980）．とくに千屋断層に沿っては，過去の地震変位が累積され，中央部の天狗山付近では，盆地側に張り出した上盤側の西縁が，盆地底に対し比高120～140m高い位置まで押し上げられ，東に緩く傾斜した千畑（せんはた）丘陵が形成されている（**図2**，**写真2**）．千畑丘陵を侵食して発達した中期更新世～最終氷期頃の段丘面も，東に傾動している（**写真2**）．一丈木（いちじょうぎ）付近では，新旧の段丘面が低断層崖で西側に一様に切断されている．一丈木から北側の千畑丘陵西縁では，後期更新世以降の段丘面が盆地底に低下し，向かって西落ちの撓曲変形を受けた地形が認められる．　［八木浩司］

■写真2 千屋断層によって持ち上げられた千畑丘陵（2001年10月八木撮影）
図2の矢印②から東方を望む．千畑丘陵基部に沿って陸羽地震に伴う地表地震断層が出現した．背後の山地は奥羽脊梁山脈・真昼山地．

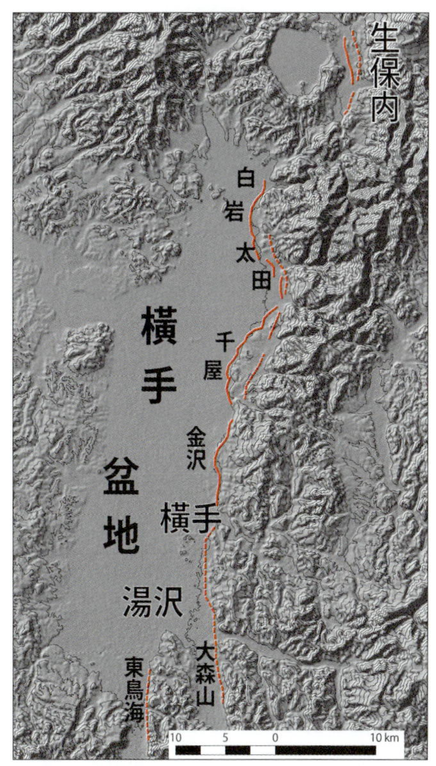

■図1 横手盆地東縁断層帯（都市圏活断層図「田沢湖」「横手」「湯沢」をもとに八木作成）
図中の地名は主要断層の位置に一致．

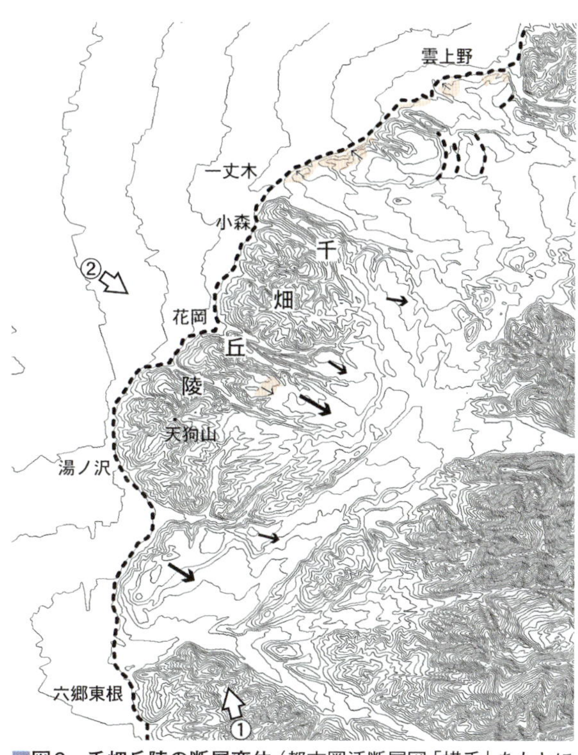

■図2 千畑丘陵の断層変位（都市圏活断層図「横手」をもとに八木作成）
破線は陸羽地震に伴って出現した地表地震断層，太矢印は段丘面の傾動方向を示す．着色部は撓曲を受けた斜面．

4 山形盆地断層帯　山形県

Yamagata-bonchi (Yamagata Basin) Fault Zone

■写真1　高森山断層による山形盆地西縁・樽石川沿いの変位地形（1992年5月八木浩司撮影）
図2の矢印①から撮影．出羽山地から流れ出る樽石川下流側では，西傾斜の逆断層（高森山断層）によって地層や地形面が反り上がり，写真右の矢印から左に延長した山麓に沿って南北に連なる高森山などの小丘が形成されている．また，扇状地の扇央部にも高森山断層に並行する断層の活動による地形面の逆傾斜や撓曲，低断層崖が発達する（写真左の矢印から中央に沿った位置．図2参照）．

山形盆地は，南北60 km，東西幅最大15 kmの細長い構造盆地である（■図1）．鮮新世末（260万年前頃）以降，断層運動によって周辺山地と盆地底との地形的コントラストが顕在化してきた．後期更新世においても，山形盆地西縁に沿って走る断層が活発化し，扇状地性の地形面上に地塁状のふくらみ，逆向き低断層崖，撓曲崖が発達し，完新世後半まで活動してきたことが確認されている（鈴木，1988；山形県，2000；八木ほか，2001；今泉ほか，2001 b；池田ほか，2002）．この断層群は山形盆地断層帯と呼ばれ，北部の大石田町から村山市を経て寒河江（さがえ）市慈恩寺にかけて連続する北部区間と，寒河江市街地東から南方の最上川を経て山辺町，山形市門伝，柏倉，そして上山（かみのやま）に至る南部区間からなっている．本断層帯の上下平均変位速度は，1 m/千年と見積もられている（地震本部，2007）．

山形盆地断層帯北部では，村山市北西部の樽石川（たるいしかわ）沿いに典型的な断層変位地形が発達する（■写真1，2）．

樽石川は，山形盆地北西に位置する葉山から東に流れ出る小河川で，葉山東山麓に扇状地性の後期更新世の地形面群を形成している．この扇状地性地形面の先端付近では，樽石川の流下方向に直交する南北性の細長い丘陵が発達している（■写真1，■図2）．この丘陵は高森山と呼ばれ，中央部には逆傾斜した平坦面も残されている（■写真2）．高森山北西の樽石川沿いでは，段丘構成層に覆われる上部鮮新統～下部更新統が西に傾斜し，高森山東麓に近いほど急斜する．このような地形や地質の特徴から，高森山の東山麓部に沿って活断層（高森山断層）が走ることが判る．山形盆地断層帯は，短いセグメントに分かれ，互いにステップしながら連続する．す

■写真2　山形盆地西縁・樽石川右岸に認められる扇状地性地形面の逆傾斜（1998年10月八木撮影）
図2矢印②の位置から撮影．高森山断層は，写真右端の矢印から左上方向に丘陵東縁に続く（図2参照）．また左下の矢印部の右上に向かって最終氷期頃形成の地形面にも低断層崖や地形面の逆傾斜が認められる．

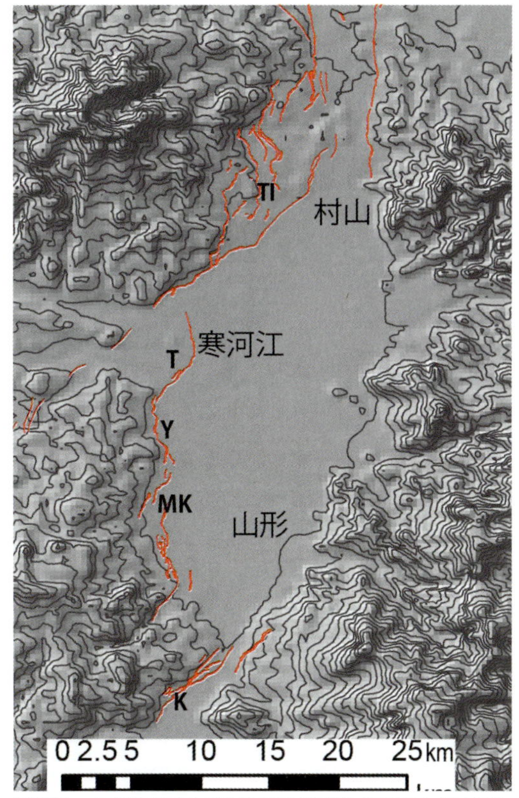

■図1　山形盆地断層帯（都市圏活断層図「村山」「山形」をもとに八木作成）
赤実線が活断層の位置．等高線間隔50 m.
TI：樽石，T：高瀬山，Y：山辺，MK：門伝・柏倉，K：上山

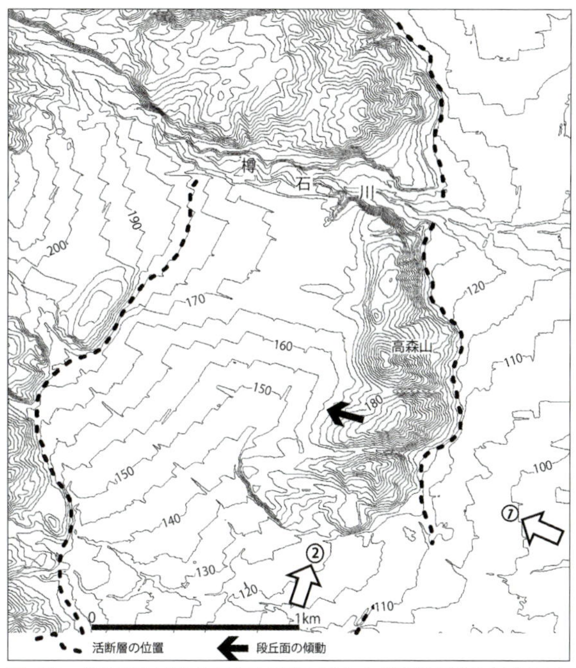

■図2　樽石川右岸の高森山断層（右）と湯野沢断層（左）による新期変位地形（都市圏活断層図「村山」をもとに八木作成）
白矢印は写真1，2のそれぞれの撮影位置．等高線間隔5 m.

■写真3　寒河江−山辺断層の活動に伴う最上川左岸〜高瀬山付近の断層変位地形（1998年10月八木撮影）
図3中の白矢印の位置から北西方向を望む．画面左隅の赤矢印の延長の最上川河床に現れた瀬とさらにその延長に孤立したふくらみ（高瀬山）が存在する（図3参照）．高瀬山を限る低断層崖の東側にもう1条のわずかな撓曲変位が認められる．これは，写真右の赤矢印付近から市街地と農地の境界に沿って連続する．

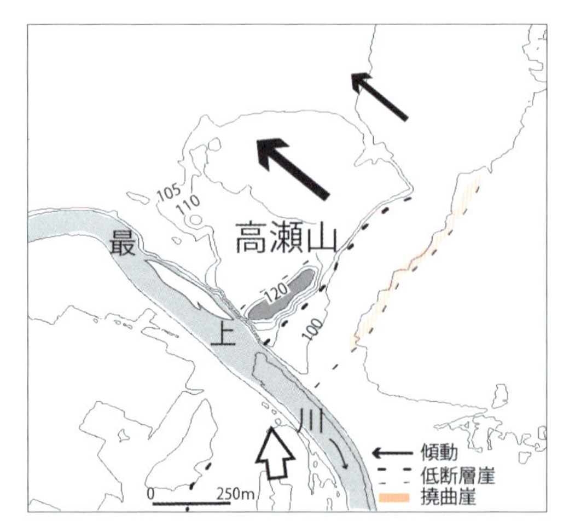

■図3　高瀬山付近の活断層分布（都市圏活断層図「山形」をもとに八木作成）
等高線間隔5m．高瀬山は海抜120mの等高線に囲まれた部分．

なわち高森山断層に雁行する湯野沢断層が西側に現れ，樽石付近の扇状地性地形面中央付近にも逆傾斜や撓曲によって孤立したふくらみを形成する（■図2）．寒河江から上山にかけて続く山形盆地断層帯南部は，寒河江市街東縁に沿って比高4〜5mの撓曲崖がやや東（盆地側）に張り出すように発達し，最上川左岸の高瀬山東縁付近に連続する（■写真3）．高瀬山は，最上川の流路に直交する北東−南西走向の丘陵で，幅70m，長さ250mの孤立した地塁状のふくらみをなし，一部に河成礫層から構成される平坦面が残る（■図3）．高瀬山の北側延長でも下流側隆起を引き起こす西傾斜の逆断層が確認された（■写真4）．また，高瀬山の北側に分布する低位段丘群には西側への緩い傾動も認められる．この低位

■**写真4　高瀬山北側で現れた逆断層露頭**（1997年8月八木撮影）
露頭面は北向き，断層は西傾斜.

■**写真5　上山市街を横切る活断層で形成された地塁状の高まり**（1998年10月八木撮影）
画面中央の木立に包まれた小丘は，酢川岩屑なだれ堆積物から構成されるが，新期の断層活動により地塁状のふくらみとなったもの．その上部には平坦面が残る．

段丘面の離水時期は，段丘構成層を覆う腐植土層の年代が8900年前頃であるので，最終氷期末と考えられる．低位段丘の活断層による上下の総変位量は約8mであることから後氷期以降数回の地震変位があったと考えられる．また高瀬山の南側延長では，最上川現河床に瀬が形成されている．

山形盆地断層帯南端部は，上山市市街地で後期更新世はじめの蔵王火山の山体崩壊に伴う酢川（すかわ）岩屑なだれ堆積物を変位させ，細長い地塁状のふくらみを形成している（■**写真5**）．この地塁状の高まりの上に上山城や温泉街が立地する．　［八木浩司］

5 庄内平野東縁断層帯

山形県

Shonai-heiya-toen (Shonai Plain East Rim) Fault Zone

■写真1　鳥海山南西山麓に発達する火山麓扇状地の断層変位地形（1993年5月八木浩司撮影）

庄内平野北部から北東に鳥海山方向を望む．鳥海山山麓では，庄内平野東縁断層帯を構成する天狗森背斜の延長部で火山麓扇状地が変形を受け，河川の流下方向に直交した南北に連続する下流側隆起の小丘陵状のふくらみを形成している．ふくらみの頂部には一部で平坦面が残ることから一種の背斜段丘ともみなすことができる．

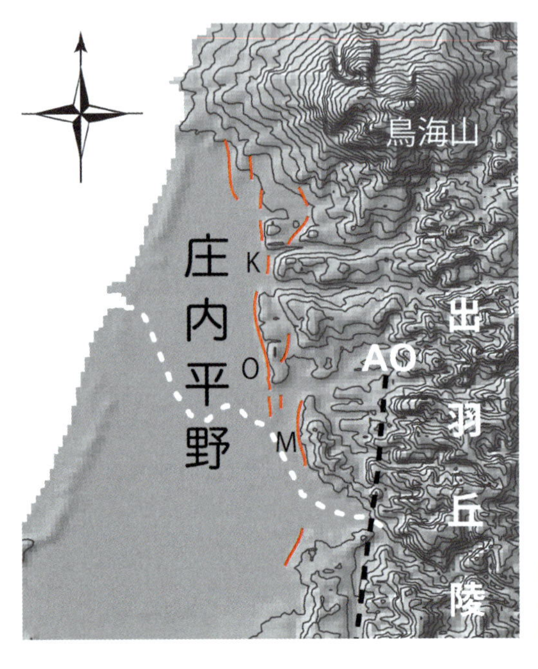

■図1　庄内平野東縁断層帯の主要活断層セグメント（都市圏活断層図「庄内北部」「庄内南部」をもとに八木作成）

K：観音寺断層，O：生石断層，M：松山断層，AO：青沢断層．

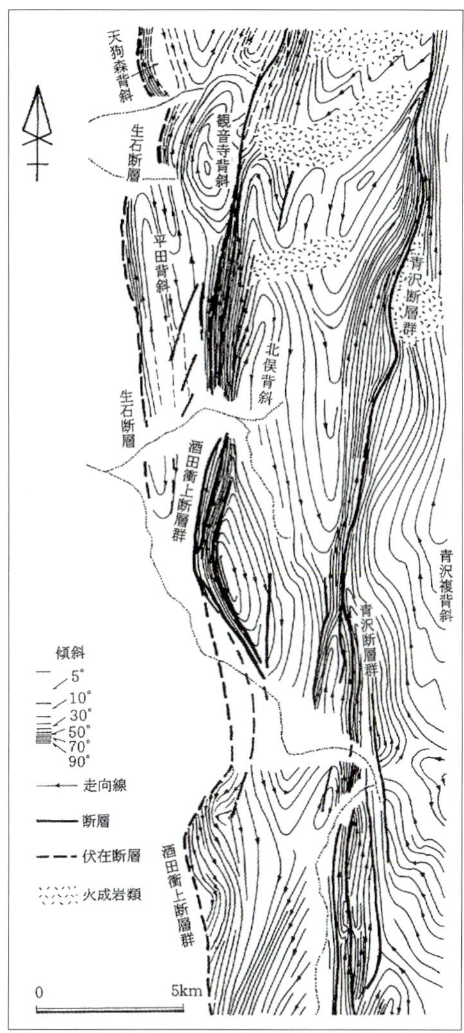

図2　庄内平野東縁の活構造図（小松原，1998）

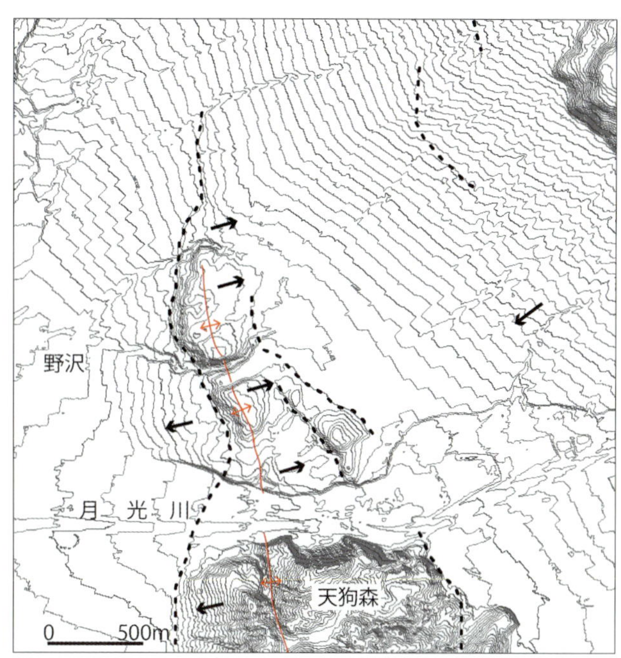

図3　鳥海山南西山麓における火山麓扇状地の新期断層変位地形（都市圏活断層図「庄内北部」をもとに八木作成）
破線：低断層崖，赤実線：背斜軸，黒矢印：傾動．

出羽山地西縁と庄内平野東縁を限る活断層群として，鳥海山南山麓から南に最上川をまたいで鶴岡市藤島まで約40 kmにわたって庄内平野東縁断層帯が延びる（図1）．本断層帯は，東から西に青沢断層，酒田衝上断層群（最上川北岸から南側では松山断層），観音寺断層（生石（おいし）断層：小松原，1998）とよばれる並行・雁行する数条の南北走向・東傾斜の逆断層群が配列し，それらに挟まれた天狗森背斜や平田背斜などの背斜構造群が分布する（図2：小松原，1998；今泉・東郷，2007）．それら断層群に沿って，出羽丘陵の西縁部が階段状に高度分化している．さらに，松山断層や庄内平野との地形境界部をなす観音寺断層・生石断層に沿っては，新期の段丘面の撓曲，傾動，背斜状変形が認められる．それらは，地下の伏在断層の活動に伴った褶曲（しゅうきょく）構造として発達してきたものとする考えもある（小松原，1998；産総研，2007）．

庄内平野東縁断層帯でもっとも明瞭な断層変位地形は，鳥海山の南山麓に現れている（写真1，図3）．鳥海山南西面から流れ下る月光川（がっこうがわ）などが形成した火山麓扇状地は，下流側が高まって南北性の細長い小丘となっている．この小丘は一部で平坦面を残し，最大径40～50 cm程度の円～亜円礫から構成されることや，観音寺断層・天狗森背斜の北方延長にあることから，火山麓扇状地が断層変位したものと考えられる．この地形面の変位をもたらした断

■写真2　庄内平野東縁断層帯の天狗森背斜・観音寺断層に沿って連続する背斜段丘・丘陵（1993年5月八木浩司撮影）
庄内平野北部から南方の天狗森，生石方向．写真左下から右上に連続する細長いふくらみは天狗森背斜・観音寺断層の活動によって形成された地形である．

■写真3　生石断層に沿った撓曲（1998年10月八木浩司撮影）
生石西方から東側の出羽丘陵方向を望む．

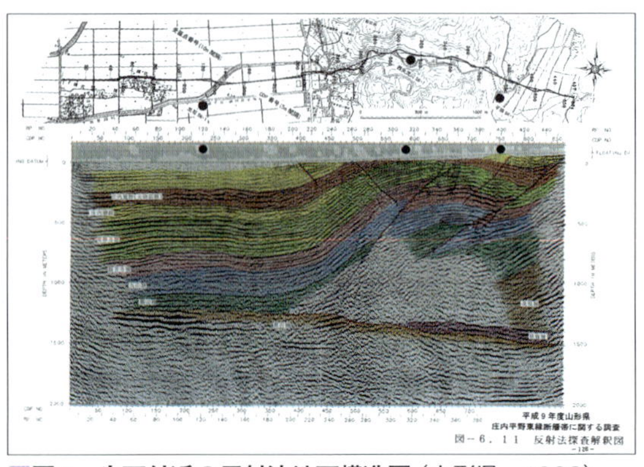

■図4　生石付近の反射法地下構造図（山形県，1998）
出羽丘陵を隆起させる東傾斜・低角逆断層が庄内平野東縁地下に存在しその末端部に背斜構造を形成している．その地形的表現が写真3に示された丘陵である，背斜上部に西傾斜や東傾斜の根無し断層（それぞれ通越断層．生石断層）が数条発達し地表変位を与えている．

層は，野沢断層ともよばれている（産総研，2007）．また，その東方にも火山麓扇状地を波状に変形させる数条の活断層や地形面の傾動が認められる（■図3）．この種の背斜状のふくらみは庄内平野東縁に沿って観音寺断層や生石断層の上盤側に連続する（■写真2）．

酒田市生石付近では，庄内平野東縁から比高110～120mの急崖に画された南北方向に定高性を示す丘陵が分布する（■写真3）．この丘陵は中部更新統から構成され，その中央を平田背斜が走っている（小

■写真4 最上川右岸・酒田市中牧田付近に発達する背斜段丘（1998年10月八木浩司撮影）
最上川上空から北方向．背斜軸上に発達した中位段丘面が翼部で東西方向にそれぞれわずかに撓曲し，半島状の地形面として残されている．

■写真5 最上川南側に延びる庄内平野東縁断層帯南部に沿った低撓曲崖（1998年10月八木浩司撮影）
庄内町狩川地区南から北東を望む．山際に沿って走る低断層崖の上盤側に集落が立地している．

松原，1998）．平田背斜の西翼は前述の急崖に一致し，山麓部に認められる低断層崖や低位面の撓曲から生石断層が想定されている（今泉・東郷，2007）．なお，生石付近の地下構造探査では，地下深部に伏在する東上がりの低角逆断層が認められ，その上盤側に発達した背斜構造が確認されている（■図4；山形県，1998）．この反射法地震探査結果は，平田背斜の東翼部を画する西傾斜の通越（とおりごえ）断層（産総研，2007）の存在も裏付けている．しかし，生石断層や通越断層も根無し断層であることから，起震断層とはならないとみなされる．

前述の平田背斜の南延長と最上川が交差する酒田市中牧田付近では，南北方向に半島状に残る中位段丘面がその東西両側に向かって撓んでおり，活背斜を呈している（■写真4）．

以上から本断層帯南部に沿った顕著な変動地形は，地下の活発な伏在断層の活動に伴う褶曲構造の形成とそれから派生した断層活動による地形表現とみなすことができる．

なお，庄内平野東縁断層帯の上下方向の変位速度は，最上川以北の同断層帯北部（観音寺・生石断層）で2m/千年程度，松山断層から南に庄内町に至る同断層帯南部で0.5m/千年程度とされている（地震本部，2009a）．これを裏付けるように，本断層帯南部に位置する庄内町狩川付近では本断層帯の新期活動に伴って発達した低断層崖（■写真5）が認められるが，変動地形としての地形的表現は，活動的な同北部に比べ弱い．［八木浩司］

6 長町–利府線断層帯 宮城県

Nagamachi-Rifu-sen (Nagamachi-Rifu Line) Fault Zone

■写真1　長町–利府線断層帯に沿う撓曲崖（1992年5月八木浩司撮影）
広瀬川左岸から西に長町，八木山方向を望む．長町–利府線断層帯は，仙台市街を北東–南西走向で横切っており，仙台平野西縁を限る活断層帯として沖積面と洪積台地との地形境界となっている．長町–利府線断層帯に沿ってその北西側で新旧の更新世段丘が撓曲崖を形成し沖積面と接している．

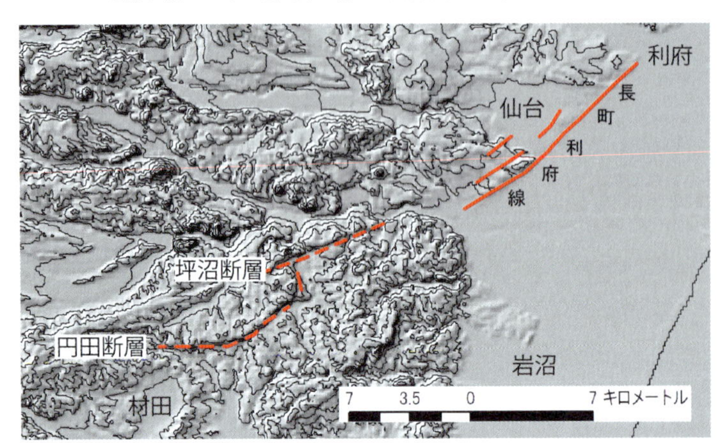

■図1　長町–利府線断層帯に沿った地形（都市圏活断層図「仙台」をもとに八木作成）

長町–利府線断層帯は，仙台平野の西縁を限る延長21kmの断層である．そのトレースは，宮城県の利府町から仙台市街を北東–南西走向に横切り，村田町まで続く（■図1）．本断層帯は，3つのセグメントからなり，北東部が長町–利府線，その南西延長部が坪沼断層，そして南西端部が円田断層とよばれている．それらに沿って段丘や丘陵面が比高数～百数十m程度東側が低下する地形境界となっている．本断層帯の上下平均変位速度は，0.5～0.7mm/年と推定されている（地震本部，2002b）．

仙台市街を横切る長町–利府線断層帯は，鮮新統に発達する東傾斜の撓曲帯として認められてきた（Yabe, 1926）．長町–利府線は，仙台平野西縁を限る洪積台地と沖積平野の境界ともなり，それに沿って中期更新世以降の段丘面も東に撓曲しており，東側の沖積面と接している（■写真1；■図2；中田

■写真2　長町－利府線に沿った隆起帯の形成（2008年7月八木撮影）
仙台市長町南方から北方向を望む．広瀬川が形成した青葉山段丘や台ノ原段丘と呼ばれる中期～後期更新世段丘群が，長町－利府線北西側（上盤側）で隆起帯を形成し周りから孤立した高まり（電波塔の建っている大年寺山から画面左下の木々に覆われた丘：三神峯山）となって続いている．

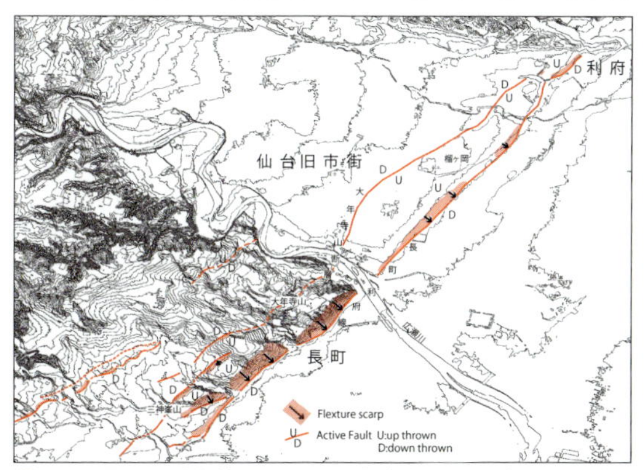

■図2　長町－利府線に沿った仙台市内の地形変位分布（都市圏活断層図「仙台」をもとに八木作成）
広瀬川右岸には中期更新世段丘が分布するため変位が累積され，比高100m程度の撓曲崖に東面を縁取られた隆起帯が発達する．

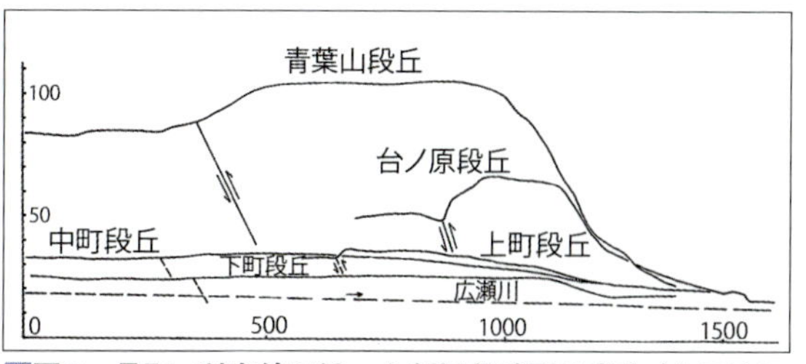

■図3　長町－利府線に沿った新旧段丘面の変位（中田ほか，1976を改変）

ほか，1976；今泉ほか，2008）．長町－利府線沿いの撓曲崖は，高位から低位の段丘面群に下流側隆起をもたらしている．さらに撓曲崖の背後（西側）は，東傾斜の逆断層（大年寺（だいねんじ）断層）で画され，孤立したふくらみ（地塁）を形成している（■写真2，■図3）．大年寺断層は，仙台の旧市街がのる広瀬川左岸の後期更新世段丘にも変位を与え，比高2～8mの低断層崖を形成している．榴ヶ岡（つつじがおか）も長町－利府線と大年寺断層の活動で持ち上がった地形面（10～5万年前形成）である．なお長町－利府線断層の南西延長にある坪沼断層も，後期更新世堆積物への変形が認められ，西傾斜の逆断層であることが確認されている（宮城県，1996）．円田断層は，丘陵内に100～150mの比高で南東に続く弧状の断層崖を形成している．しかし，後期更新世の堆積物や地形面への変位は認められていない．　［八木浩司］

7 福島盆地西縁断層帯　宮城県–福島県

Fukushima-bonchi-seien (Fukushima Basin West Rim) Fault Zone

■写真1　宮城県白石市永坂から鍋石付近の段丘面の撓曲変形（2002年10月八木浩司撮影）
長袋東方から北西方向を望む．白石川左岸の高・中位段丘（画面中央）が，白石断層によりそれぞれ90 m，35 mの断層変位を受けている．

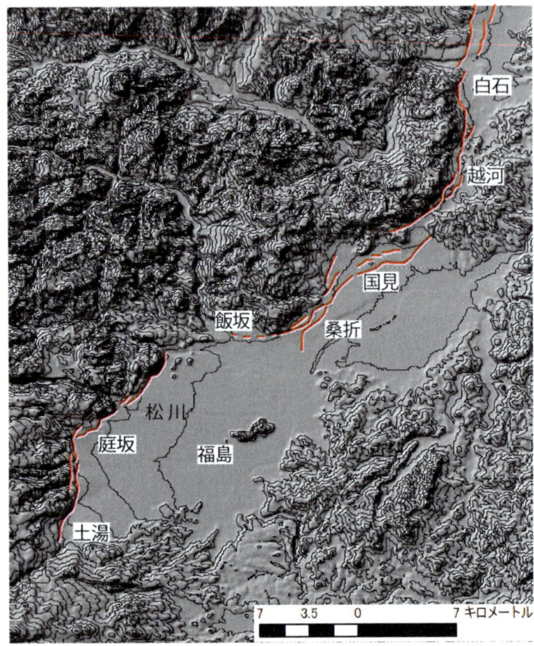

■図1　福島盆地西縁断層帯の位置と周辺の地形概観（都市圏活断層図「白石」「桑折」「福島」をもとに八木作成）
赤実線が活断層の位置．等高線間隔は50 m.

■写真2　越河断層の断層崖と小扇状地を切る低断層崖および孤立丘（1987年8月八木撮影）
JR東北線越河駅北上空から南西方向を望む．越河断層上盤側の山地頂部には，緩傾斜の侵食小起伏面が残され牧場などとして利用されている（画面手前側のスカイライン下にみえる淡緑色の領域）．新期の断層活動によって山麓部の扇状地が変位を受ける．

■写真3　藤田東・同西断層の活動による段丘面の変位（1987年8月八木撮影）
国見町JR藤田駅南上空から北方を望む．最終氷期の扇状地性地形面が，藤田東断層（西傾斜）と藤田西断層（東傾斜）によって変位を受け，それぞれ東～南東向き低断層崖，西～北西向き（逆向き）低断層崖に挟まれた，東北東-西南西に連続する孤立した台地（木々に囲まれた住宅地域）として残される．画面奥のスカイラインは，越河断層で持ち上げられた侵食小起伏面である．

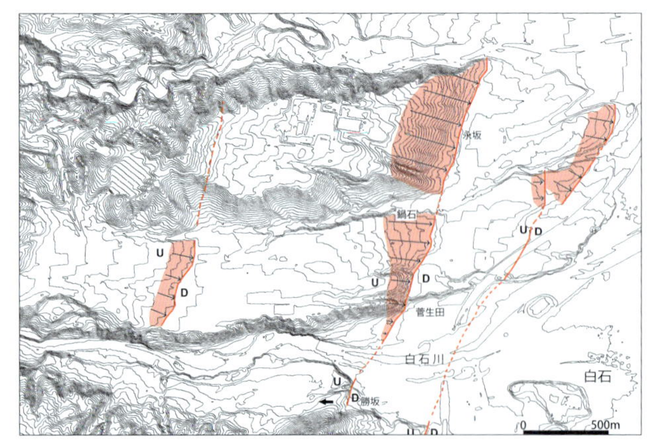

■図2　白石川沿いの段丘面群の撓曲変形や低断層崖（都市圏活断層図「白石」をもとに八木作成）

等高線間隔5m．赤帯部が撓曲崖とその傾斜方向，黒矢印は傾動とその方向，U：上盤（隆起）側，D：下盤（低下）側．

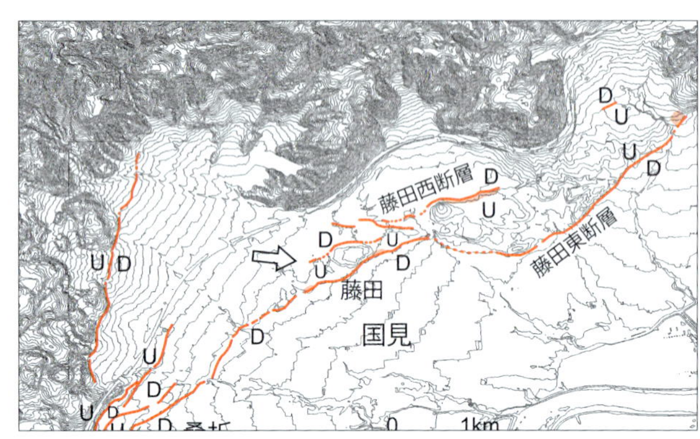

■図3　福島盆地北部国見付近の活断層分布（都市圏活断層図「桑折」をもとに八木作成）

白抜き矢印は撮影方向を示す．U：上盤（隆起）側，D：下盤（低下）側．

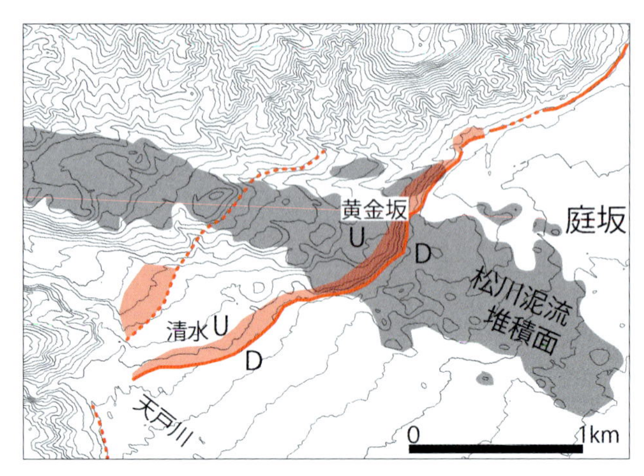

■図4　福島市庭坂付近の断層変位地形（都市圏活断層図「福島」をもとに八木作成）

福島盆地西縁断層帯は，宮城県の村田西部（蔵王町）から福島県福島市土湯（つちゆ）にかけて連続し，総延長が約60 kmの活断層である．本断層帯は，8つの断層から構成される．それらは北からそれぞれ，村田断層，白石断層，越河（こすごう）断層，藤田東断層，藤田西断層，桑折（こおり）断層，台山断層，および土湯断層とよばれている（地震本部．2005 d）．活動様式は，西傾斜の西上がりの逆断層である．宮城県内や桑折までの福島盆地北部にかけては，奥羽脊梁山脈の山麓から東に10 km前後離れた位置に現れ，丘陵や侵食小起伏面をもつ山地の東縁をなす．一方，福島盆地中部の飯坂から土湯にかけては，脊梁山脈の山麓に山地と盆地を区切る明瞭な境界に現れる（■図1）．山麓部に発達する新旧の扇状地性地形面を変形させ，低断層崖や撓曲崖を形成している．その上下平均変位速度は，0.7〜0.9 m/千年と見積もられている（新屋，

■写真4　福島市街西方・吾妻火山山麓部庭坂付近に認められる撓曲崖と低断層崖（1996年5月八木撮影）
庭坂上空から西方を望む．流れ山群が分布する松川泥流堆積面（画面中央から右半分）と最終氷期後半の扇状地性地形面（画面中央から左側）が断層変位変位を受け，画面中央を横切る木々の帯に沿って撓曲崖と低断層崖が発達している．

1984；渡辺，1985；地震本部．2005 d）．

宮城県の白石川左岸永坂～鍋石～菅生田（すごうだ）付近には高位，中位および低位段丘を切って撓曲崖と低断層崖が発達する（■写真1，■図2）．それらの上下変位量は，それぞれ90 m，35 m，5 mである．

白石断層の南延長部では，越河から福島県国見北部にかけて，山脚が揃った比高300 m程度の急崖が東に凸に張り出すように連続し，その上部には小起伏の侵食面が発達する（■図1参照，■写真2）．また，この急崖基部には小扇状地の扇央・扇端を切る低断層崖や孤立した分離丘が乗り換えたりしながら連続し，越河断層と呼ばれている（新屋，1984）．山地頂部に残る侵食小起伏面の存在は，越河断層が更新世前半から活動してきたことを示唆している．

福島盆地西縁断層帯は，ほとんどが山地と盆地の地形境界に位置するが，福島盆地北部の国見町・藤田付近では新期の断層変位が，山麓から数km離れた盆地底内に認められる．最終氷期中頃（3万5000年前以前）に形成された扇状地性地形面が，藤田東断層（西傾斜の逆断層）とその副断層である藤田西断層（東傾斜の逆断層）によって地塁状に持ち上げられている（■写真3；■図3）．藤田東断層に沿った低断層崖の比高は15～20 mである．最終氷期後半に形成された扇状地も断層変位を受け，その南東向きの低断層崖を挟んだ上下変位量は12～15 mである．

飯坂以南の福島盆地中～南部では，山麓線に沿って活断層が走る．福島市街から西に進んだ庭坂（にわさか）付近では，天戸川（あまとがわ）左岸に沿って，松川泥流堆積面と最終氷期後半の扇状地性地形面が発達するが，それら地形面の連続性を断ち切るような撓曲崖と低断層崖が発達する（■写真4）．黄金坂（こがねざか）付近では流れ山群からなる地形面が40 m，清水付近では，扇状地性地形面が15 m上下方向に変位している（■図4）．扇状地性地形面の発達が最終氷期後半の約2万年前頃と考えられることから上下平均変位速度は，0.75 m/千年程度と見積もられる．この値は，地震本部（2005 d）の算出値と整合している．　［八木浩司］

8 月岡断層帯 新潟県

Tsukioka Fault Zone

写真1　月岡断層の活動に伴って発達した笹神丘陵，五頭山地および村杉低地（2014年2月八木浩司撮影）

新潟平野東部の阿賀町上空から北西方向を望む．画面右下の雪に覆われた山域が五頭山地．五頭山地西麓に北北東–南南西走向に走る細長い凹地帯（村杉低地）を挟んで，画面左下から同中央右にかけて黒いパッチ状の矩形が連なる地域が笹岡丘陵である．笹神丘陵の東縁を月岡断層が限る．画面左上を流れる河川が阿賀野川．阿賀野川左岸に新潟市が見える．

新潟平野東縁を限る活断層系の一つに月岡断層帯がある（**図1**，**写真1**）．本断層は，五頭山地の西縁に沿って加治川左岸から阿賀野川を挟んで，五泉市愛宕山付近までの約30 kmにわたって連続する（渡辺ほか，2003；宮内ほか，2003）．五頭山地の地質は古生界と花崗岩からなり，その西麓部はフォッサマグナ東縁をなす新発田–小出線にも一致する．すなわち，本断層帯の大きな特徴は，中新世～更新世はじめにかけて新潟堆積盆を形成した西傾斜の正断層が，更新世になって活動センスを反転し，逆断層として活動していることである．このため新潟堆積盆側が五頭山地に対して相対的に隆起したような地形景観を形成する（渡辺・宇根，1985，**写真2，3**）．その結果として，新第三系～第四系からなる笹神丘陵が形成され，五頭山地との間には細長い村杉低地が発達する．活断層としての後期更新世以降の上下方向の平均変位速度は，0.4 m/千年程度とされている（地震本部，2002 a）．村杉低地を流れる河川が月岡断層を挟んで笹神丘陵に流れ込む位置で系統的に左に流路を振ることから，左横ずれ成分もあると指摘されている（渡辺・宇根，1985；**図1**参照）．

［八木浩司］

写真2　笹神丘陵東縁を限る月岡断層の分岐断層の活動によって隆起した村杉低地の谷底（2002年10月八木撮影）

都辺田川右岸の笹神丘陵上空から北東方向に陸上自衛隊大日原演習場方向を望む．五頭山地（右）と笹岡丘陵（左）の間に月岡断層の活動で北北東－南南西走向に形成された凹地帯・村杉低地の谷底には，扇状地としての大日原の末端（画面中央の低地の谷底部）が，分岐した断層によってふくらむような隆起帯を形成している．

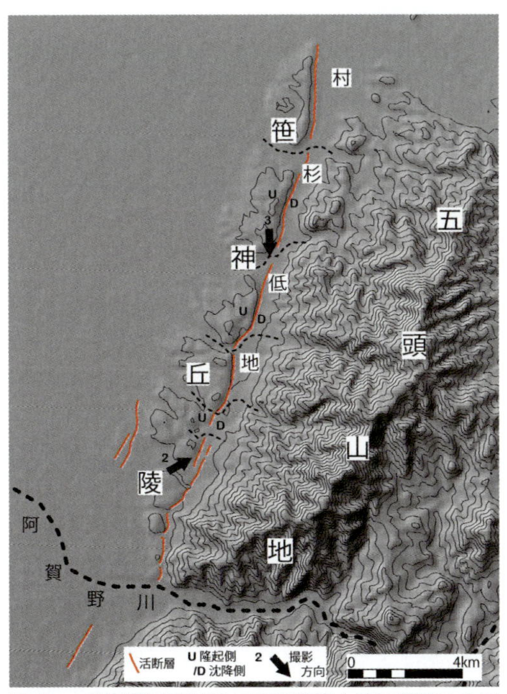

図1　月岡断層帯周辺の地形概観と月岡断層の位置（都市圏活断層図「新発田」「新津」をもとに八木作成）

写真3　阿賀野市湯沢付近の村杉低地と五頭山地・笹神丘陵（2002年10月八木撮影）

笹神丘陵北部の陣ヶ峰上空から南方向を望む．画面中央の低地が村杉低地．画面左側の山地が五頭山地，同右側が笹神丘陵．笹神丘陵の山麓部に沿って月岡断層が走り，低位段丘を下流で隆起させる東向きの低断層崖が認められる．

9 長岡平野西縁断層帯 新潟県

Nagaoka-heiya-seien (Nagaoka Plain West Rim) Fault Zone

■写真1　長岡平野西縁断層帯：鳥越断層（長岡市鳥越）の地形（2003年10月八木浩司撮影）
長岡市鳥越付近から北北東方向の脇野付近を望む（図1）．写真左手に鳥越クリーンセンター，右手に鳥越集落があり，この間（幅約0.5km）の中位段丘面が「かまぼこ型」を呈する背斜をなす．この段丘面は活褶曲の背斜部のふくらみで，上下方向の変位量は40〜60mに及ぶ．この鳥越背斜の東縁が撓曲となり，鳥越断層が北北東-南南西方向に走る．この付近では数本の断層線が並走し，断層帯を形成する（堤ほか，2001）．右手の長岡平野を黒川が流下し，その西側の沖積面を横切る断層帯東側の断層でボーリングやトレンチ調査が実施され，最新活動（13世紀以降）・上下単位変位量（約2m）・約7700年間の累積上下変位量（10〜12m）・平均的な活動間隔（1100〜1900年）などが解明されている（渡辺ほか，2000）．

長岡平野西縁断層帯は，新潟市の沖合から越後平野南部（長岡平野）の西縁（小千谷（おぢや）市）にかけてほぼ南北方向へ延びる．断層の西側が相対的に隆起する逆断層であり，何本かの断層が雁行状に配列し，総延長は約83kmに及ぶ長大な断層帯である（地震本部，2004d）．

過去の活動

この断層帯の平均的な上下変位速度は約3m/千年とみなされ，最新活動時期は13世紀以後にあったと求められている．断層帯が活動したときには，西側が相対的に約2m以上隆起したが，平均的な活動間隔は約1200〜3700年とされる（地震本部，2004d）．

変位地形

十日町盆地から長岡平野にかけて，信濃川が形成した河成段丘面群が広く発達する（堤ほか，2001；渡辺ほか，2001）．信濃川本流による段丘面は緩く下流側に低下するが，東および西側に傾く場所も認められる．とくに小千谷市から長岡市域の西縁では，段丘面が凸型の背斜構造を受けて変形している．背

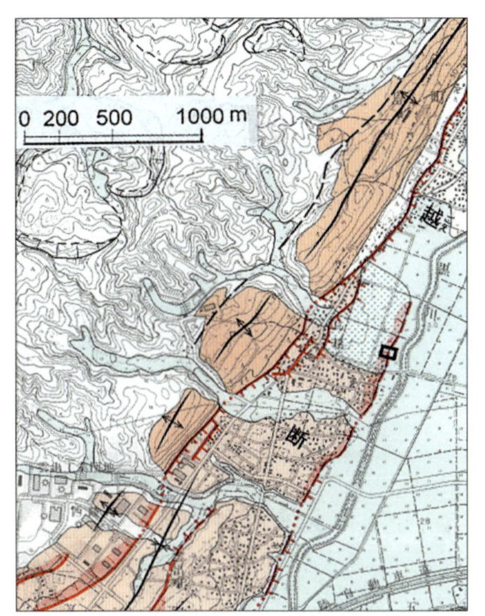

■図1 長岡市鳥越付近の活断層図（堤ほか，2001の一部）
上位段丘面はかまぼこ状に変形し，頂部に沿う背斜軸が北北東－南南西方向に走る．背斜の幅は約0.5kmと比較的狭く，上下方向の変位量は50m前後であり，短波長の変形が発達する．四角枠は東側の断層の沖積面にあたる場所に示されるが，トレンチ調査（渡辺ほか，2000）が行われた位置．

■写真2 小千谷市街地周辺の地形（2003年10月八木撮影）
写真中央下部は小千谷市街地であり，右手の信濃川は遠方（北方）へと流下するが，信濃川本流が形成した低位段丘面に位置する（渡辺ほか，2001）．左手は関越自動車道であり，その遠方（左上部）には上～中位の段丘面が分布する．この場所では片貝断層群による変位を受けて，数本の撓曲崖やその西側を1本の長い（5km）背斜軸が南北方向に連なる．

斜軸は北北東－南南西方向へ延び，両端に向かって傾き低下して沖積面下に没する．東縁がとくに顕著に傾き，勾配の急な場所で活断層を伴う（太田・鈴木，1979）．段丘面や段丘堆積物も変形に加わっており，基盤の魚沼層群（鮮新－更新統）はさらに大きく変形している．傾きは同じ向きであり，形成年代の若い段丘面による変形が累積し，褶曲や傾動を伴った活断層の変位が進行していることが判る．

断層面の傾斜

本断層帯を横切る反射法地震探査が石油公団によって行われ，断層面の傾斜は，深さがおおむね1～2km以浅では少なくとも50～60°程度で西傾斜と推定されている（地震本部，2004d）．西上がりの変位地形や地質構造が形成されていることから，西側が東側へ乗り上げる典型的な逆断層と考えられる．

鳥越断層の概要

長岡市から小千谷市域にかけての長岡平野西縁部に沿って，河成段丘面群が活褶曲による変形を受けた明瞭な変位地形が発達する（■写真1，■図1）．長岡平野西縁断層帯を代表する地帯であり，活断層の調査研究も行われてきた（太田・鈴木，1979）．とくに顕著な段丘面の変位地形が長岡市鳥越（とりごえ）付近に発達し，変形速度も大きな活褶曲が認められる（■図1；■写真1）．上位－中位河成段丘面群の頂部に沿って背斜の構造がみられ，「かまぼこ型」を呈する地形が北北東－南南西方向に延びる．その東側の傾きがとくに明瞭であり，その地下を鳥越断層が通過すると推定される．大規模な土地造成地の切割で，段丘堆積物やその基盤をなす魚沼層群の構造が観察され，段丘面群の形成以降も活褶曲を伴う活断層の形成過程や性質が詳しく判明してきた．

地震

1927年10月27日に発生した関原地震（M5.2）により，長岡市関原付近の背斜構造が約2cm程度成長したとみなされる．また，1961年2月2日に発生した長岡地震（M5.2）によっても，背斜軸がほぼ同じ傾向に成長した．これら地震時だけでなく，非地震時にも褶曲構造を成長させる動きが検出され，まさに生きている褶曲の実在が認められた．

［岡田篤正］

10 国府津−松田断層帯

神奈川県

Kozu-Matsuda Fault Zone

写真1　国府津−松田断層北部の地形（1996年5月八木浩司撮影）
小田原市大友付近より北方の松田北断層方面を望む．正面左は高松山（801 m）から右手にゴルフ場の峰へと続くが，この山麓を松田北断層・東名高速道路・JR御殿場線が西北西−東南東方向に並走する．右端の会社ビルは火砕流台地上に建てられ，その左側には国府津−松田断層に沿う比高約90 mの断層崖が北西−南東方向に走る．松田北断層との間では断層線が大きく屈曲する配置となる．

国府津−松田断層帯は神奈川県小田原市国府津から足柄郡松田町付近まで大磯丘陵の西縁に沿って延びる活断層群である．長さは海域部を含めて約35 km以上に及び，北北西−南南東方向に延びる．断層の北東側が南西側に対して相対的に隆起する逆断層であり，フィリピン海プレートと陸側のプレートとの沈み込み境界に関係する重要な断層帯である．地震本部（1997）は長期評価を公表したが，その後に行われた調査・研究を取り入れて3回に及ぶ改訂を行い，断層帯の追加や削除を加えている．地震本部（2015 b）では，塩沢断層帯・平山−松田北断層帯・国府津−松田断層帯に3分され，それぞれの評価が行われている．これに基づいて，主要部を構成する国府津−松田断層帯について主に解説するが，この部分が地形・地質的にもっとも明瞭である（図1）．

断層帯の概略的な性質

本断層帯はフィリピン海プレートと陸側のプレートとの沈み込み境界に位置するとみなされ，それに沿って発生する地震に伴って活動してきたとされる．上下方向の平均的なずれ速度は，約2～3 m/千年程度であり，A級の活断層に属する．平均的な活動間隔は800～1300年とされ，多くの内陸活断層に比較して間隔が短い．

トレンチ調査から判明してきた最新活動時期は12世紀以後，14世紀前半以前（西暦1350年以前）と考えられる．これは1293年5月27日の地震（M≒

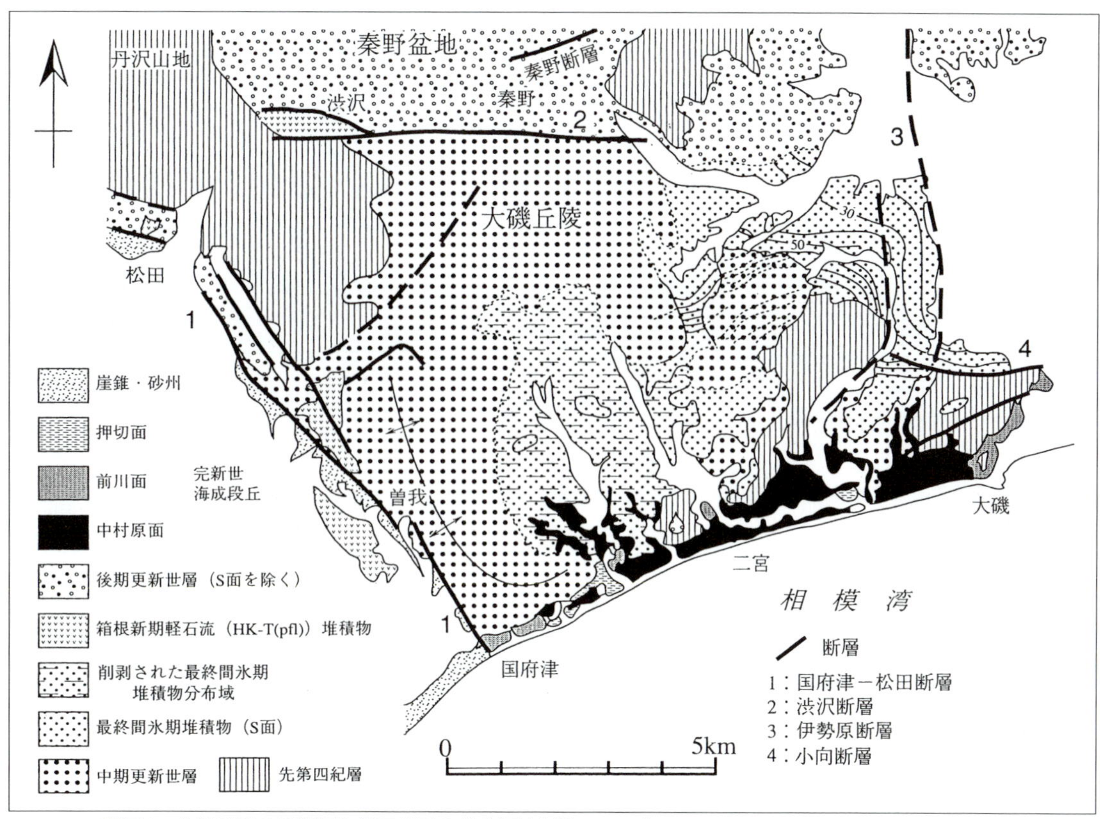

図1　大磯丘陵の活断層と第四紀層の分布図（山崎，1993）

7.0）に対応し，鎌倉で大きな被害が記録されており，断層近傍の地表では北東側が南西側に対して相対的に3m程度高まる段差や撓みが生じたと推定される．

国府津－松田断層帯は相模トラフ（相模湾断層）の北北西方の延長に位置し，フィリピン海プレート上面の深さ7～10kmあたりから分岐する断層であり，分岐点から地表までの断層幅を10km程度と地震本部（2015b）は評価している．

大磯丘陵西側の地形

大磯丘陵は曽我山（328m）を最高所とし，全体として西側が高く東側へ低下した地塊をなす．丘陵の主部は第四紀中期層で構成され，穏やかな背斜構造を示すが，箱根火山から流下した火砕流台地やその二次堆積物の被覆を受けて，地形は複雑になり，変位地形はやや明瞭さを欠く．丘陵を構成する地層の堆積後（第四紀中期以降）に，地殻運動は反転して隆起が生じ，相対的に新しい構造とみなされ，変位速度が大きいわりに，断層崖の比高は小さい．山麓を縁取る断層線は屈曲や湾曲を伴い，出入りが多く，直線状には連続しない（宮内ほか，1996）．横ずれの変位地形はよく判らない．大井町付近では新期の箱根火山から流下した火砕流台地（約5万年前）の西縁が国府津－松田断層帯で限られる（図1）．東縁も活断層で切断され，地塁の地形が形成されている．さらに東側を並走する別の活断層もあり，長さ約3kmの地溝も認められる．

大磯丘陵南部の地形

大磯丘陵南側の海岸沿いは完新世に形成された海成段丘面群が縁取り，その高度も高いことが知られている．段丘面群は3面に大別され，高位から中村原面，前川面，押切面とよばれる．中村原面は厚い堆積物で構成され，丘陵内部まで段丘面が食い込んで発達する．約6000年前頃に離水し，標高は約

■写真2　国府津－松田断層南部の地形（1996年5月八木撮影）
相模湾北部から北方の国府津－松田断層方面を望む．遠景は丹沢山地で主峰の丹沢山（1567 m）が右手中央にみえる．その手前は秦野盆地で，さらに手前に大磯丘陵の西部が広がる．写真中央に小田原厚木道路の高架橋と新幹線が，丘陵の手前（南側）にJR東海道本線が走る．大磯丘陵の西麓を国府津－松田断層が縁取り，酒匂川の沖積低地との地形境界をなす．

■写真3　富士山・酒匂川低地・大磯丘陵の地形（1996年5月八木撮影）
相模湾北部から西方の富士山・箱根外輪山，酒匂川沖積低地と北方の大磯丘陵を望む．大磯丘陵の南側には，縄文海進時以降に形成された完新世の海成段丘面が発達する．これは標高25 m以下で，3段に細分されるが，住宅地のため写真上での区分は難しい．丘陵の西縁を国府津－松田断層が通過する．

写真4 秦野断層による変位を受けた中位段丘の撓曲崖（2003年11月八木撮影）
秦野市西沢付近から西方を望む．秦野断層は秦野市街を東北東－西南西走向で横切るが，丹沢山地から南流する河川が形成した段丘群に北西側上がりの変位を与えている．ここでは南東側落ちの比高約50mの撓曲崖が見られ，段丘面が北西(上流）方向へ傾動して孤立した高まりとなっている

15mから西側へ向かって26mにまで高度を上げる．しかし，国府津付近でやや高度を下げるが，これは国府津－松田断層による撓曲運動と考えられる．この断層よりさらに西側では沖積面下に埋没する．前川面は火山灰層序から約3000年前頃の形成とみなされ，丘陵南部の西端部で高度約20mになるが，中村原面とほぼ同じように西側へ高くなる．押切面は中村原面・前川面を侵食して断片的に分布するが，年代は未解明である．

過去の地震活動

1923年関東大地震（M7.9）では，房総半島南端部で1.8m，三浦半島で1m，大磯丘陵南部で2mに達する隆起が生じ，房総半島は北側へ傾いて低下した．地殻運動から求められた震源断層は相模トラフに沿って北西－南東方向に走り，北東方向へ傾く低角逆断層型であり，右ずれも卓越した．1703年元禄地震（M8.1）では房総半島南端部で5m，三浦半島で1mに及ぶ隆起が生じたが，大磯丘陵では変動がみられず，外房沖に位置する相模トラフ延長部の海底活断層が活動したとみなされる．南関東に分布する海成段丘面群の現在の高度分布は1923年関東地震と1703年元禄地震の合成により形成されたと考えられる．

なお，大磯丘陵西縁部の国府津－松田断層を起源とする大磯型地震（M7級）も考えられる（松田，1993）が，地震本部（2015b）は相模トラフ沿いを走る相模湾断層が起こすM8クラスの地震の何回かに1回の割合で，同時に活動してきた可能性があると評価している．首都圏に近い場所に位置する重要な活断層であり，今後のなお一層の研究の進展が望まれる．

［岡田篤正］

11 信濃川断層帯（長野盆地西縁断層帯） 長野県

Shinanogawa (Shinano-River) Fault Zone; Nagano-bonchi-seien (Nagano Basin West Rim) Fault Zone

■写真1 長峰丘陵（飯山市常磐付近）と周辺の地形（2003年10月八木浩司撮影）

飯山市街地の北方に，南北に細長い紡錘形をした長峰丘陵がある（宮内ほか，2000）．写真は飯山市常磐付近から千曲川（右手）の下流（北北東方向）を望む．写真下部から遠方に延びる丘陵の稜線沿いに南北方向に延びる背斜軸が想定される．長峰丘陵の両縁に沿って活断層が延びると推定されるので，この丘は第四紀後期に激しく盛り上がってきた地塁の性質をもつ．東縁を限る長野盆地西縁断層帯は善光寺地震時に動いたとされる．遠景は東頸城丘陵，右手の盆地が野沢温泉村豊里であり，手前の丘陵にも活褶曲を伴う活断層が延び，信濃川断層帯の北端部にあたる．

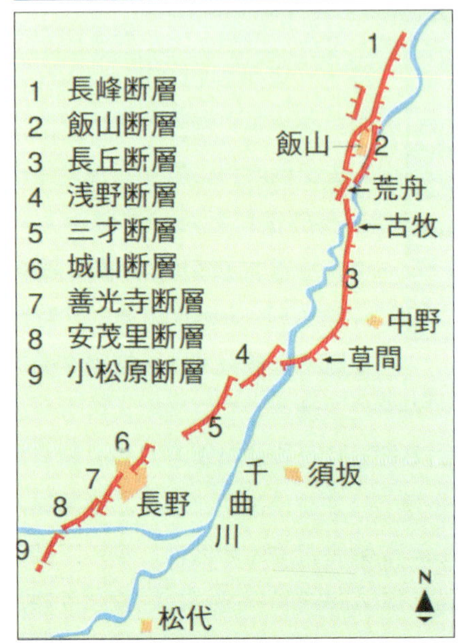

■図1 長野盆地西縁（信濃川）断層帯の主な断層（信濃毎日新聞社編，1998）

信濃川断層帯は長野から飯山の市域にかけての盆地北西縁沿いを北北東-南南西方向へ約58kmにわたって延び，長野盆地西縁断層帯ともよばれる（■図1）．北西側の山地域が隆起する逆断層であり，褶曲や撓曲を伴った新期の変動地形や地質構造が伴われる．活動間隔が相対的に短く，1回の変動量も大きい活動性の高い断層帯で構成されている．信濃川褶曲帯の南部に位置し，神戸-新潟ひずみ集中帯にも属する主要な活断層帯である．

写真2　長丘丘陵（中野市大俣・田麦付近）と周辺の地形（2003年10月八木撮影）
写真の左下部を曲流するのは千曲川であり，中野市大俣付近から北北東方向を望む．右手の遠景は高社山（高井富士；1352m）と飯盛山（1064m）で，手前の低地は長野平野北東部に位置する沖積平野である．写真左手中央から右手に延びる高まりは長丘丘陵で，比高は最大で約150mである．この丘陵東縁を長野盆地西縁断層が限る（堤ほか，2000）．西側の丘陵・段丘面と東側の沖積平野との地形境界に沿って活断層帯が形成されている．長野平野北東部では，千曲川は西縁断層帯西側に位置する隆起部を曲流しながら，多くの段丘面を伴って北北東方向へと流下する．隆起と沈降との地殻運動から想定される地形の配置とは異なり，奇異な地形景観が当域では発達している．

位置

この断層帯は，長野盆地西縁では山地と平野の地形境界線沿いを走り，扇状地性の段丘面や平野面に撓曲を伴う低断層崖として追跡される．長野市南西では走向は南北に近くなり，市域内までは追跡される．中野市から飯山市にかけての平野西縁では，山地と沖積平野との間に，孤立した丘陵がいくつか連なり，これら分離丘陵の東縁を主な活断層が縁取る．断層帯北部では，数本の活断層が並走し，中規模の地塁や地溝の地形が形成されている．飯山市北東部で千曲川が大きく流向を東へ変える付近で，活断層の変位地形は急に認められなくなる．

断層の性質

活断層や地形面・大規模な地すべりなどの分布は，1：25,000都市圏活断層図「飯山」（宮内ほか，2000）・「中野」（堤ほか，2000）・「長野」（東郷ほか，2000）に示され，信濃毎日新聞社編（1998）の「信州の活断層を歩く」でも解説されている．地震本部（2001c）によれば，平均的な上下変位速度は1.2～2.6m/千年，最新活動時期は1847年善光寺地震である．この1つ前の活動は約1000年前以前で，約1500年前以後とされ，平均活動間隔は800～2500年としている．撓みを含む1回の上下変位量は2～3m程度であり，断層帯全体が1区間として活動してきた．

地震

1847年善光寺地震（M7.4）時には，南部の小松原断層（長野市）から長峰丘陵東縁断層（飯山市街地北部）までほぼ全線（約40km）が活動したとされる．地表で約2～3mに達する上下変位が出現し，各地で地震断層が現れた記録が残されている．この地震により犀川の右岸の山が崩れ，犀川は堰き止められ，湖が出現した．19日後に決壊して，篠ノ井から千曲川沿いの中野・飯山に至る平野部に洪水が起こり，大規模な氾濫被害が引き起こされた．

長野平野と周辺は信濃川地震帯とよばれたこともあるように，地震活動が活発な地域である．M5～6の中規模地震が現在に至るまで多数発生している．また，1965～1966年の松代地震は本断層帯南東側の地域で発生した群発地震であり，地震活動の活発な場所に属することが如実に示された．［岡田篤正］

12 糸魚川-静岡構造線断層帯 新潟県-長野県-山梨県-静岡県

Itoigawa-Shizuoka-kozosen (Itoigawa-Shizuoka Tectonic Line) Fault Zone

写真1　白馬村飯田付近の神城断層沿いの地形（2016年10月岡田真介撮影）
写真中央から下部の低地は白馬村の神城盆地北部であり，北方を望む．左手の遠景は飛騨山脈の東麓部である．左手の集落は飯田であり，中央上部へと姫川が北流する．
この付近の低地は圃場整備を受けて，変位地形（撓曲崖や低断層崖）の多くが消失・不明瞭化したが，写真右手から中央の山麓部に沿って追跡される．写真中央の段丘面は撓曲や傾動を受けている．2014年11月22日22時8分頃に発生した長野県北部の地震（M6.7）では，白馬村北城・塩島（JR大糸線の信濃森上駅）付近から南方の堀之内周辺まで，約9kmにわたって地表地震断層が現れた．最大上下変位量は約90cmである．写真中央の水田付近では雁行する2条の地震断層が出現し，北西-南東方向へ延びていた．撓曲を伴う地震断層は水田面を約20～60cm北東側へ隆起させ，破損を受けた姫川の護岸や県道33号線が補修されている．写真中央の位置でもトレンチ調査が行われている．なお，この南側の堀之内地区で行われたトレンチ調査や地層抜き取り調査によって，断層面の西側先端部がほぼ水平近くまで低角度化し，その上盤側が大きく撓む地層の変形が確認されている（今泉ほか，1997；奥村ほか，1998）．1：25,000活断層図「大町」及び「大町一部改訂版」参照．

フォッサマグナは本州中央部を南北方向に横断する大地溝帯であり，ここには新第三紀の地層や第四紀の火山岩類が広く分布する．この東縁は第四紀火山噴出物で覆われ不明瞭であるが，西縁は糸魚川-静岡構造線（以降，糸静線と略記）とよばれ，西側の基盤岩類が東側の第三紀層と断層で接し，地形的にも大きな境界線を形成している．

糸静線

糸静線は新潟県西部の糸魚川から姫川谷をさかのぼって大町に至り，松本盆地東縁・諏訪盆地・甲府盆地西縁から富士川の西側を南下して静岡に達する．全長は約250kmに及び，全体としてS字形を描く．本州弧を東北日本弧と西南日本弧に二分する重要な断層である．日本列島の屋根ともよばれる飛騨山脈や赤石山脈の東麓を通過する．地質構造の上で大きな境界をなす断層であるが，長野県小谷村以北や山梨県早川町以南では活断層の変位地形が伴われておらず，第四紀後期以降の活動は認められない．

糸静線（活）断層帯の地図

活断層の地形は小谷村付近から以南の盆地縁で明瞭となり，松本盆地・諏訪盆地を経て，甲府盆地の南西側へと至る（■図1）．この全長は約158 kmに及ぶ．これら活断層の詳細な位置は，下川ほか（1995）の「糸魚川-静岡構造線活断層系ストリップマップ」（10万分1）や1：25,000都市圏活断層図「白馬岳（しろうまだけ）」「大町」「信濃池田」「松本」「諏訪」「茅野」「韮崎（にらさき）」「甲府」で図示されている．また，中田・今泉編（2002）の「活断層詳細デジタルマップ」，池田ほか編（2002）の「第四紀逆断層アトラス」でも示されている．さらに，電力中央研究所（2004）による「糸魚川-静岡構造線活断層系変動地形マップ」（松本地域／諏訪-富士見地域／白州-櫛形地域）でも，活断層の位置や各種の情報が詳しく図示されている．

■写真2　木崎湖付近の神城断層と周辺の地形（2003年10月八木浩司撮影）
遠景左手は飛騨山脈，右手は上信越高原であり，北方を望む．写真中央は木崎湖であり，その右手は新第三系からなる犀川丘陵，左手は小熊山（1302 m）の東斜面である．左手の谷間に青木湖や神城盆地が見える．糸静線断層帯の神城断層や松本盆地東縁断層は木崎湖の北東岸から南岸へと通過する．木崎湖東岸の突出部は稲尾沢川の三角州と埋め立て地であり，これを迂回するようにして神城断層は走るが，湖底にも段差が認定されている．南岸の山崎-白樺集落は沖積面に位置するが，集落の西側に沿って低断層崖が認められる．

糸静線の活動区間

糸静線（活）断層帯の活動様式や性質には地域的な相違がある．その活動区間（セグメント）の分類はいくつかあるが，ここでは主に地震本部（2015 a）の区分を紹介する（■図1）．これによれば，糸静線断層帯は構成される活断層の連続性，深部形状，活動形態，活動履歴などに基づいて，次の4区間に分けられている．北から南へ，1）北部，2）中北部，3）中南部，4）南部の各区間であり，性質や特徴の概

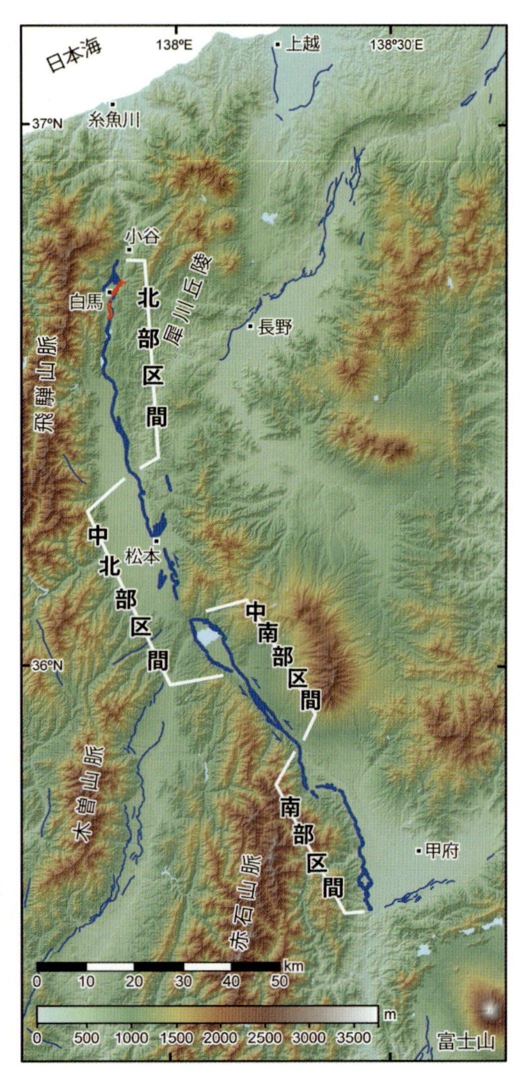

■図1　糸静線断層帯の位置と活動区分（Okada *et al.*, 2015を修正）
糸静線断層帯（青太実線）と周辺の活断層（青実線）は中田・今泉編（2002）による活断層．最北部の赤太線は2014年長野県北部地震の地震断層．段彩の標高区分は図下部参照．

要を表1にまとめた．

北部区間

北部区間（小谷－明科（あかしな）区間）は小谷村付近から白馬村・大町市・池田町を経て安曇野市明科に至る．断層線はほぼ南北方向であるが，やや詳しくみると，屈曲に富み，直線的には連続しない．全長は約50kmに及ぶ．東側が西側に対して相対的に隆起する逆断層とされる．この区間の北部では，北城盆地から神城盆地の東縁を走る神城断層が地形的に明瞭であり，東上がりの撓曲崖が低位～中位の段丘面に認定される（松多ほか，2006）．仁科三湖（青木湖，

表1　地震本部（2015a）による糸静線断層帯の活動区分

区間 （小谷－富士見山） 全長158km	断層名（糸魚川－静岡構造線断層帯の構成断層）	運動様式・長さ	最新活動時期・歴史地震	活動間隔・千年あたりの平均変位速度	将来の地震規模・変位量・今後30年の地震発生確率
1北部 （小谷－神城－大町－安曇野市明科）	神城・松本盆地東縁	西方へ衝き上げる逆断層・50km	1000～1300年前 ［762年（M7.0以上）の可能性］	1000～2400年・上下1～3m	M7.7・東上り2～3m・0.008～15%
2中北部 （明科－松本－塩尻峠－諏訪湖南方）	松本盆地東縁牛伏寺・岡谷・諏訪湖南岸	左横ずれ断層・45km	800～1200年前 ［762年（M7.0以上）または841年（M6.5以上）の可能性］	600～800年・左横ずれ9m	M7.6・左横ずれ9m・13～30%
3中南部 （諏訪湖北方－北杜市白州町）	諏訪湖北岸・青柳・大沢・若宮・下蔦木	左横ずれ断層・33km	900～1300年前 ［762年（M7.0以上）または841年（M6.5以上）の可能性］	1300～1500年・左横ずれ5～6m	M7.4・左横ずれ6m・1～8%
4南部 （白州－富士見山）	大坊・下円井・市之瀬	東方へ衝き上げる逆断層・48km	1400～2500年前 歴史地震は知られていない	4600～6700年・左横ずれ1m	M7.6・西上り3m・0～0.1%

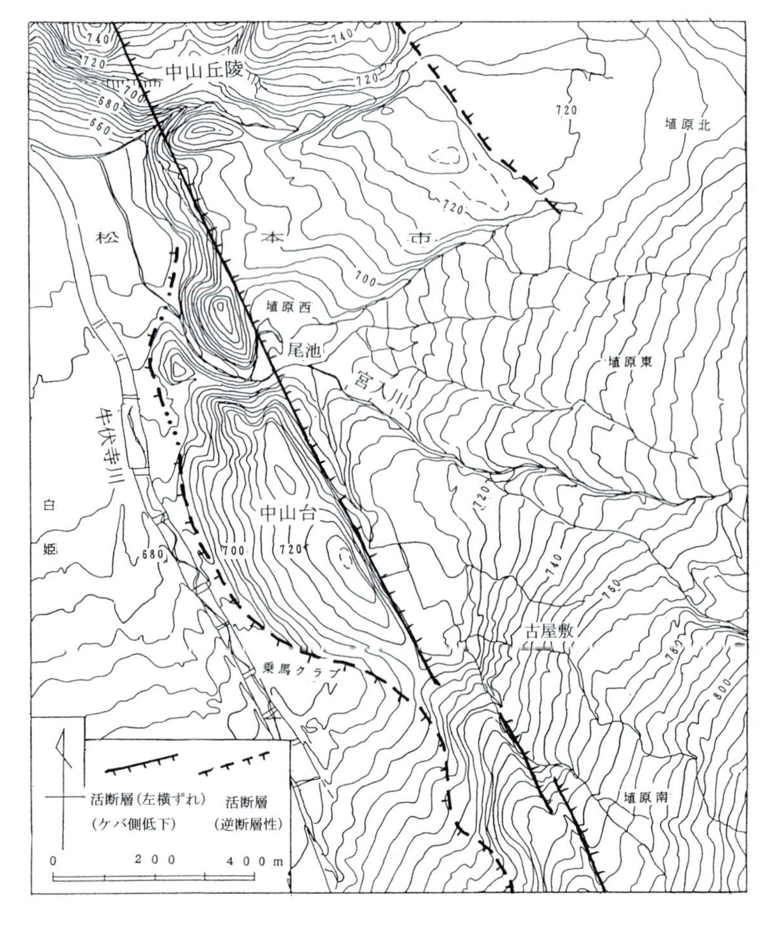

図2　松本市中山台付近の活断層分布と等高線図（岡田篤正作成原図）
松本市中山台付近の牛伏寺断層（太実線：ケバ側低下）は北北西－南南東方向へ直線状に走る．この西側の牛伏寺前縁断層（太破線：ケバ側低下）は撓曲崖を伴い，湾曲して延びる．松本市基本図（縮尺：1/2500）から等高線4m間隔を抽出し，松多ほか（2006）や澤ほか（2007）による活断層線を記入して作成．

写真3　松本市南部の牛伏寺断層と周辺の地形（2003年10月八木撮影）
松本市千石付近上空より北方を望む．左手遠景は飛騨山脈，右手は犀川丘陵，これらの手前は松本市街地である．中央上部は中山丘陵，左の新興住宅地は中山台である．牛伏寺断層は丘陵左側の傾斜変換線から，中山台の右側の低断層崖へと連なる．

写真4　中山丘陵から南望した牛伏寺断層（1969年10月岡田篤正撮影）
松本市南部の中山丘陵（中山霊園）より南方の牛伏寺断層（沿いの変位地形）を望む．写真下部の尾池集落右側から大久保山（写真左手）へと牛伏寺断層は連なり，変位地形（低断層崖）がかつては実に明瞭な場所であった（図2参照）が，宅地造成で自然地形は大きく改変されている．

写真5　北望した中山丘陵・中山台と牛伏寺断層（1969年10月岡田篤正撮影）
松本市古屋敷付近より北方の牛伏寺断層沿いの低断層崖を望む．写真左は中位段丘面が左（西側）へ傾き，その右側の急斜面が東へ向いた低断層崖を形成している．こうした地形は1980年代まで観察できた．新興住宅地の建設前の変位地形は図2参照．

中綱湖，木崎湖）を経て，大町市木崎付近の沖積低地まで約20km延びるが，いずれの湖底にも東上がりの変動崖が音波探査で認められている．木崎湖の南側では，左雁行する3列の低断層崖が沖積平野面に認定されている．さらに南方では松本盆地の北半部に延び，松本盆地東縁断層として盆地底の沖積面と犀川丘陵との地形境界近くを通過する．沖積面や扇状地では詳しい通過位置が不明の場所も多い．下位段丘面を横切る場所では撓曲や低断層崖として認められ，活断層の位置は正確に求められる．

白馬村堀之内（白馬トレンチ），大町市三日町（大町トレンチ），池田町堀之内（池田トレンチ）で掘削調査やボーリング調査が行われている（奥村ほか，1998）．これらの成果によると，最新活動時期は6〜12世紀とみられ，平均活動間隔は1108〜2340年で，3500年間に2回の活動が究明されている．上下方向の平均変位速度は1〜3m/千年とされる．

中北部区間

中北部区間では，安曇野市以南の松本盆地東縁断層や牛伏寺（ごふくじ）断層，松本市北部から塩尻峠を経て，諏訪湖低地南西側の岡谷断層や諏訪湖南岸断層群に至る．延長距離は約45kmで，走向は北西-南東方向で直線性が高く，左横ずれ運動が卓越している（澤ほか，2006）．トレンチ掘削調査で現れた断層面はほぼ垂直であり，いくつかの断面ではV字状の落ち込みが観察され，横ずれの卓越が示唆された．

松本市街地では，西側が低下する撓曲崖状の穏やかな高度不連続線が詳細DEMにより検出された．これは南北走向の活断層で，牛伏寺断層の延長線と推定される．松本市街地南方の中山丘陵や中山台では，変位地形が実に明瞭であり，典型的な事例が発達していた（図2；澤ほか，2007）．中山丘陵の北端部では，沖積低地に没入する場所に牛伏寺断層に伴う低断層崖（比高2〜3m）が認められ，これを横切るトレンチ調査が実施された．中山台は「なまこ型」の平面形をもち，東側が比高20m前後の急崖で限られる．牛伏寺断層の南部として北北西-南南東方向に直線状に延びる．頂部は中位段丘面であるが，南北に低下すると共に，西側を走る牛伏寺前縁断層へ向けて大きく撓曲している．この前縁断層の走向は大きく湾曲し，東上がりであることから，逆断層とみなされる．反射法地震探査の結果によると，両断層は地下1.5kmでは収れんしているようである．なお，牛伏寺断層の南東方では雁行配列した別の活断層に乗り移るが，塩尻峠までの区間は変位地形がやや不明瞭で配置も複雑となる．DEMを用いた詳しい調査により，活断層は数本に分散したり，斜交したりしながら連続することが判明してきた．

牛伏寺断層と周辺の活断層調査から，断層の過去の活動が次のようにまとめられる．1）最新活動時期：西暦445〜1386年，2）これに先行する西暦150〜334年と紀元前839〜189年のイベントが認定される，3）最新活動時期を841年信濃地震とした場合，平均活動間隔は515〜840年，3千年間に4回のイベントが発生，4）左横ずれの平均変位速度は9.4m/千年前後，単位変位量は左横ずれ7.5m前後と推定される（奥村ほか，1994）．上下方向の平均変位速度は1〜2m/千年程度とされる．

諏訪盆地の西側の北部を限る岡谷断層は下位段丘面を変位させ，直線状に延びる断層線として追跡される．中島遺跡で行われたトレンチ調査でほぼ直立する断層面が観察され，約15000年間に5回の活動が認められ，最新活動は約1700年前と認定された（東郷ほか，2008）．また，諏訪湖の南西岸沿いに諏訪湖南岸断層群が崖錐や扇状地性の下位・中位段丘面を切断して約10km追跡される．北西-南東方向に連なり，いずれの場所でも北東落ちであり，正断層的な動きも伴う（澤ほか，2007）．

中南部区間

中南部区間は諏訪盆地の北東側（田力ほか，2007）から茅野市を経て，赤石山脈の北東山麓（釜無山断層群）を通り，北杜市白州町付近に達する．この区間の活断層は延長約33kmで，走向が北西-南東方向を示してほぼ直線状に連なる．諏訪盆地では中北部と中南部の断層が並走し，低地の両側が活断層で限られる．両断層の左横ずれにより，開裂して沈降部となっている（図3）．こうした成因の低地はプルアパート盆地とよばれ，横ずれ断層が屈曲して移行する伸張域に形成される．なお，諏訪湖で行われたボーリングでは，南東岸で深さ400m，北西岸で

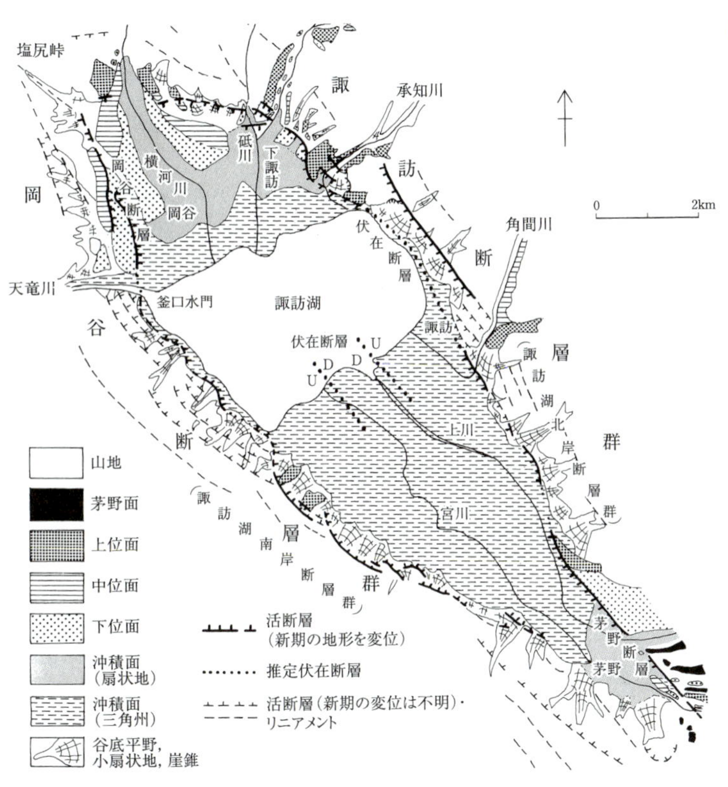

図3　諏訪盆地の活断層と地形面分布図（町田ほか，2006を修正）

諏訪盆地の西（南）側は岡谷断層や諏訪湖南岸断層群が，東（北）側は諏訪断層群が縁取り，諏訪湖の中央部には伏在断層の存在が推定される．

写真6　諏訪盆地の地溝と周辺山地（2006年10月杉戸信彦撮影）

塩尻市塩嶺ゴルフ場上空より東南東方向を望む．遠景は八ヶ岳，中央部は諏訪盆地である．低地の両側は諏訪湖北岸および南岸断層群で縁取られ，紡錘形をした典型的な地溝（図3；最大幅：5km，長さ：15km）が形成されている．右中央は天竜川，写真下部の丘陵列の北東側（上方）に沿って岡谷断層（南岸断層群の一部）が延びている．厚さ400m以上に及ぶ未固結層で埋積され，この深さの年代が約18万年と推定されている．また，低地の周辺山地には塩嶺層（下部のミソベタ層で約140万年）が広く分布し，これが堆積した頃にはまだ諏訪湖の低地は形成されていなかった．

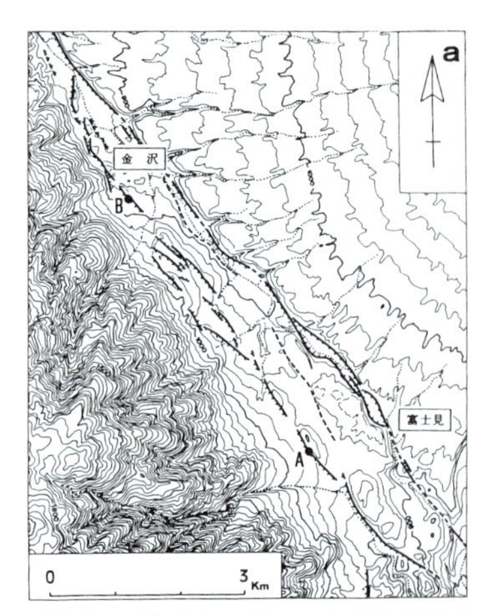

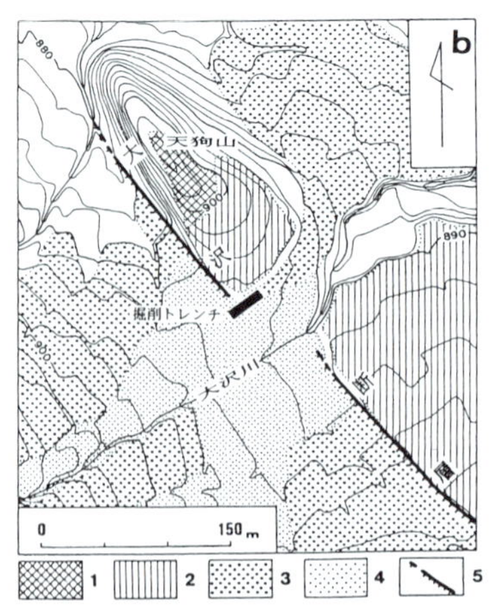

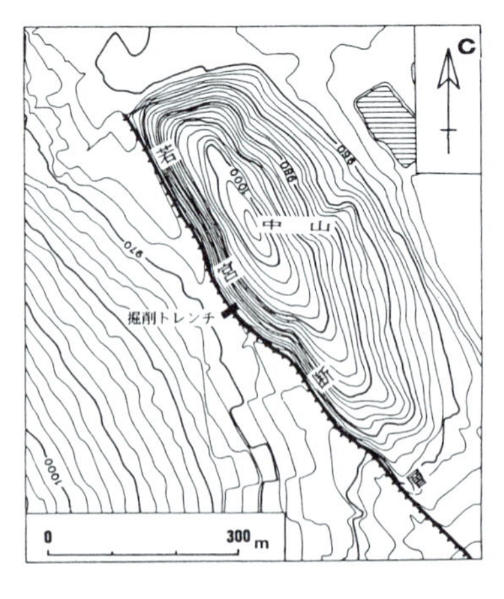

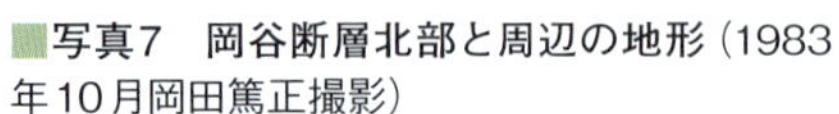

図4　茅野市金沢－富士見町付近のバルジ地形と活断層（糸静線活断層系発掘研究グループ，1988を修正）
a：茅野市金沢－富士見町付近の活断層分布と等高線図．Aは富士見トレンチ，Bは金沢トレンチ地点．b：金沢トレンチ周辺の地形．黒枠が掘削地点，凡例：1：段丘Ⅱ面，2：段丘Ⅳ面，3：段丘Ⅵ面，4：段丘Ⅶ面，5：大沢断層．天狗山は大沢断層沿いのバルジ丘（比高約20m）．c：富士見トレンチ周辺の地形．黒枠が掘削地点．中山は若宮断層沿いのバルジ丘（比高約30m）．

写真7　岡谷断層北部と周辺の地形（1983年10月岡田篤正撮影）
岡谷市今井の上空より北北西方を俯瞰する．写真中央部は，現在では中央自動車道の岡谷ICとなり，景観は著しく異なっている．写真下部の小丘（森）は岡谷断層に伴う小規模の地塁，あるいは圧縮尾根(pressure ridge)である．この両側から，北北西（写真上方）へ延びる低断層崖が続くが，これを横切るトレンチが数多く掘削され，ほぼ直立する断層面が観察された．断層はさらに北北西方向へ延び，山地斜面の肩にあたる部分に続き，松本盆地南部東縁に達する．

写真8　糸静線断層帯中央部：若宮断層沿いの地形（1978年12月岡田篤正撮影）
長野県諏訪郡富士見町上空から，南東方向を望む．写真右上に南アルプスの駒ヶ岳（2966m），中央上部右手に鳳凰山（2841m），左手上部に富士山（3776m）が見える．中央右手には，釜無山断層崖の麓に沿って，2つのふくらみ（バルジ）がある．手前の小丘（中山）の南西側を縁取る若宮断層はトレンチ調査により断層帯の性質が解明された（糸静線活断層系発掘調査研究グループ，1988）．また，この小丘の手前（北西）側の急斜面が大規模に造成され，その内部の地質や構造が判明した（新井ほか，2000）．韮崎泥流（約30万年前）起源の堆積物やこれを被覆する扇状地堆積物・段丘堆積物（約10万年前）は南西側へ傾斜する明瞭な断層群で切断され，小丘の比高約40mは見かけの上下変位量を示唆する．これら断層群は地下の横ずれ断層の活動に伴って形成された二次的な西傾斜の低角逆断層であり，小丘の地下では高角度の横ずれ断層に収れんすると考えられている．なお，写真中央左手を釜無川が南東方向へ流下するが，JR中央本線沿いにも北西－南東走向の青柳断層の存在が推定されている．

写真9　釜無山断層群の地形（1983年10月岡田篤正撮影）
中央右手の細長い丘は中山であり，手前側の急斜面（低断層崖）の基部でトレンチ掘削調査が行われた（写真右手の溝）．左手にも森をなす細長い丘があり，これら小丘の西側基部を連ねて，若宮断層が北西-南東方向に延びる．トレンチ調査では，これら断層はほぼ直立する断層面を伴い，断層線は直線状に連なるので，左横ずれ運動が卓越するとみなされる．なお，写真上部の左右方向にJR中央本線が走るが，ほぼこれに沿って北西-南東走向の青柳断層が通過する．これら数本の北西-南東系を活断層研究会編（1991）はまとめて釜無山断層群とよんでいる．

写真10　釜無山断層崖麓南部の地形（1983年10月岡田篤正撮影）
長野県諏訪郡富士見町中心部上空より南西方向の釜無山断層崖と山麓域を望む．左遠景の嶺は釜無山，右が入笠山である．これらを連ねる稜線の北東側急斜面は釜無山断層崖とよばれてきた．山麓に2つの細長い丘（右：中山（1004m），左：1030mの丘陵）が北西-南東方向に連なる．これら丘の南西側斜面がより急傾斜であり，丘の形成以降に成長した低断層崖とみなされる．これは若宮断層とよばれるが，これに並走する活断層も伴われており，釜無山断層群を形成する．中山の低断層崖の麓で，トレンチ調査が1983年に行われた（糸静線活断層系発掘調査研究グループ，1988）．丘の基部には高角度断層が現れ，左横ずれ成分を伴った運動が累積的に行われてきた．

写真11　下円井断層と周辺の地形（1978年12月岡田篤正撮影）
韮崎市市街地上空より西方を望む．遠景は赤石山脈（南アルプス）の主峰部であり，中央が鳳凰山（2840m），右手が駒ヶ岳（2966m）である．山麓線に沿って，下円井断層が北北西-南南東方向へ通過するが，断層線は屈曲している．韮崎市円野町下円井の河床には下円井断層の露頭が観察され，花崗岩類が低角度の断層面（N9°W，20°W）を介して礫層上に衝上する．
写真下部を右から下中央へと釜無川が流れる．写真左の河谷は甘利沢であり，ここから右下方の武田橋に向かって急流河川として扇状地上を流れ下る．写真中央～下部の扇状地は支流が形成し，開析を受けて下位段丘となっているが，この地形面を下円井断層が切断している．開析された扇状地の東縁の低崖は釜無川による側方侵食崖である．

写真12　市之瀬台地周辺の地形（1978年12月岡田篤正撮影）
南アルプス市（旧　櫛形町）小林付近上空より北西方向を望む．遠景の中央は赤石山脈の鳳凰山，左手は北岳（3192m）である．中央右手は市之瀬台地であり，この付け根（山麓線）と東側の崖に沿って活断層が縁取る（図5）．これらを含めて，南北方向へ連なる数本の活断層は市之瀬断層群と名付けられている．いずれも東側低下で，西側から東側へ衝き上げる．台地の東側が高く，古い段丘面が分布するが，一部の段丘面は西方へ傾動している．下円井断層-市之瀬断層群-富士見山断層群の西側には標高2000m前後の巨摩山地が南北方向に連なるが，この山地の隆起に関与したのが，これら活断層とみなされる．トレンチ調査は台地の東縁にあたる上宮地（かみみやじ）地点と，山麓の中野地点で実施され，いずれも東へ衝き上げる逆断層が観察されている．

深さ401mでも未固結層であり，それらの深度でも約18～19万年前の年代とみなされ，並走する伏在断層や正断層運動も伴われて地溝状に深く落ち込んでいると推定される．

赤石山脈北部にある入笠山（にゅうがさやま）（1955m）や釜無山（2117m）の稜線から北東側に向けて，比高約600mに及ぶ急斜面があり，これは釜無山断層崖とよばれている．しかし，山麓部にみられる変位地形は数百m北東へ離れた位置に活断層（大沢断層・若宮断層）が北西-南東方向に延び，ふくらみ（バルジ）や凹地（地溝）の地形が伴われ，逆向き低断層崖が多く分布している（図4;澤，1985）．さらに北東側のJR中央本線沿いに青柳断層が並走し，これらを含めて釜無山断層群とよばれる．断層線は直線状で，走向は北西-南東方向である．大沢断層沿いの茅野市金沢，若宮断層沿いの中山西麓で，トレンチ掘削調査が行われた．現れた断層面はほぼ垂直であり，左横ずれ運動が卓越しているとみなされる．大沢断層の最新活動は約1200年前であり，841年信濃地震（M≧6.5）を引き起こした可能性がある．これに先行する4回の地震イベントが4000～5000年あるいはそれ以上の間隔で繰り返してきたと判明した．釜無山断層崖は第四紀中期以前に主に形成されたが，第四紀後期以降には釜無山断層群は左横ずれの運動に移化した可能性が大きい．

南東延長部にあたる釜無川沿いでは，下蔦木（しもつたき）断層がほぼ1本の活断層として北西-南東方向へ約7km直線状に連なる．富士見町下蔦木では低断層崖（北東側の相対的な低下）が下位段丘面を切断し，左横ずれの河谷変位が認められる．断層面はほぼ直立するので，左横ずれの卓越した断層運動とみなされる．

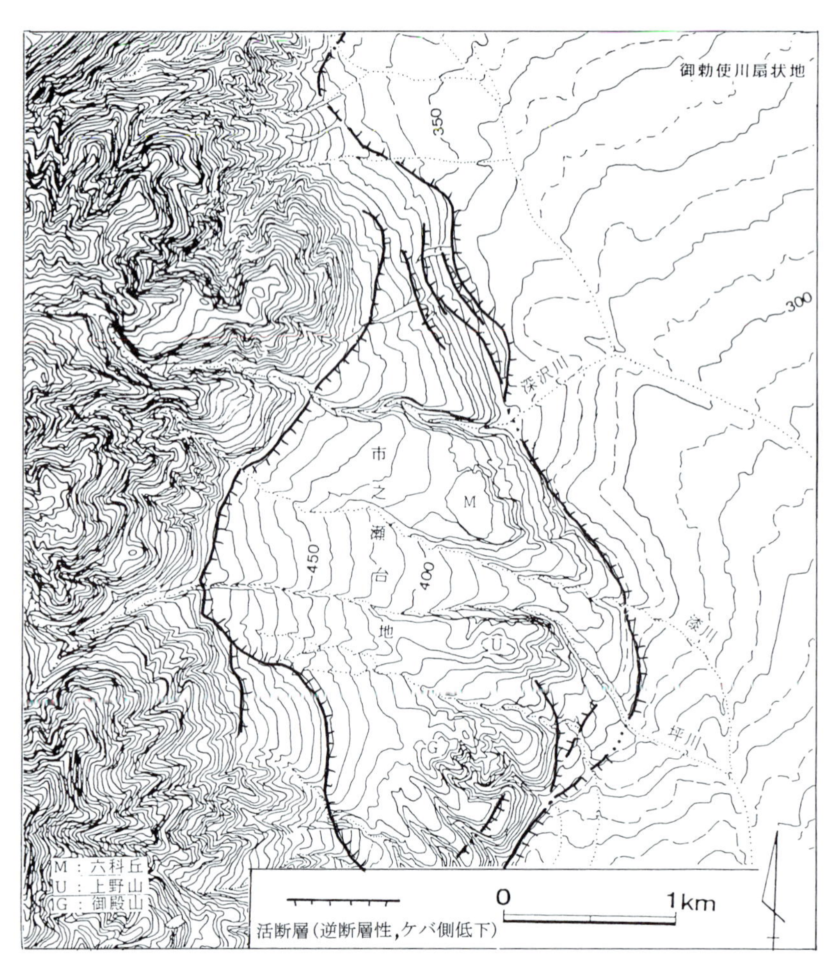

図5　市之瀬台地付近の活断層分布と等高線図
今泉ほか（1998）による活断層図「甲府」の活断層線を等高線図に記入．等高線間隔は10m．

南部区間

南部区間は赤石山脈の北東山麓を走る白州断層(大坊断層)や鳳凰山断層が北北西-南南東方向に連なり，さらにこれらの東側に下円井(しもつぶらい)断層や市之瀬断層群・富士見山断層群に受け継がれて，山梨県早川町に至る(澤, 1981)．この区間では走向が全体として再び南北方向に近くなり，断層線も出入りや湾曲・屈曲が大きくなる．西側には3000mを超える赤石山脈(南アルプス)が連なり，甲府盆地(富士川低地帯)との間に,日本で最大級の高低差(2500m)が認められる．白州断層から富士見山断層群までの断層線は出入りを伴い，不連続な場所もあるが，総延長は約48kmで，一般走向はN10°Wである．断層面は西方に傾斜する逆断層であり，反射法地震探査の成果を取り入れると，30～60°程度と推定される．

市之瀬台地は甲府盆地の西縁部に位置し，両縁を活断層で限られた台地であり(図5)，基盤岩類・韮崎泥流堆積物・段丘礫層から構成される(澤, 1981)．段丘面は高位から低位まで数段に分類されるが，台地の東部に六科(むじな)丘・上野山・御殿山とよばれる高まりがあり(図5)，西方へ傾動した逆傾斜が認められる．台地東縁は比高70～80mの撓曲崖が東に凸型の平面形をなして，南北方向に連なる．この前縁断層は20～30°Wの衝上断層とされるが，台地西縁の山麓断層も逆断層であることがトレンチ調査で判明した．

白州断層，下円井断層，市之瀬断層群で行われた地形・地質・トレンチ調査などにより，過去1～2万年間の活動履歴や変位速度などが明らかにされた．各調査者による結果は相互にやや異なるが，地震本部(2015a)の評価では，上下変位速度が白州断層で1.2m/千年，下円井断層で1m/千年とされ，左横ずれ平均変位速度が1m/千年程度とされる．最新活動時期は約2500年前以降で，約1400年前以前と推定され，約9000年前以後に1つ前の活動が認められる．最新活動時期や活動間隔などは糸静線北部や中部で判明してきた年代とは異なる．これらに比べて活動時期は明らかに古く，活動間隔も長いとみなされ，活動区(活動セグメント)が相違する．

糸静線沿いの歴史地震

歴史時代の地震として，762(天平宝字6)年の地震(M≧7.0)は長野県内に多くの被害が生じたが，被害の記録が美濃・飛騨にも及ぶことから，1200年前の糸静線北部・中部の活動に該当する可能性も指摘されている．しかし，詳細は判明しておらず，糸静線断層帯との関係も厳密には言及できない．また，841(承和8)年に信濃で大きな浅い地震(M≧6.5)が発生しており，糸静線中部を起源とする可能性は考えられるが，詳しい震央や断層との関係などは不明である．

1714(正徳4)年の地震(M≒6.25)では，小谷村の周辺で被害が大きく，2014年長野県北部地震域の北側部分が活動した可能性がある．また，大町市付近では1858(安政5)年に大町地震(M5.7±0.2)が発生し，JR大糸線沿いの白馬村堀之内から大町市にかけて建物被害があった．

2014年11月22日22時8分頃に長野県北部の白馬村付近を震央とした長野県北部地震(M_j6.7, M_w6.2)が発生した．この地震に伴い，糸静線断層帯の神城断層沿いに延長約9kmの地震断層が出現した(Okada *et al.* 2015；勝部ほか, 2017)．最大90cmの上下変位量が測定され，0.5mの水平短縮量も確認された．断層面の傾斜は北部では東傾斜がやや急で，南部では緩傾斜とされる．北部では地表近くで多くの地震断層(崖)が現れたが，南部では地割れや亀裂の帯となり，緩い撓曲として追跡された(廣内ほか, 2017)．

地震本部(1998)は糸静線の長期評価として，「今後数百年間以内にM8程度の規模の地震が発生する可能性が高い」とし，今後30年間の地震発生確率は最大14%として公表していた．2014年長野県北部地震の発生を受けて，地震本部(2015a)はその後の調査成果の検討を行い，糸静線断層帯の長期評価を改訂した(表1参照)．

2014年長野県北部地震は固有規模の地震としては有意に小さい．神城断層部分は2014年地震のような規模の地震を短い間隔で発生させるのか，あるいはさらに規模の大きな固有規模の地震を将来起こすのかは，重要な課題であり，今後の詳しい検証が注目される．

［岡田篤正］

13 木曽山脈西縁断層帯 長野県

Kiso-Sanmyaku-seien (Kiso-Mountain Range West Rim) Fault Zone

写真1　木曽山脈西縁断層帯：上松東断層北部（木曽町木曽駒高原付近）の地形（2006年10月岡田篤正撮影）

写真中央下部は木曽駒高原で，東方から東南方向を望む．左下から右下の山麓沿いの傾斜変換線を木曽山脈西縁断層帯北部の上松東断層が通過する．中央上部の左手の峰が大棚入山で，その右側斜面が大崩壊地．背後中央は茶臼山（2653 m）で，右手の駒ヶ岳へと連なる．

大棚入山の南側斜面から流下した山体崩壊跡地は岩屑なだれで埋め立てられ，その中に残されている天然ダム（濃ヶ池）が1661年に決壊したと史料に記載されている．岩屑なだれが木曽駒高原方面に流下して，その堆積面が上松断層で切られている可能性があるが，詳しいことは解明されていない．詳細な地形や活断層は1：25,000都市圏活断層図「木曽駒高原」に図示．

木曽山脈は駒ヶ岳（2956 m）を最高峰とし，南北方向に約50 km，東西幅約15 kmの狭長な山脈である．東側は伊那谷断層帯に限られるが，西側も木曽山脈西縁断層帯で縁取られている．両側を逆断層性の活断層帯で限られた典型的な地塁であり，第四紀以降に激しく隆起してきた上昇地塊とみなされる．地震本部（2004c）は，それまでに得られた研究成果と関連資料を用いて木曽山脈西縁断層帯の長期評価を行い，当断層帯の諸特性を取りまとめて公表している．地震本部（2004c）によれば，この断層帯は木曽山脈西縁断層帯主部と清内路（せいないじ）峠断層帯から構成される．断層帯主部は，長野県木曽町から，上松（あげまつ）町・大桑村・南木曽（なぎそ）町を経て，岐阜県中津川市東部に至る．長さは約46 kmで，北北東–南南西方向へ延びる．「木曽駒高原」「上松」図幅では上松東断層と東野（ひがしの）断層，大桑村から馬籠（まごめ）峠断層として連なり，南木曽町では南北に近い走向に変わり，阿寺断層の南東部で合流する．また，清内路峠断層帯は木曽山脈南部の西側に位置し，大桑村から南木曽町を経て長野県下伊那郡平谷（ひらや）村へ至り，ほぼ南北方向へ長さ約34 km延びる．直線状の断層谷や鞍部列が続くが，新期の変位地形はほとんど認められず，第四紀後期の活動は不活発とみなされる．なお，活断層（帯）の詳細位置は1：25,000都市圏活断層図「木曽駒高

写真2 木曽山脈西縁断層帯：上松東断層北部周辺の地形（2006年10月岡田撮影）
上松町北東方の樽沢・荻野原・徳原付近，さらに駒ヶ岳を東方に望む．中央左手の鞍部から樽沢・徳原付近の段丘面を切断して低断層崖が上松東断層沿いに発達する．この周辺では2, 3本の活断層が並走する．樽沢・大木付近の低断層崖を横切って，トレンチ調査が行われた．上松東断層は写真右手下部の段丘面上でも低断層崖を形成している．なお，右手は滑川の急流が手前（西側）へ流下するが，上流（東側）では支谷である大崩谷（北股沢）が直線状に流れ下っている．後方右手は駒ヶ岳・宝剣岳（2931 m）で，木曽山脈の主峰群をなす．

原」（岡田ほか, 2007）「上松」（岡田ほか, 2010）「妻籠（つまご）」（鈴木ほか, 2010）に段丘面や地すべり地の分布と共に示されている．

上松東断層

上松東断層や馬籠峠断層より東側の山地はとくに急峻であり，高起伏で急傾斜の山地斜面となるが，西側はやや起伏の小さな山地へと移化する（**写真1，2；図1**）．山地全体の形状や高度分布はこれら断層を境にして大きく異なり，東側の隆起・西側の低下が読みとれる．局所的に分布する段丘面を横切る場所では，西側低下の低断層崖が認められる．断層線を横切る河谷が右横ずれを示唆する箇所がいくつかあるが，全般的にみると数や量は少ない．いくつかの断層露頭やトレンチ法面での観察によると，いずれも東側へ低下する断層面がみられ，上盤にあたる東側山地がのし上がる逆断層運動が卓越した活断層とみなされる．

上松東断層は上松町域の大木・樽沢・徳原付近では，中・下位段丘面群を切断して低断層崖が連なる（**写真2**）．大木地区で行われたトレンチ調査により，4回の活動が推定されている．すなわち，①1720～680暦年BP，②4260～2290暦年BP，③2万年～7940暦年BP，④2.9万年以降で2万年前以前，である．また，約5万年前の形成と考えられる中位段丘面が約25 mの上下変位を受けており，平均的な上下変位速度はB級中位（0.5 m/千年）程度とみなされる．上松町前野でもトレンチ調査が行われ，ほぼ南北の走向で，傾斜26°Eの明瞭な逆断層とその最新活動が観察されている．

この場所も含めて上松町荻原の黒田－倉本の区間（約7 km）では，上松東断層の平面形状は西側へ凸型に張り出している．この同じ区間の東側1 km前後を東野断層が並走する．東野断層沿いの東野と倉本では，中位段丘面の東側が数m低下している（小島，1987；岡田ほか，2010）．東野断層は東野の南

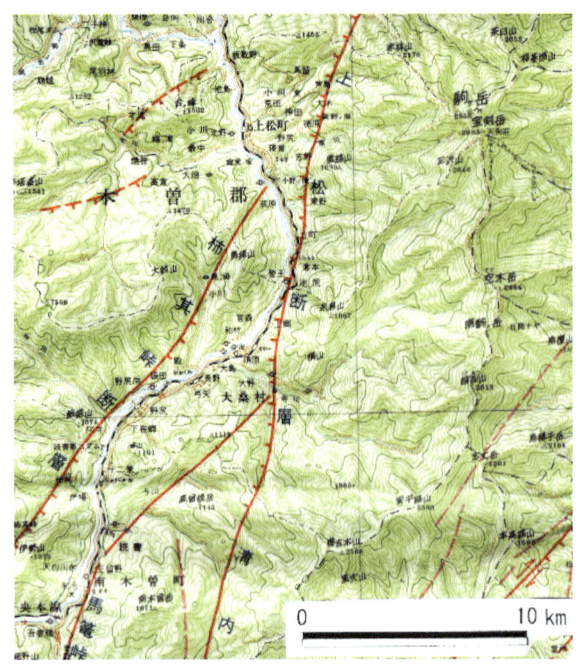

図1　木曽山脈西縁断層帯中部の位置図（岡田，1979aの付図の一部）

木曽山脈西縁断層帯中部域の活断層を示すが，上松断層を上松東断層とされたい．

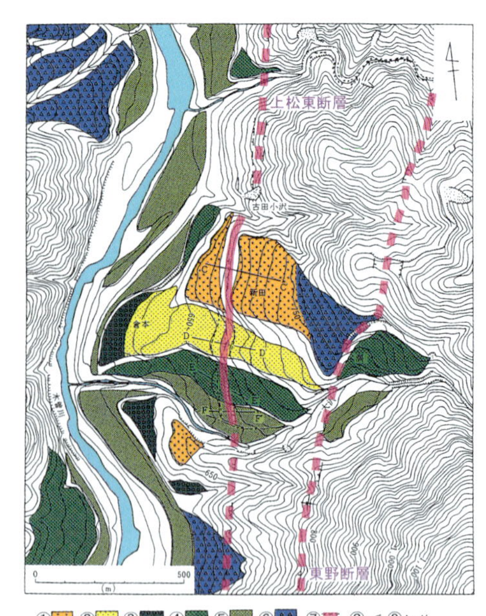

図2　上松町荻原（東野）周辺地域の地形面と活断層（小島，1987に色と断層と名前を追記）

上松東断層に沿って撓曲～低断層崖が，東野断層沿いの段丘面に逆向き低断層崖が認められる．

写真3　木曽山脈西縁断層帯：東野断層・上松東断層付近の地形（2006年10月岡田撮影）

写真右手は木曽山脈西側斜面の風越山（1699m），右上部は駒ヶ岳へと連なる山稜である．上松町東野付近から北望．写真中央左手の鞍部が写真2の場所であり，東野断層は上松町東野（写真下部左）の中位段丘面を変位させ，東側低下数mの逆向き低断層崖がみられる．上松東断層はこの山麓部を西側へ凸型に湾曲しながら南北方向に連なる．

■写真4　木曽山脈西縁断層帯：上松東断層・東野断層付近の地形（2006年10月岡田撮影）
上松町荻原・東野（写真下部）から南方を望む．写真背後の山稜は木曽山脈中南部．中央左は糸瀬山（1867m），中央下部（荻原）から中央（倉本）を経て，右手中央の大桑村上郷・須原へと木曽川が流下．倉本では左側から支流の大沢が加わる．東野や倉本の中位段丘面は東野断層により変位し，東側が低下した逆向き低断層崖が認められる．さらに南方延長部の大桑村上郷・須原付近には，上松東断層沿いに数多くの鞍部が連なり，木曽川との間に小丘や分離丘陵がいくつも連続する．全体の地形や段丘面群は西側が低い．いくつかの支谷に右横ずれが認められ，東上がりの上下変位が伴われているが，山地域のため変位地形はやや不明瞭である．

側で東傾斜の高角度断層が観察され，逆向き低断層崖を伴い，上松東断層の上盤側に形成されている．この区間の上松東断層の西側への張り出しとやや低角度の断層面を考慮すると，東野断層はバックスラスト（back thrust）にあたる副次的な断層とみなされる．

上松町荻原から大桑村須原にかけての約10kmの区間では，上松東断層と東野断層の間，あるいは木曽川と上松東断層との間に，きわめて明瞭な鞍部の地形が数多く連続する（■写真4）．鞍部の西側には，分離丘あるいは分離丘陵がみられ，特異な活断層の変位地形が連続する．

地震本部（2004c）は，上松東断層の平均的なずれ速度は約0.4m/千年であり，この値は北半部では上下成分，南半部では右横ずれ成分としている．また，最新活動時期は13世紀頃，平均活動間隔は約6400〜9100年と推定している．

馬籠峠断層

馬籠峠断層は長野県木曽郡大桑村田光（たこう）付近から，大桑村と南木曽町の境界線をなす峠（■写真5）を経て，南木曽町読書（よみかき）・三留野（みどの）へ至り（■写真6，7），さらに南隣の「妻籠」図幅の北西部まで連なる．全長約20kmの活断層であり，走向は北半部では北東-南西方向であるが，南半部では徐々に北北東-南南西方向から南北方向となり，南端では北西-南東走向の阿寺断層に合流する．この断層線は直線性が高く，断層面は高角度で垂直に近い．直線状に延びる断層線の区間はほぼ旧中山道にあたる．また，これを横切る河谷に右横ずれ屈曲が何ヶ所かで認められる．この活断層はほぼ直立する断層面を伴っており，南東側山地の隆起を伴った右横ずれ運動が卓越している．こうした河谷は支流性で規模が小さく，累積的な横ずれ変位はあまり明瞭でない．この断層

■写真5　木曽山脈西縁断層帯：馬籠峠断層・清内路峠断層付近の地形（2006年10月岡田撮影）
大桑村「のぞきど森林公園」付近より南方を望む．遠景は恵那山，その手前は南木曽岳（1677 m）．この左（東）側の鞍部を清内路峠断層が南北方向へほぼ直線状に走る．左下から右中央部へと馬籠峠断層が北東–南西方向へと直線状に通過．大桑村増沢（写真左下）から鞍部（峠）を経て，南木曽町読書（写真右中央）へ連なり，いくつかの支谷に右横ずれ屈曲が認められる．

■写真6　木曽山脈西縁断層帯：馬籠峠断層中部の地形（2006年10月岡田撮影）
写真中央左（南木曽町岡田）から右下部（南木曽町読書上の原）にかけて，山地斜面の麓に沿って馬籠峠断層が通過する．この部分は旧中山道にほぼ一致する．扇状地や崖錐起源の段丘面は小規模で分散的に分布し，集落や田畑を載せるが，馬籠峠断層による上下変位を受けて，低断層崖が認められる．写真中部の鞍部列を清内路峠断層が左右（南北）に通るが，太陽光線の状態で明瞭には写されていない．

写真7　木曽山脈西縁断層帯：馬籠峠断層中部の地形（2006年10月岡田撮影）
南木曽町読書（写真左下）から三留野（写真中央）にかけて，馬籠峠断層が山麓の傾斜変換線沿いに追跡される．左遠景は恵那山，中央の鞍部が馬籠峠であり，南方を望む．中央右手に南木曽町妻籠の集落があり，これ以南の馬籠峠断層は走向が南北方向に近くなり，断層面もほぼ直立する．

を挟む山地高度も全体的に北西側が低く，概して南東側山地が隆起している．馬籠峠断層は右横ずれと北西側低下の変位をもつ．

馬籠峠断層沿いの段丘面の数ヶ所に，北西側低下の低断層崖が発達する．これらは，大桑村田光南西の段丘面，南木曽町読書（胡桃田−上の原）付近，南木曽町三留野・和合付近などである．馬籠峠断層の北東端部に近い大桑村福根沢で断層露頭の観察とピット調査が行われ，破砕した花崗岩類が粗粒な段丘堆積物と高角度の断層面（走向：N54°E，傾斜：50～54°SE）で接していた．これらの調査によると，馬籠峠断層北部の最新活動時期は13世紀以後と考えられる．また，1回前の活動時期が約2000年以降で，約1800年以前と求められる．

一方，馬籠峠断層南部では最新活動時期は約6500年以後で約3800年以前とされ，平均活動間隔は4500～24000年とし，北部とかなり異なる活動性が推定されている（地震本部，2004c）．

清内路峠断層

清内路峠断層は延長約33kmの長大な断層であり，木曽山脈南部西縁から恵那山地東縁を限る．ほぼ全線で明瞭な鞍部列や直線状谷がほぼ南北方向に連なるが，段丘面を切断する明瞭な変位地形は認められない．活動間隔が長く，1回の変位量が少ない活断層の場合には，田畑や集落などの人工的な地形改変も行われているので，変位地形の認定が難しく，活動度の低い活断層の可能性もある．また，清内路峠断層は第四紀前半までは活動的であったが，その後の活動はほとんど停止し，明瞭な鞍部列や直線状の河谷が侵食作用で形成されたとも考えられる．

［岡田篤正］

14 跡津川断層帯 岐阜県–富山県

Atotsugawa Fault Zone

写真1　跡津川断層中部（飛騨市宮川町林〜牧戸）の地形（2007年11月岡田篤正撮影）
宮川町野首・林・忍乙・牧戸・高牧付近を北下方に望む（図2左半部）．宮川は段丘面や切断曲流の地形を伴って，中央左から右へと流れる．これら段丘面は跡津川断層による活動で変位を受け，南側へ向いた低断層崖が各所で認められる．崖の比高は5〜7m程度であり，西端部の野首付近で行われたトレンチ掘削では実に明瞭な活断層露頭が現れた（写真3，図3）．中央部の円形を呈する地形は宮川が形成した切断曲流で段丘化しており，その南側に低断層崖が認められる．

断層帯の概要

跡津川断層は岐阜県北部を東北東－西南西方向へ全長約69kmにわたり直線状に延びる．変位様式は右横ずれで，北西側の相対的な隆起を伴った明瞭な活断層である（図1；松田，1966）．

神通川（じんづうがわ）の支流である宮川と高原川の河谷には，跡津川断層を横切る部分で，鮮明な右横ずれ屈曲が認められる．宮川で約4.5km，高原川で約3kmであるが，さらに小規模な河谷の屈曲は数多く発達している（東郷・岡田，1983）．概して大きな河谷では屈曲量が大きく，小さな河谷では小さい．このような河谷の累積的な屈曲現象は，第四紀を通して跡津川断層が右横ずれ運動を繰り返してきたことを示す．

また，跡津川断層は各所で河成段丘面や段丘崖を変位させる．こうした地形や地質の調査から平均変位速度は第四紀後期に右横ずれで千年につき2〜3m，上下変位（北側隆起）で1m程度と求められており，中部日本を代表するA級の活断層とされる（岡田・熊木，1983）．

トレンチ調査による過去の活動

飛騨市宮川町野首で行われたトレンチ調査では，北側の基盤岩石類（花崗岩類と晶質石灰岩）が南側の段丘堆積物にのし上がる明瞭な逆断層状の断層が

■写真2　跡津川断層中部（飛騨市河井町角川〜林）の地形（2007年11月岡田撮影）
河合町角川〜宮川町林付近を北下方に望む．写真左下から右へと流下する宮川は，この部分で約4.5kmの右屈曲が認められる．写真左側の河谷（井谷付近）や中央部の2つの河谷（臼坂付近）でも数百m程度の右屈曲があり，系統的な河谷の右横ずれ屈曲が跡津川断層に沿って認められる．

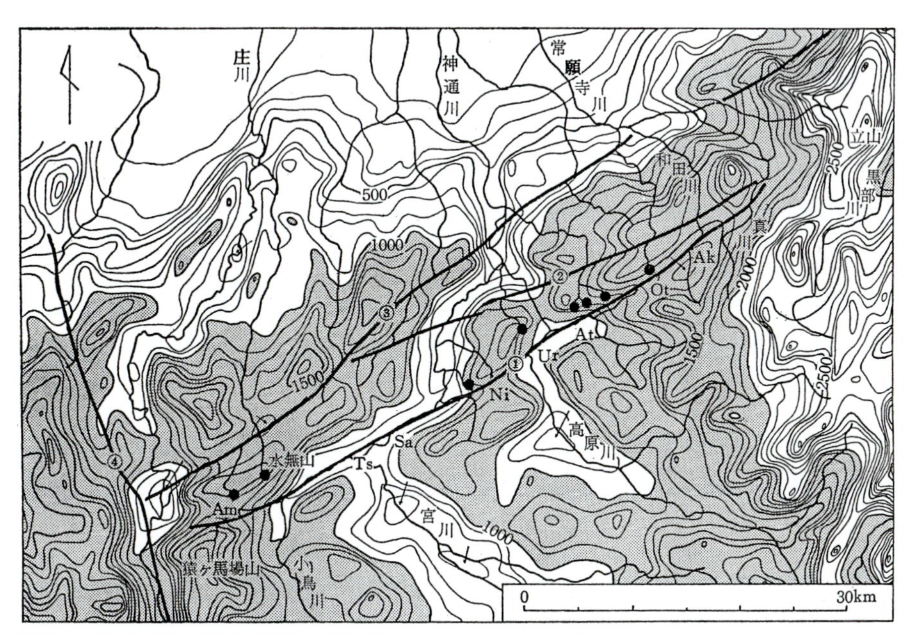

■図1　跡津川断層帯周辺地域の接峰面図（東郷・岡田，1983）
等高線は100m間隔，灰色の部分は1000〜2000mの高度帯，黒丸は風隙地形の分布地点．
①跡津川断層，②万波−祐延断層，③牛首断層，④御母衣（みぼろ）断層，Ak：有峰湖，Am：天生（あもう）峠，At：跡津川，Ni：ニコイ，Ot：大多和峠，Sa：坂上，Ts：角川，Ur：漆山．

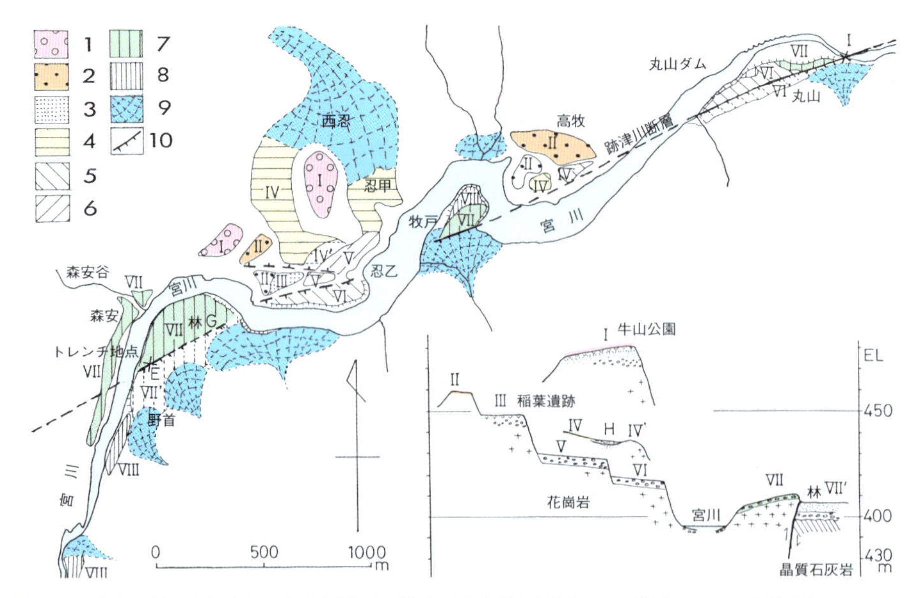

■図2　跡津川断層中部（林～丸山）付近の段丘面と変位地形（岡田・熊木，1983を修正）
上図：段丘面分布．1：Ⅰ（牛山公園）面，2：Ⅱ（高牧）面，3：Ⅲ（稲葉遺跡）面，4：Ⅳ（忍）面，5：Ⅴ（忍乙Ⅰ）面，6：Ⅵ（忍乙Ⅱ）面，7：Ⅶ（林）面，8：Ⅷ（野首）面，9：扇状地・崖錐面，10：断層線・推定断層線．右下図：忍～林付近の段丘模式断面．写真1は野首・林・忍乙・牧戸・高牧付近を写す．

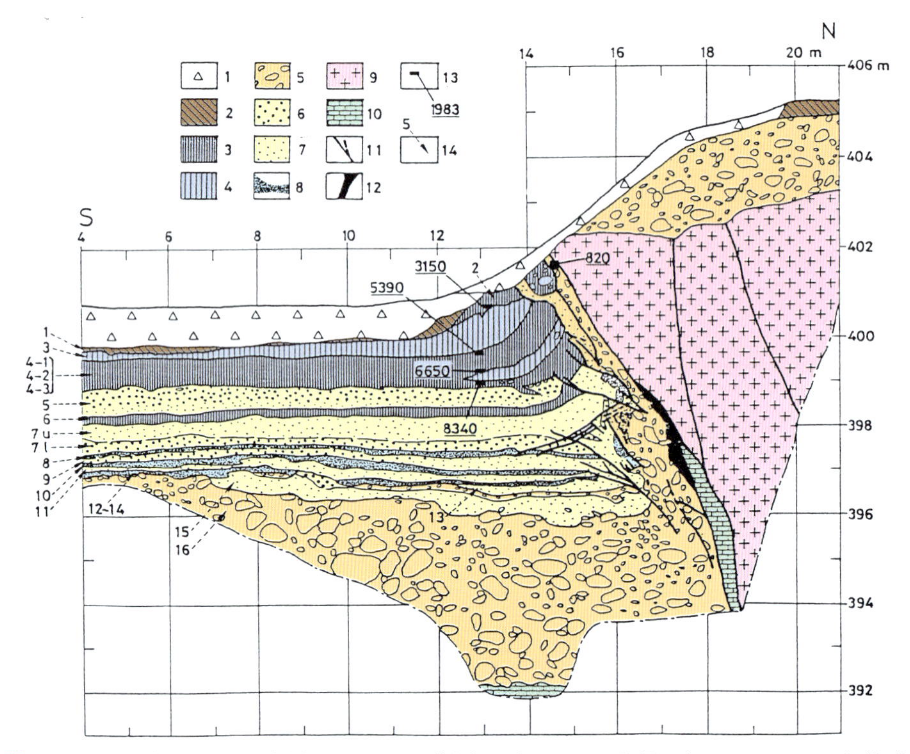

■図3　跡津川断層トレンチ西側法面のスケッチ（跡津川断層トレンチ発掘調査団ほか，1989に色付け）
数字はC-14法による年代値．多数の小断層が主断層が引きずり上げられた砂礫脈付近から分岐．写真3をスケッチしたもの．
1：盛土および崩土，2：水田土壌，3：腐植土，4：腐植質砂，5：礫，6：粗砂，7：中砂，8：細砂～シルト，9：花崗岩，10：石灰岩，11：断層，12：断層粘土，13：年代試料の採取位置およびその年代（y. B.P.），14：地層番号．

■写真3　飛騨市宮川町野首で行われたトレンチ西側法面（1982年7月岡田撮影）

■写真4　飛騨市宮川町野首の低断層崖とトレンチ調査の光景（1982年7月岡田撮影）

トレンチ後方の河川が宮川．低断層崖は段丘面を形成した宮川とは逆向きである点に注意．

観察された（跡津川断層トレンチ発掘調査団ほか，1989；■写真3，4；■図3）．トレンチ法面に現れた主断層は走向がN70°E，傾斜が上部で65°N，下部で75°Nであり，下部に急傾斜となる．断層粘土帯を伴うみごとな断層面が露出し，その面上に逆断層成分を伴った右横ずれの条線が観察された．最近の約1万年間に4回の活動が確認され，さらに多くの活動イベントが1万年以前にも起こったと認められた．

地震活動と長期評価

1858年飛越地震（M7.0～7.1）では，跡津川断層沿いの集落だけが被害率80～100%という壊滅的な被害を受けた．上述のトレンチ調査でも最新活動は江戸時代後期とみなされ，飛越地震は跡津川断層の活動に起因すると判明した．なお，小規模な地震は現在でも跡津川断層沿いに集中的に発生しており，クリープ性の断層運動を伴っている可能性も指摘されている．

地震本部（2004b）による評価でも最新活動は飛越地震であり，その発生時には約4.5～8mの右横ずれが生じた可能性があるとしている．平均活動間隔は約2500年と推定されるので，この断層帯の大地震発生の確率は今後30～300年以内でもほぼ0%と評価されている．　［岡田篤正］

15 伊那谷断層帯

長野県

Inadani (Ina-Valley) Fault Zone

写真1　伊那谷断層帯北部と木曽山脈主峰北部から経ヶ岳山地の地形（1993年9月八木浩司撮影）

右手背後は御嶽山（3067 m），木曽山脈主峰の駒ヶ岳（2956 m）や宝剣岳が左手に見える．その右手には権兵衛峠，さらに右手に経ヶ岳（2296 m）の山地が連なる．この峠の下を国道361号線（トンネル）が通過し，付近を左横ずれが卓越した神谷断層が北西-南東方向に延びる．写真の中央部に広がる平地は伊那谷盆地北部にあたり，辰野市・箕輪町・伊那市などの市町村を含む．天竜川が右手下部から左手中部に流れ，幅の狭い沖積低地を伴う．その上部（西側）には広大な段丘面が広がり，西縁を木曽山脈山麓断層が地形境界線に沿って通過する．段丘面の東側境界付近を小黒川断層がほぼ南北方向（写真の左右）に延び，植生の境界線を形成して連続する．左手の山麓線は神谷断層の南東延長線にあたる活断層であり，北西-南東方向に低断層崖や撓曲崖が認められる．活断層や段丘面の分布の詳細は1：25,000活断層図「伊那」（池田ほか, 2003）参照．

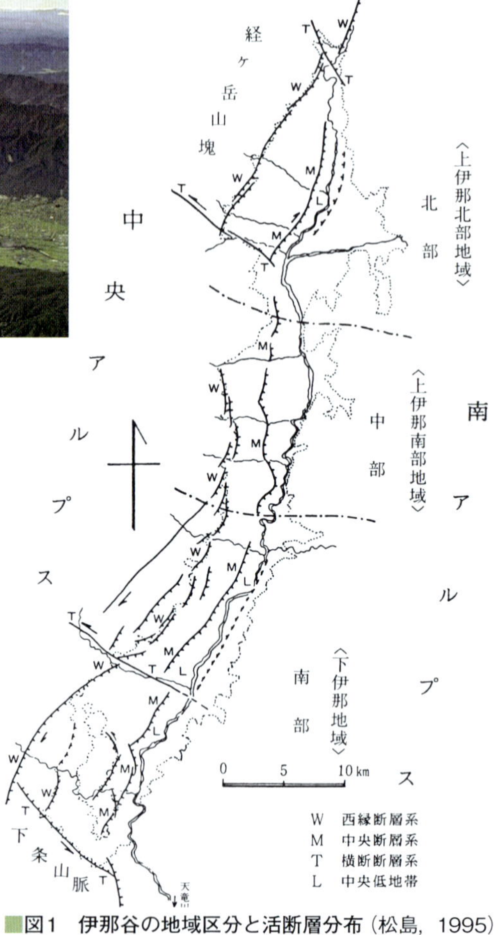

図1　伊那谷の地域区分と活断層分布（松島, 1995）

伊那谷は中部日本南側に位置し，西側を木曽山脈に東側を伊那山地・赤石山脈に挟まれ，北北東-南南西方向に細長く延びる構造盆地である（図1）．この盆地底の東側を天竜川が南へと流下する．沖積低地の幅は狭く，何段かに分けられる段丘面が広く発達している．

段丘面群は木曽山脈から流下した支流が形成した扇状地面を主とし，これは開析を受けて段丘化している．天竜川が形成した本流起源の段丘面も伴われているが，その幅はきわめて狭い．こうした段丘面を変位させる活断層が木曽山脈東麓や段丘面の中央部に発達している．

位置

地震本部（2007 b）は伊那谷断層帯を主部と南東部に分けている．主部は長野県上伊那郡辰野町から伊那市・駒ヶ根市・飯田市などを経て，下伊那郡平谷村に至る長さ約79 kmの活断層である．これは木曽山脈山麓断層と東側数kmの段丘面中を並走する小黒川（おぐろがわ）断層や田切（たぎり）断層群から構成される（図2）．

■写真2　木曽山脈山麓断層の北部と周辺の地形（2006年10月岡田篤正撮影）
伊那市与地付近の上空から北方を望む．左手の経ヶ岳山地の麓に沿って，木曽山脈山麓断層がほぼ北北東-南南西方向に延びる．断層線は湾曲・屈曲している．撓曲を伴った低断層崖が連なるが，比高は数m程度と大きくない．送電線沿いに鞍部列が連なり，副次的な断層が延びる．写真下部を国道361号線が通り，木曽谷や奈良井方面に連絡している．活断層や段丘面の詳細な分布は1：25,000活断層図「伊那」「木曽駒高原」を参照．

おおむね北北東-南南西方向に延び，西側が東側に対して相対的に隆起する逆断層がほとんどを占める（池田ほか，2002，2003）．

南東部は飯田市から下伊那郡阿智村と下條村を経て売木（うるぎ）村に至る（鈴木ほか，2002；岡田・鈴木・中田，2003）．北北東-南南西方向に長さ約32kmにわたって延びるが，下條村や阿南町付近では変位地形が不明瞭な部分もある．運動様式は概して逆断層であるが，南端部では右横ずれを伴う．

断層構造と変位速度

何ヶ所かでトレンチ掘削調査が実施され，露頭やボーリングによる調査も行われてきた．また，反射法地震探査や重力探査の結果から，地下構造の解明も行われてきた．いずれの成果でも西傾斜30～40°の断層面が観察されたり，解読されたりしている．

地震本部（2007b）の評価によれば，主部における平均的な上下変位速度は0.2～1.3m/千年程度であり，最新活動時期は14世紀以後で，18世紀以前と推定されている．平均的な活動間隔は約5200～6400年とかなり長い．主部全体が1区間として活動する場合，M8.0程度の地震が発生し，その時に断層の西側が東側に対して相対的に6m程度高まる段差や撓みが生じる．将来の地震発生の確率は今後300年以内でもほぼ0%とされている．

山麓断層

木曽山脈の東麓を縁取る山麓断層（松島，2012は西縁断層とよんでいる）は各所でみごとな低断層崖を形成しており，地形的に実に明瞭に追跡できる．とくに明瞭な低断層崖の地形は，伊那市西春近（はるちか）（田切川山麓出口），駒ヶ根市駒ヶ根高原（大田切川山麓出口南側），飯島町七久保の千人塚（与田切川山麓出口），松川町西山-桑園（片桐松川山麓出口南側）などにみられる（■図2）．断層線はやや子細にみると，出入りに富み，湾曲や屈曲をしていることから，

■写真3　飯島町西部（与田切川出口）の断層崖・低断層崖（1978年12月岡田撮影）

長野県上伊那郡飯島町西部上空から西−北西を望む．県立千人塚公園を載せる台地（上位段丘）は比高約80 mの低断層崖で切断されている．降雪で白く見えている部分が上位段丘面で，急斜面をなす崖は林地である．中央自動車道に並走する崖の基部を岩間断層が通る．中央を手前（東側）へ流れる与田切川が峡谷を形成し，段丘面を開析している．この崖下部を横切るトレンチ掘削調査が飯島町七久保北村地区で行われ，最新活動時期は約6700年前以降に少なくとも1回の活動が，これに先立つ活動時期は約13000年前以後で，約10000年前以前とされる（地震本部，2007b）．与田切川の峡谷壁面（南向き急斜面）でも岩間断層の逆断層露頭が観察される．1：25,000活断層図「赤穂」「飯田」参照．

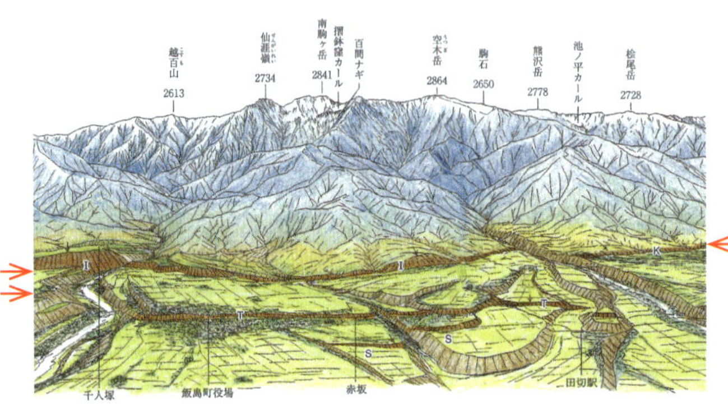

■図2　伊那谷断層帯主部中央部の活断層地形のスケッチ（松島，2012の一部）

木曽山脈主部東縁の活断層帯を見晴らしたスケッチ図．中川村陣馬形山（1445 m）山頂から西方の伊那谷中部域の変動地形と背後の駒ヶ岳連山を望む．

■図3　木曽山脈山麓断層帯の模式鳥瞰断面図（松島，2012）

木曽山脈東麓には逆断層（運動）で変位を受けた開析扇状地面が連続的に発達する．この地形面は撓曲を受けて急勾配となったり，山側に傾いて逆傾斜したりしている．いくつかの露頭やトレンチ掘削調査で実際に断面が観察される．

写真4　飯田市市街地北部付近の断層崖・低断層崖（1978年12月岡田撮影）
飯田市街地（写真左下）上空より北西方向を望む．木曽山脈南部東側に沿って数本の低断層崖が中央自動車道沿いの西側に認められる．木曽山脈から供給された土砂が形成した開析扇状地面群が写真中部から左下部に広く発達する．一部の段丘面の末端には北西側へ傾いている場合もある．右手から右手下部へ弧状を描いて続く林地は天竜川が形成した段丘崖である（鈴木ほか，2002）が，一部には活断層に起因する変動崖も含まれる（松島，2012）．活断層や段丘面の詳しい分布は1：25,000活断層図「飯田」参照．

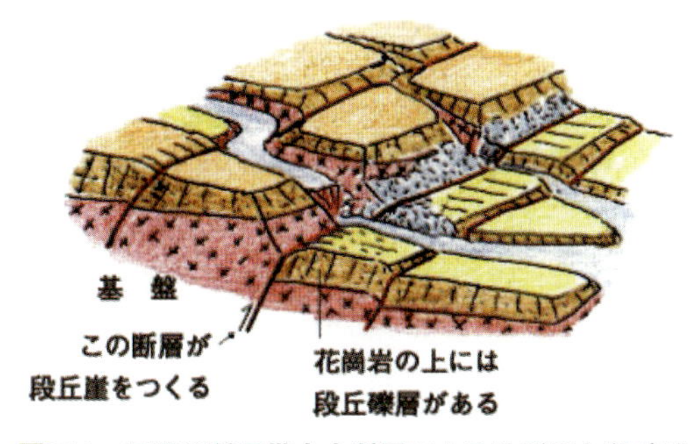

図4　伊那谷断層帯中央断層による地形面と段丘礫層の変位（松島，2012）
伊那谷断層帯沿いには，段丘面上に逆断層による変位を受けて低断層崖や撓曲崖が数多く分布する．西側（木曽山脈側）が東側の開析扇状地上に衝き上げている．これらを模式化した鳥瞰図．

縦ずれ成分の多い断層運動（逆断層）と解読される．断層の上盤側に分布する段丘面が北西（山脈）側に傾いたり，逆傾斜あるいは傾動変形を受けた箇所も認められる．山麓断層は地形の境界線に位置しており，段丘面に上下変位を与えた低断層崖が明瞭である（写真1，3）．

中央断層

山麓断層から東側へ数km程度離れた段丘面中を走る活断層があり，松島（2012）はこれらを中央断層とよんでいる（図1）．走向は北北東-南南西から南北方向に近く，山麓断層にほぼ並走する．北側から小黒川断層，田切断層群，川路・竜丘断層などが配列する．これら断層の上盤側は撓曲を受けた崖地形（撓曲崖）や低断層崖を伴うことが多い（図4）．また，段丘面が北西（山脈）側に逆傾斜した変位丘陵が認定される場所もある．　［岡田篤正］

16 阿寺断層帯

岐阜県

Atera Fault Zone

写真1　萩原西断層−西上田断層沿いの地形（2007年11月岡田篤正撮影）
岐阜県下呂市萩原付近から南方を望む．写真下部から飛騨川が写真中央の下呂市街地に向かって流れる．この谷壁斜面の西側（右手）下部を萩原（西）断層や上田西断層が走る．これらの変位地形はやや不明瞭であり，写真上での追跡は難しい．写真中央左手の鞍部列を阿寺断層帯主部が通り，全体として断層谷を形成する．遠景の孤立峰は恵那山．活断層や段丘面の詳しい分布は1：25,000活断層図「萩原」や佃ほか（1993）の活断層図参照．

阿寺断層帯は中部日本中央部に位置し，主部は阿寺山地と美濃高原を分ける活動度の高い活断層群である（図1）．明瞭な活断層の変位地形が伴われているので，古くから注目され，多くの調査研究が進められてきた．活断層分布図と解説書が阿寺断層帯沿いの幅4kmについて刊行されている（佃ほか, 1993）．また，1：25,000都市圏活断層図（阿寺断層とその周辺「萩原」「下呂」「坂下」「白川」）が出版され，地形面や地すべりの分布とともに活断層の詳細位置がまとめられている（岡田・池田・中田, 1981）．

位置と形態

地震本部（2004a）によれば，阿寺断層帯は阿寺断層帯主部，佐見断層帯および白川断層帯から構成される．阿寺断層帯主部は，北西−南東方向に約66kmにわたって延び，岐阜県下呂市から中津川市北東部に至る．運動様式は左横ずれが卓越し，北東側が一般に隆起する上下方向の動きも伴われている．明瞭な断層崖や断層谷の地形が長く延長する．中津川市加子母（かしも）の舞台峠付近から北西側では，数本の活断層に分岐する．一方，これより南東側ではほぼ1本の阿寺断層が主として連なり，明瞭な変位地形が伴われている．

阿寺断層帯主部を直交して流れる大きな河谷（加子母川・付知（つけち）川・川上川）は断層線部分で「鉤の手」状に折れ曲がっている（図1, 2）．これらの左横

■写真2　阿寺断層帯北西部（舞台峠-下呂付近）の地形（1978年11月岡田撮影）

岐阜県中津川市加子母付近から北西方を望む．写真右手下部の平坦面は加子母川が形成した下位段丘面であり，これを切断する低断層崖（比高最大5.5m）が段丘面の付け根付近に認められる．この位置にある水無神社の南西方にはかつて「大池」とよばれた沼地があり，昔の地震時に底なし沼のような状態になったとの伝承がある（岡田，1975）が，低断層崖や沼地の地形は圃場整備により不明瞭になった．下部中央は舞台峠であり，上流側は河川争奪や断層変位を受けて，連続性が途絶えている．右手の中央下部の林地の中に，大威徳寺の遺跡があるが，1586年天正地震により壊滅したとされる．阿寺断層帯北西部では，3，4本の活断層に分岐する．左上部の山間盆地は下呂であり，これに向けて下呂断層が連なる．右手上部の円形をした峰は湯ヶ峰火山（K-Ar年代値：約10万年前）であり，この位置を湯ヶ峰断層が通過する．活断層や段丘面の詳しい分布は1：25,000活断層図「下呂」や佃ほか（1993）の活断層図参照．

■図1　阿寺断層帯と周辺地域の段彩鳥瞰図（カシミール3Dで岡田作成）

南側から北望．左中央の河谷は飛騨川で，その右手側に加子母川（白川），付知川，川上川，木曽川が連なり，同じように約8kmの左横ずれ屈曲が認められる．これら屈曲部を連ねるようにして，阿寺断層帯主部沿いに明瞭な断層崖（阿寺断層崖）が地形的に追跡できる．

■図2　阿寺断層帯と周辺地域の活断層図（岡田，1981を修正）

基図は岡山（1960）による接峰面図（等高線：100m間隔）．太実線は活断層で，ケバ側が低下，矢印は横ずれの方向を示す．太点線は推定活断層，細点線は主なリニアメント（線状構造地形）．河谷沿いの破点線部は主な河谷の左横ずれ屈曲．①萩原（西）断層，②西上田断層，③下呂断層，④舞台峠，⑤付知町倉屋，⑥小野沢峠，⑦坂下．

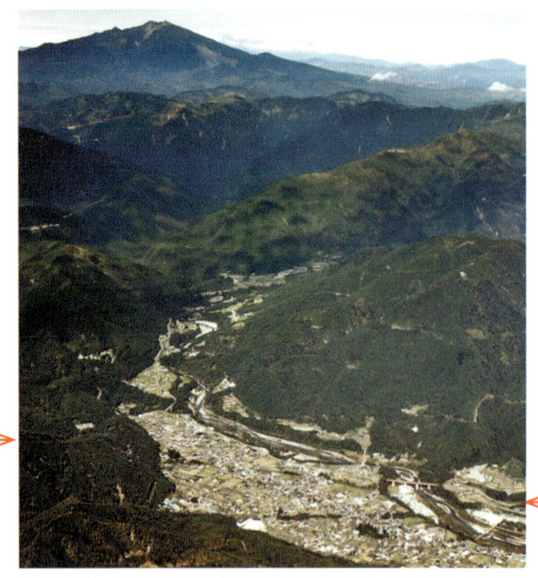

■写真3　阿寺断層中部（中津川市付知町付近）の地形（2006年10月岡田撮影）

左遠景は御嶽山（3067m），その下位に小秀山（1982m）から高樽山（1673m）にかけての阿寺山地が広がり，稜線高度は定高性を示す．右手から中央下部にかけて，付知峡谷から流れ出る付知川が見える．中央下部から右手下部は中津川市付知町の中心部であり，下位（低位）段丘面の上に立地する．この段丘面を切断する明瞭な低断層崖が付知町倉屋から大門町付近にかけて延びる（Sugimura and Matsuda, 1965；岡山，1966；杉村，1973；図3）．活断層や段丘面の詳しい分布は1：25,000活断層図「下呂」や佃ほか（1993）の活断層図参照．

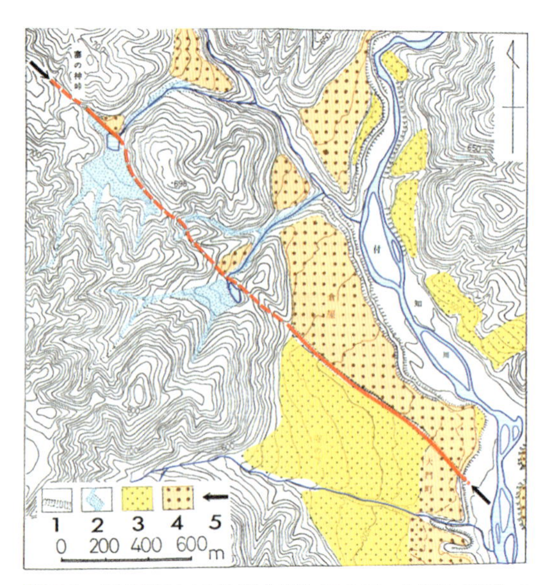

■図3　阿寺断層（中津川市付知町倉屋－大門町付近）の地形（岡田，1981を修正）

付知川沿いには段丘面が連続的に発達するが，倉屋から大門町にかけて低断層崖が1km以上にわたって北西－南東方向に直線状に延びる．南西側へ向いた崖の比高は南東部で7m，北西部の倉屋神社南側で13mに達する．これは南側に位置する沢から流出した扇状地により埋積を受けたからである．阿寺断層の北西延長部の山地内には，尾根筋を横切って明瞭な鞍部が連なり，左横ずれ状に屈曲する．谷筋では断層線より下流側は峡谷をなすが，上流側は急に谷幅が広くなり，埋積性の谷底となる．こうした変位地形は北東側の隆起，南西側沈降による断層運動に起因．

凡例，1：段丘崖・低断層崖，2：埋積谷・横ずれ谷，3：最低位段丘面，4：低位段丘面，5：阿寺断層の通過位置．2万5千分の1地形図「加子母」「付知」の一部．

■写真4　阿寺断層（付知町倉屋付近）の低断層崖（2014年4月岡田撮影）

中津川市付知町倉屋付近を北東に望む．中景は阿寺断層に沿う低断層崖で，この付近（倉屋神社南）では比高最大13mに達する．崖上の平坦面は下位段丘面で，厚さ3～8m程度の段丘礫層で構成される．その下位には破砕を受けた基盤岩石（濃飛流紋岩類）があり，礫層との間の不整合面から地下水が流出するが，周辺の井戸底部の標高にほぼ一致する．一方，南西（手前の沈降）側で行われたボーリングによれば，厚さ15～28m以上に及ぶ支流からの扇状地・崖錐堆積物が上部にあり，その下部に本流の段丘堆積物がある．支流堆積物下にある段丘堆積物上面と北東側の段丘面との比高は26mに及び，下位段丘面形成後の上下変位量を示唆する．

ずれ屈曲量は，それぞれ約7.5km・約8km・約6kmであり，ほぼ等しい量である．基盤岩類の食違いからも近似した左横ずれ量が認められている．また，阿寺山地頂部には小起伏面が分布するが，穏やかな起伏をなす美濃高原との間に，比高600〜1200mに及ぶ阿寺断層崖が発達する．こうした横ずれ量と上下変位量は第四紀（約260万年）に累積してきた阿寺断層帯の変位量とされ，日本列島を代表する大きな値である．

阿寺断層帯をたどってみると，数十〜数百m程度の左横ずれ谷は数多く認められ，活断層図にも図示されている．また，活断層が段丘面を横切る場所では，比高数〜数十m程度の低断層崖や撓曲崖が直線状に連なる．

阿寺断層帯主部は過去の活動履歴や変位速度などからみて，下呂市付近を南北ないし北北西－南南東方向へ延びる北部と，下呂市から中津川市北東部へと北西－南東方向に延びる南部とに分けられ，同じ断層帯でも性質が大きく相違する．地震本部（2004a）の区分では，主部北部は萩原（西）断層のみとしているが，下呂－加子母の区間では湯ヶ峰・下呂・宮地の3本の断層に分かれて並走し，これらに変位が分散している可能性がある．しかし，加子母より南東側では阿寺断層に平行する活断層も部分的に伴われるが，基本的には1本の阿寺断層として連続し，第四紀後期の変位はこれに集中している．

佐見断層帯は中津川市加子母から加茂郡白川町を経て七宗町（ひちそうちょう）に延びる．北東－南西方向に長さ約25kmに及び，右横ずれが卓越する断層群である（図2）．さらに，白川断層帯も中津川市加子母から加茂郡白川町を経て七宗町に至る．北東－南西方向に長さ約31kmに達し，右横ずれが卓越する断層群である．これら佐見・白川断層帯は阿寺断層帯主部に直交し，横ずれの向きがまったく反対であるので，共役の関係にある活断層とみなされ，水平面内ではぼ東西方向からの圧縮作用が働いていると考えられる．阿寺断層帯と周辺に分布する活断層を含めた全体の活断層群は阿寺断層系とよばれる．

佐見断層帯や白川断層帯，さらに久野川断層を含めた北東－南西方向の活断層は，過去の活動に関する資料がほとんど得られていない．阿寺断層主部に比べれば，一桁以下程度の活動度とみられる．なお，佐見・白川の断層帯全長が1区間として活動した場合の地震規模（M7.2〜7.3）と変位量（2〜3m）は活断層の長さから推定されるが，これらの長期的な確率は求められていない．

過去の活動

活断層を掘削するトレンチ調査が1980年代以降に本断層帯主部に対して各所で実施されてきた．また，道路工事で現れた明瞭な断層露頭により，過去に断層運動が発生した時期や発生間隔が詳しく判明した事例もある．

断層帯主部北部に属する萩原（西）断層は北北西－南南東方向に走る．トレンチ調査から最新活動時期は約3400年前以降で，約3000年以前であり，平均活動間隔は約1800〜2500年である．

一方，断層帯主部南部は北西－南東方向にほぼ直線状に走り，多くの箇所で露頭観察やトレンチ調査が行われてきた．最新活動は1586（天正13）年の可能性が指摘されている（遠田ほか，1994，1995；地震本部，2004a）が，この見解には懐疑的な見解も出されている（村松・松田・岡田，2002）．しかし，地形地質調査から求められた最新活動時期は15世紀以後で17世紀以前と認められる．平均的な左横ずれの速度は約2〜4m/千年，1回の変位量は4〜5mであり，平均活動間隔は約1700年と推定され，日本の活断層の中でも活動度の高い断層に属する（地震本部，2004a）．

将来の活動

上記のような断層帯主部の性質から，地震本部（2004a）は主部が2つの区間（北部と南部）に分かれて活動すると推定している．北部はM6.9地震程度で，1〜2m程度の左横ずれが生じる可能性がある．南部ではM7.8地震程度で，4〜5m程度の左横ずれが発生すると推定している．それらの確率は，北部では今後30年で6〜11％，南部ではほぼ0％としている．佐見・白川の両断層帯などの将来の発生確率については，資料不足により言及できないとしている．

［岡田篤正］

写真5　付知町南東部–安楽満–田瀬付近の阿寺断層（2006年10月岡田撮影）

阿寺断層帯中部を東方に望む．上部に阿寺山地がみられ，これを川上川や横川が開析して南方（右手）へ流下する．写真下部左側（付知町安楽満）では阿寺断層は山麓を走るが，中央部の丘陵（正ヶ脇・田瀬）では鞍部を通過し，左横ずれの変位河谷が伴われる．さらに小野沢峠の鞍部や川上川の河谷を経て，北西–南東方向に直線状に連なり，明瞭な断層破砕帯や断層露頭が観察された．活断層や段丘面の詳細分布は1：25,000活断層図「坂下」や佃ほか（1993）の活断層図参照.

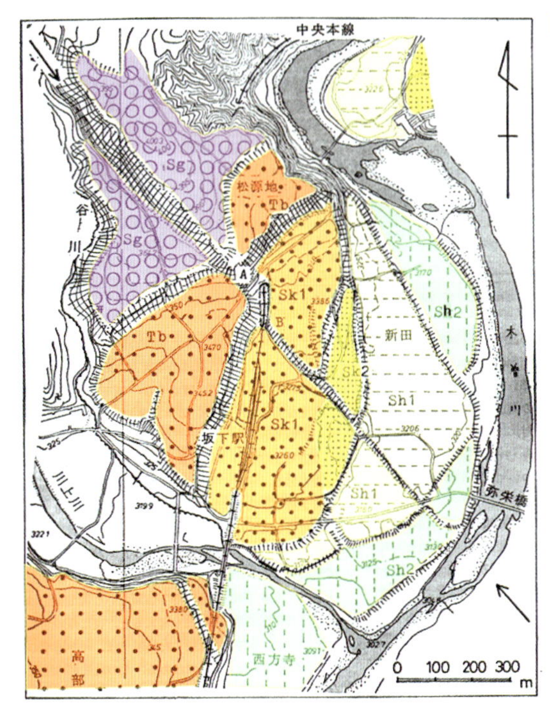

図4　阿寺断層（中津川市坂下町市街地付近）の地形（岡田，1981を修正）

矢印の位置を阿寺断層が通過するが，坂下市街地付近における多段の段丘面と断層変位については多くの研究が行われてきた（木曽谷第四紀研究グループ，1964；Sugimura and Matsuda, 1965；岡山，1966；杉村，1973，平野・中田，1981）．英文字の略号は，Sg：松源地面，Tb：高部面，Sk1：坂下上位面，Sk2：坂下下位面，Sh1：西方寺上位面，Sh2：西方寺下位面．ケバ印は段丘崖と低断層崖である．松源地面は御岳Pm-3を含む木曽谷層の堆積面で約7～9万年前の形成．平均的な左横ずれ速度は約2～4 m／千年，上下変位速度は約0.4～0.5m/千年と求められる．高部面（約5万年前の木曽川泥流を挟む），坂下上位・下位面，西方寺上位・下位面からも近似した左横ずれ・上下変位速度が求められている.

写真6　坂下町市街地付近の阿寺断層（低断層崖）（1978年11月岡田撮影）
中津川市坂下町市街地と北西延長部を望む．下部は木曽川で，左手をその支流の川上川が流れる．阿寺断層に沿う撓曲崖が最下部に，低断層崖が市街地に，直線状谷や鞍部列が中部に連続する．この付近の阿寺断層は露頭やトレンチ法面で観察されている（岡田，1981）．木曽川が形成した数多くの段丘面は累積的な左横ずれと上下変位（北東側の隆起）を受けており，第四紀後期における断層運動の軌跡が求められている（図4参照）．左手上部は上野玄武岩（K-Ar年代値：1.4～1.6 Ma（100万年））の溶岩台地．活断層や段丘面の詳しい分布は1：25,000活断層図「坂下」や佃ほか（1993）の活断層図参照．

写真7　坂下町市街地を横切る阿寺断層沿いの低断層崖（1978年11月岡田撮影）
坂下町市街地を走る低断層崖を北東下方に望む．上部から右手に木曽川が，下部を川上川が流れる．低断層崖は左側の松源地面を横切る部分で比高20～30 m，右側の西方寺下位面で約2 mであり，累積的な変位がよく判る．

17 屏風山・恵那山断層帯 岐阜県

Byobu-yama and Ena-san (Byobu-Mountain and Ena-Mountain) Fault Zone

■写真1　屏風山断層崖東部・蕨平断層の地形（2006年10月岡田篤正撮影）
写真後方右手は恵那山で，その手前の斜面中腹を恵那山断層が走る．左手が温川，右手が落合川の峡谷で，これらの間に高位段丘面が広がる．この段丘面に「ふれあい牧場」が作られており，蕨平断層に伴う低断層崖（比高20～25m）が写真中央下部の林地として認められる．中津川市落合付近より南東方向を望む．

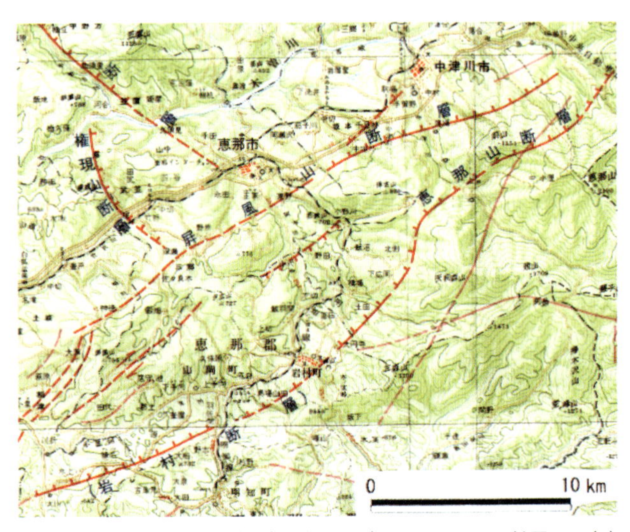

■図1　屏風山・恵那山断層帯の位置図（岡田，1979aの付図の一部）
中津川市・恵那市・岩村町周辺の屏風山断層帯・恵那山断層帯などを赤線で示す．

岐阜県東南部の東濃地域には，中津川から恵那・瑞浪にかけて内陸盆地が広がる（■図1）．この南側には恵那山（2190m）や屏風山（794m）などを最高峰とする高い山地が分布し，それらの北側に急峻な山地斜面（断層崖）が認められ，山麓を屏風山断層や恵那山断層が通過する（■図2；岡田ほか，2017；宮内ほか，2017）．中津川市から恵那市・瑞浪市へと細長い山間盆地が東北東－西南西方向へと続き，この南側に屏風山断層が延びる．中津川市の恵那山北側から恵那市街地南東の阿木川までの区間（約15km）の屏風山断層は段丘面群を変位させるので，第四紀後期の活動が認められ

写真2　恵那山と北側の屏風山断層崖・山麓の開析扇状地（1978年10月岡田撮影）
中津川市上金原・松田・恵下付近から前山（1350m）・恵那山を南東方向に望む．地蔵堂川沿いに扇状地性の段丘面が見事に発達する．前山の北側には，開析を受けた屏風山断層崖が連なるが，その麓の段丘面や土石流扇状地には低断層崖はあまり顕著ではない．

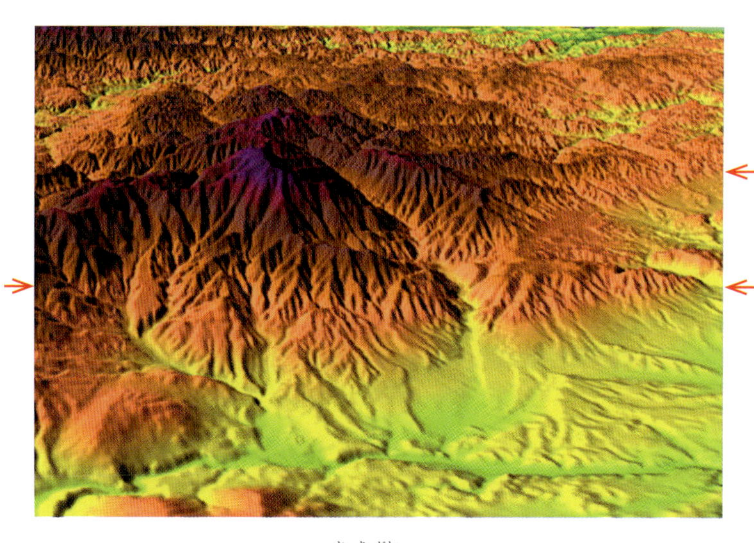

図2　屏風山・恵那山断層帯と周辺の鳥瞰図（カシミール3Dで岡田作成）
中央左手の高峰が恵那山で周辺の山地や盆地を南方へ俯瞰する．

る．それより南西側の瑞浪市小里川付近までの区間（約19km）の屏風山断層は，断層崖の地形は明瞭であるが，山麓には段丘面群の発達が悪く，第四紀後期の活動の存否は不明である．地震本部（2004e）は第四紀後期の活動が明らかに認められる区間（約15km）を屏風山断層としている．

恵那山断層は恵那山の北側約3km付近から，中津川市飯沼や恵那市岩村町を経て山岡町付近まで東北東－西南西方向へ約29km走る．飯沼や岩村付近では山間盆地が形成されており，断層線が大きく湾曲する．これらの場所では多くの活断層群が伴われ，活断層は複雑な配列をしている．東部は川上断層，西部は岩村断層ともよばれるが，両者は多少の間隙があるものの，基本的には連続している．なお，地

写真3　屏風山断層崖と周辺の地形（1978年10月岡田撮影）
写真中央の急斜面が屏風山断層崖であり，山麓に開析扇状地が発達する．これらの段丘面群を切断する低断層崖の地形は明瞭でない．現在では中垣外付近に中津川中核工業団地が建設され，大幅な地形改変が行われてきた．工場付近から中央自動車道沿いに手賀野断層が走るが，これは高位から中位の段丘面群を明瞭に切断し，低断層崖が中津川市街地中心部まで追跡される．後方左手は恵那山であり，その手前（前面）の急崖が恵那山断層崖である．中央右手の山頂部は保古山で土岐砂礫層を載せ，小起伏面が広がる．中津川市与ヶ根付近より南東方向を望む．

震本部（2004e）はさらに南西方向へ連なる活断層群を含めて，恵那山-猿投（さなげ）山北断層帯としており，断層帯の名称や区間の認定が多少相互に異なる．屏風山・恵那山断層帯に関連する主な活断層の概要を以下に述べる．

屏風山断層

岐阜県中津川市から恵那市に至る盆地の南縁を通過し，東北東-西南西方向に走る．断層の南東側が北西側に対して相対的に隆起する逆断層であり，横ずれの変位地形は認められない．断層崖の比高は東部で約800m，西部で約300mと大きい．中津川市根の上高原や恵那市保古山には，標高900m前後に小起伏面（土岐面）がみられ，土岐砂礫層が分布するので，中津川盆地との高低差（約500m）は土岐砂礫層の堆積（上野玄武岩のK-Ar年代値1.4～1.6Ma）後に生じたとみなされる．

山麓部に開析された扇状地を発達させるが，それらの段丘面群を切断する低断層崖の地形は概して不明瞭である．中津川市中垣外の南東方では，花崗岩類と土石流堆積物が接する断層露頭が観察され，中位面以新の段丘面が比高数mの低断層崖で切断されている．平均的な上下変位速度は0.1～0.3m/千年，平均活動間隔は4000～12000年程度とされる（地震本部，2004）．屏風山断層の最新活動時期は判明していない．第四紀後期の変位地形は不明瞭であるので，第四紀後期の活動性は低いと思われる．しかし，第四紀前-中期には激しく活動した可能性が高く，断層運動の場の移動や変遷が考えられる．

なお，恵那市阿木川から瑞浪市小里川までの区間，屏風山断層の南西部では花崗岩類が瀬戸層群と接する断層露頭は確認され，断層崖の地形は認められるが，第四紀後期に形成された地形面には変位が検出できない（岐阜県，2000～2002）．第四紀後期における活断層の活動は認められない．

蕨平断層

蕨平（わらびたいら）断層は屏風山断層の東部から北東方向へ分

写真4 屏風山断層崖・恵那山断層崖の地形（2006年10月岡田撮影）
中津川市中垣外から恵那市浜井場付近を南東方向に望む．後方右手は天狗森山（1338m）で，その手前（北西側）の急斜面は中津川市飯沼付近の恵那山断層崖である．この周辺は恵那山断層が大きく湾曲・屈曲する場所にあたり，数多くの活断層が発達している．中央左手は保古山（969m）で「根ノ上高原」の地名が示すように小起伏面が広がり，一部に土岐砂礫層が分布する．右手の河谷は飯沼川で，その西側に花無山（701m）が位置するが，この山頂部にも小起伏面が発達する．保古山－花無山を連ねる山地の北側は屏風山断層崖であるが，大小の河谷で開析を受けており，山麓には開析扇状地面が発達する．比高数mの低断層崖が散点的に認められるが，新期の変位地形が認められない場所も多い．

岐するように配置している．延長距離は約4kmと短い．高位段丘面に北西側へ低下させる比高20～25mの低断層崖が伴われている．変位速度は0.4m/千年程度であるが，活動間隔や最新活動時期は不明である．

手賀野断層

手賀野断層は中津川市街地の西方から中津川公園北西へと東北東－西南西方向に約5.5km延びる．高位・中位の段丘面群が切断され，高位面で22～23m，中位1面で11～12m，中位2面で7～9m，中位3面で4～5mの上下変位量が認められる．平均的な上下変位速度は，0.07～0.12m/千年とみなされるが，最新活動時期は判明していない．第四紀後期に活動的であると判るが，比高のある断層崖は発達していないことから，発現してきた時期が第四紀後期以降と比較的新しい可能性がある．

恵那山断層

恵那山断層は恵那山と前山との間の鞍部を通るが，同様の鞍部が北東－南西方向へいくつか連続する．この周辺はきわめて急峻な山地斜面であり，変位地形の認定が難しい．しかし，顕著な鞍部地形や断層谷が連なることから，軟弱な断層破砕帯が伴われていることを示唆する．南西方向にある正ヶ根谷付近の支谷（川上～ウインザーカントリークラブとの間）には6本ほどの河谷が右横ずれ屈曲をしている．恵那市岩村町付近の恵那山断層沿いにも，7本ほどの河谷が右横ずれ屈曲をしている．いずれも屈曲量は大きくないが，系統的であるので，恵那山断層は右横ずれを伴うとみなされる．また，いずれの場所でも北西側が低下している．中津川市飯沼付近には，数多くの並走・分岐する活断層が発達するが，その中の一部は東ないし北東側が低下した断層が伴

写真5　屛風山断層崖・恵那山断層崖・恵那山の地形（2006年10月岡田撮影）
恵那市街地南方上空から東方および南東方向を望む．後方中央部に恵那山，右手に天狗森山が見える．この手前の急斜面が飯沼付近の恵那山断層崖である．さらに手前に阿木川湖・東濃牧場が見渡せる．東濃牧場がある山頂部は600m前後に定高性をもつ小起伏面（土岐面）が広がる．さらに手前の急斜面が屛風山断層崖であり，大小の河谷で密に開析を受けている．山麓の傾斜変換線沿いに屛風山断層が通過するが，変位地形はきわめて不明瞭であり，第四紀後期の活動はないか，あるいは活動性は低いとみなされる．

写真6　屛風山断層崖・恵那山断層崖・恵那山の地形（2006年10月岡田撮影）
恵那市三郷町上畑・神徳付近を東から南東方向に望む．下部左は「みずなみカントリークラブ」，右下は「瑞陵ゴルフクラブ」である．下部右手が屛風山（794m）であり，その北西側の急斜面が比高300～400mの屛風山断層崖である．山麓の傾斜変換線は明瞭であり，一部で基盤の花崗岩類が未固結の第四紀層へ衝き上げる露頭が観察されている．しかし，段丘面や段丘堆積物を切断するかどうかは発達が悪く，第四紀後期の活動性は確認されていない．後方左手に恵那山が見られ，中央から右後方に恵那山断層崖が連なり，その前面（北西側）に中津川市飯沼・恵那市岩村などの山間盆地が展開している．

■写真7　屏風山断層崖の地形（2006年10月岡田撮影）
写真下部は瑞浪市大草・大牧付近で南東方向に望む．写真6の南西延長部である．中央部の左側は屏風山で，右側は田代山（819m）であり，山頂部に小起伏平坦面が認められる．これらの手前側の急斜面は比高300～400mの屏風山断層崖で，多くの谷でかなり開析を受けている．この山麓線は傾斜変換線を形成して北東－南西方向へ延びるが，変位地形は不明瞭であり，断層活動は第四紀後期に向かって動きが低下してきたとみなされる．遠景は恵那山断層崖の南西部であり，比高が150m前後と減少してくるが，変位地形もかなり不鮮明となってくる．

われ，地溝が形成されている場所もある．

中津川市飯沼（天狗森山の北西）付近から恵那市岩村町付近においては，恵那山断層の断層線は大きくS字状に湾曲している．この場所周辺では並走・分岐する多数の活断層が伴われている．個々の活断層の延長距離は短く，変位量も大きくない．上下変位の向きもさまざまであるが，概して北西側が低下している．

この付近より南西側は岩村断層ともよばれ，断層崖の比高は急激に低くなる．岩村町富田地区で行われたトレンチ調査によると，約3万年以降に少なくとも4回以上の活動が認められ，最新活動時期は6590～2250年前と特定される．平均的な上下変位速度は約0.33m/千年と求められる（岐阜県，2002）．

地震本部（2004e）は，中津川市から瑞浪市を経て愛知県豊田市北西まで連なる恵那山－猿投山北断層を一連の断層と認定して，この断層帯の長期評価を公表している．北東－南西方向へ長さ約51km延びる．北東部は南東側が隆起する逆断層であり，右横ずれ成分を伴うとみなされる．南西部は右横ずれを主体とする活断層であり，南側が隆起している．この断層帯の距離は長く，場所ごとの地形的な表現もかなり異なる．いくつかのセグメントに分けられる可能性があるが，過去の活動履歴や変位速度・活動間隔に関する資料に乏しいので，確実な活動区間の認定は現段階では難しい．　［岡田篤正］

18 猿投山断層帯

愛知県

Sanage-yama (Sanage-Mountain) Fault Zone

写真1　猿投山北断層中部の地形（2006年10月岡田篤正撮影）
瀬戸市東山路町上空から北東方向を望む．写真左下は瀬戸市白坂町，右中央は猿投山である．猿投山北断層に沿って直線状の断層谷が北東-南西方向に延びる．写真中央部に東京大学演習林宿舎があり，その北東延長部に系統的な右横ずれ屈曲をした河谷が認められる．この写真では山陰になっており，横ずれ屈曲の河谷は明瞭ではない．遠景左に御嶽山が見える．

愛知県中北部の猿投山（629m）から知多半島にかけて地形的な高まりが続く．地質構造的にも隆起地帯にあたり，猿投-知多上昇帯とよばれているが，この北部の猿投山地両側を縁取って猿投山北断層と猿投-境川断層が分布し，猿投山断層帯を構成する．

猿投山北断層は名古屋市の北東部から東部にかけて北東-南西方向に走り，猿投山と三国山（701m）の間を斜断してほぼ直線状に連なる（**写真1**）．本断層に沿って，明瞭な断層崖や断層谷が伴われ，尾根や河谷の系統的な右横ずれ屈曲が認められる．土岐市鶴里町柿野北東では，尾根と河谷が約280m，瀬戸市東明の東京大学演習林宿舎付近では，河谷が200〜250m右ずれ状に屈曲する（**写真2**）．

活断層の詳細な位置は鈴木ほか（2004）の活断層図に示されている．この図によれば，中央部の約8kmの区間は明瞭な変位地形が伴われるが，三国山の東麓より北東側や名古屋東部丘陵内の南西側では変位地形が不明瞭な推定活断層として示している．全延長は約24kmであるが，さらに短い可能性もある．斜めボーリング調査により，断層面は南東に77°傾斜していることが判明している．また，北東部と南西部で相対的な隆起側が逆になっている．すなわち，北東部では北西側が，南西部で南東側が数十〜200m地形的に高い．これは右横ずれの活断

写真2　猿投山北断層の地形（1978年11月岡田撮影）
瀬戸市塩草町上空から東方向を望む．中央右に篠田貯水池，左に焼却工場が位置する．猿投山北断層は写真左上部から右中央を走り，明瞭な断層谷を形成する．トレンチ調査やボーリング掘削により，断層面は南東へ77°で傾斜していることが判明した．

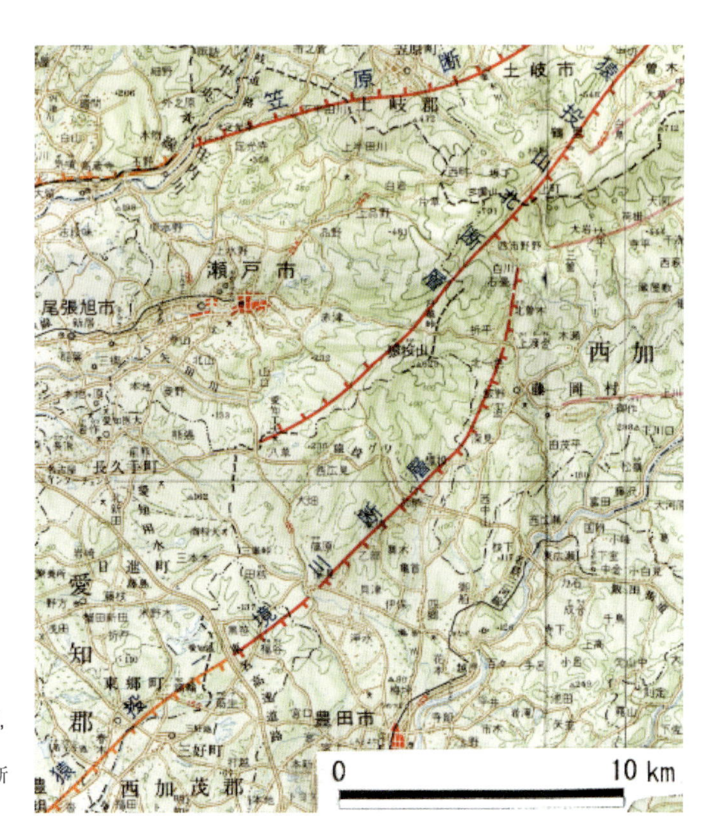

図1　猿投山断層帯の位置図（岡田，1979aの付図の一部）
猿投山周辺の猿投山断層帯（猿投山北断層・猿投−境川断層）を赤線で示す．

■写真3　猿投－境川断層北部の地形（2006年10月岡田撮影）
豊田市北一色町上空から西方を望む．写真右手に戸越峠から豊田市折平町があり，中央右上部に猿投山が位置する．この東麓の地形境界線沿いに猿投－境川断層が北北東－南南西方向に走る．上下方向の平均変位速度は0.1m/千年程度で，活動度がB級最下位であるので，変位地形はかなり不明瞭である．

■写真4　猿投－境川断層南西部の地形（2006年10月岡田撮影）
豊田市深見町上空から北西方向を望む．中央右上部は猿投山で，遠景は瀬戸市域である．写真下部左は東海環状自動車道，その右手に猿投神社，さらに右手にグランドが見える．このグランド奥では花崗岩類が東海層群の礫層へ衝き上げる逆断層露頭が観察された．右手の住宅地奥（深見町）でボーリング，トレンチ，法面試掘などが行われ，高角度の断層面や最新活動時期（約14000年前頃）が判明した．猿投－境川断層の南西部は北西－南西方向の走向となり，傾斜変換線や鞍部列を伴うが，変位地形は全体として明瞭ではない．

写真5　猿投−境川断層の露頭（1982年4月岡田撮影）
猿投神社の東方にあった土取場で観察された露頭を北方に望む．左側は花崗岩類であり，右側の東海層群の礫層に逆断層の関係で衝き上げる．

層の場合，その進行方向にあたる部分が相対的に隆起するが，こうした一般的な傾向に一致した地形配置をしている．

瀬戸市東白坂町ではトレンチ調査が実施され，最新活動時期は約1900〜3300年前，活動間隔は約5000年とされる．愛知県の調査によれば，1回の変位量と活動間隔との関係から，右横ずれの平均変位速度は，0.5m/千年程度と推定され，活動度はB級中位に属する．

なお，南西端にあたる瀬戸市西山路町から豊田市八草（やくさ）の愛知工業大学付近では，北西側に分布する瀬戸層群（鮮新世）と南西側にみられる花崗岩類が断層関係で接し，この周囲の瀬戸層群が30°近く傾斜している．

猿投−境川断層は猿投山の東麓から南麓を経て，境川の西岸沿いに走り，衣浦湾方面に向かう北東−南西方向に延びる断層群である．長さは34kmに及ぶ．地質学的に確認・推定されている断層のほかに，それらに平行ないし，雁行状に配列する活断層が認められる．

猿投山南東麓には，中部中新統の品野層や瀬戸層群下部の瀬戸陶土層がわずかにみられ，さらに上位に瀬戸層群中・上部の矢田川累層や，中期更新世以降の段丘堆積物が分布する（**写真3**）．地質年代の古い地層ほど，断層付近で著しく急傾斜するが，離れると急に水平近くになる．相対的な西（〜北西）側の上昇は，猿投山南部でも瀬戸陶土層堆積以後に少なくとも300m前後に達している．

猿投−境川断層は山地と丘陵との地形境界線を走り，断層線は多少湾曲し，断層崖や横ずれの尾根・河谷の屈曲は認められない（**写真4**）．いくつかの断層露頭では，いずれも北西へ高角度で傾斜する逆断層面が観察される（**写真5**）．段丘面は撓曲状の変位を受けており，上下方向の変位量は中位段丘面で3〜7m，高位段丘面で14〜26mと見積もられるので，平均変位速度は0.1m/千年程度とされ，活動度はB級の最下位である．このような活動性であることから，猿投−境川断層の変位地形は明瞭さに欠ける．トレンチ調査から，最新活動時期は約14000年前頃とされ，この1回の活動しか判明していない．平均変位速度や1回の変位量からみて，平均活動間隔は4万年程度と長いようである（地震本部，2004e）．

［岡田篤正］

19 濃尾断層帯：根尾谷断層 福井県-岐阜県-愛知県

Nobi Fault Zone : Neodani (Neo-Valley) Fault

■写真1 根尾谷断層北西部の地形（1992年11月岡田篤正撮影）
本巣市神所上空から北西方向を見た写真．遠景は能郷白山（1617 m）で，その左側鞍部へ根尾谷断層が延長する．中景の中位段丘面に淡墨温泉があり，その平坦面に濃尾地震時の左横ずれ跡や撓曲崖がみられ，トレンチ調査も行われた．その手前の門脇や中の集落付近には，段丘面を横切る根尾谷断層が濃尾地震時に現れ，左横ずれ跡が残されている．右下は神所－市場間の山麓と鞍部であり，山脚や谷筋の左横ずれ屈曲が認められる．これに沿って断層破砕帯がみられ，濃尾地震時の断層変位が生じた（村松・松田・岡田，2002）．

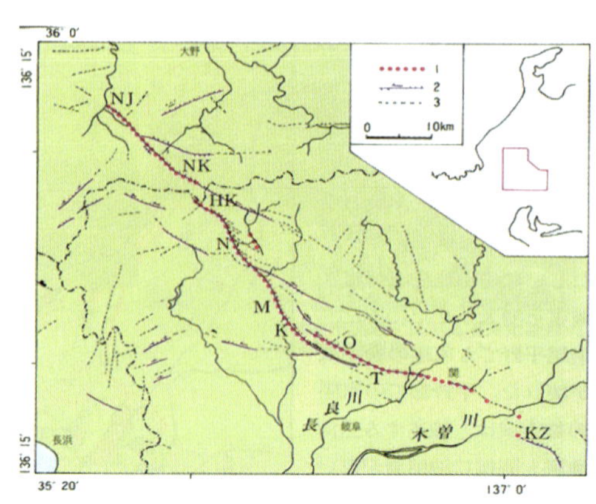

■図1 濃尾断層帯の分布図と濃尾地震の地震断層（松田，1974）
1：濃尾地震時の地震断層，2：既存の活断層，3：線状構造地形（リニアメント），HK：能郷白山，K：金原，KZ：古瀬，M：水鳥，N：能郷，NJ：野尻，NK：温見，O：大森，T：高富

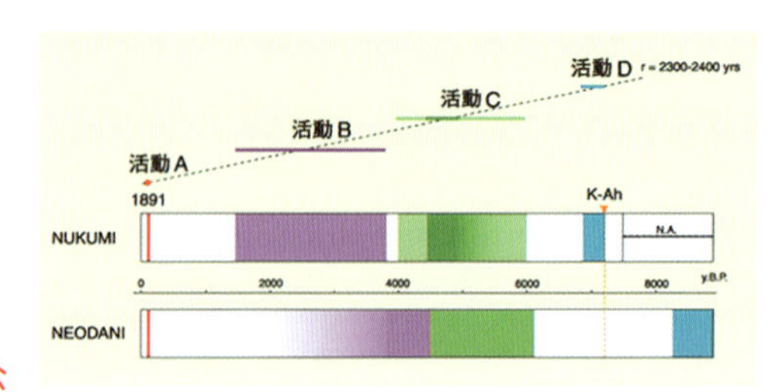

■図2 温見断層と根尾谷断層の活動履歴（吉岡ほか，2001）
温見断層の温見トレンチと根尾谷断層の門脇トレンチの活動時期の比較．

■表1 濃尾地震断層系を構成する主要断層の諸元（粟田・苅谷・奥村，1999を修正）

断層の名前	長さ	走向	左ずれ変位量の最大値	左ずれ変位量の最頻値	活動間隔（年）	活動度
温見断層[1)]	20 km	NW-SE	3.5 m	1～3 m	2000～3000	A級
根尾谷断層[2)]	30～35 km	NW-SE	7.4 m	4～6 m	2000～3000	A級
梅原断層	28 km	WNW-ESE	5.3 m	≧2 m	約2万	B～C級

[1)] 温見断層の全線は約36 kmであるが，第四紀末期の活動が認められる温見峠より北西側の長さや諸性質を示す．[2)] 根尾谷断層の全線は約35 kmにわたって追跡されるが，濃尾地震時の動きが認められた範囲を示す．

写真2　本巣市根尾門脇–越卒間に現れた活断層露頭（2008年7月岡田撮影）
本巣市根尾門脇–越卒（おっそ）間において国道151号線の新道が建設された際に，明瞭な活断層露頭が現れた．北西方を望む．写真右側下部は基盤岩類（美濃帯堆積岩コンプレックス）の断層破砕帯であり，左側の中位段丘礫層とほぼ垂直の断層面を介して接する．断層面近くの礫層の礫は回転して長軸が立っている．この場所では北東側の相対的な隆起を伴うので，断面では右側上がりに見える（水鳥地震観察館内と見かけは同様）．

濃尾断層帯は両白（りょうはく）山地から濃尾平野北方の山地域にかけて分布する活断層群である（図1）．温見（ぬくみ）断層，濃尾断層帯主部，揖斐川（いびがわ）断層帯，武儀川（むぎがわ）断層帯からなり，いずれも北西–南東方向に直線状に延び，左横ずれの動きが卓越した活断層より構成される（地震本部，2005c）．これらは断層線に沿う直線状谷（断層谷）として連なることが多く，規模の大きな断層崖の地形は伴われていない．断層面はどこでもほぼ直立し，基盤岩石内では幅広い断層破砕帯が伴われている．

濃尾地震は1891（明治24）年10月28日午前6時38分に発生したが，日本の内陸地震としては最大規模（M8.0）であった．建物の全壊は約14万，半壊は約8万，死者は7273名に達した．鉄道や工場の被害も数多くに及んだ．山崩れも約1万ヶ所に達し，地割れ・噴砂・陥没などの地変が各地で発生した．地震断層の出現によるずれ被害だけでなく，隆起や沈降を伴う地殻変動も広い範囲に現れた．

地震断層は福井県南部の池田町から岐阜県本巣市域を経て愛知県可児市付近にまで現れた．主な地震断層としては温見断層（北西部）と濃尾断層帯主部（根尾谷断層・梅原断層）であり，これらは雁行状に配列し，変位を受け継ぎながら，総延長が約80kmに及ぶ長い距離に達した（図1，表1）．いずれも左横ずれが卓越したが，最大変位量は根尾谷断層中央部の根尾中（なか）で約7.4mに達した．左横ずれ変位量の最頻値は2〜6mである（松田，1974；表1）．これに伴われた上下変位は概して南西側が相対的に隆起したが，温見断層の北西端部や根尾谷断層の中部では北東側が持ち上がった箇所もある．上下変位量は根尾水鳥で例外的に6mに達したが，この事例を除くと，1〜2m程度以下であった（松田，1974）．大局的にみると，横ずれの進行方向側が相対的に隆起する傾向を示した．

濃尾断層帯は基盤の中古生界（美濃帯）や花崗岩類を切断するとともに，段丘面や沖積面とそれらの堆積物も変位させている．各所で河谷や尾根の左横ずれ屈曲が系統的に認められる．本巣市金原付近においては，根尾谷断層は旧河谷の屈曲から求められる左横ずれ量が約2kmに及ぶ．この値が河谷地形から求められる濃尾断層帯の最大の総変位量である（松田，1974；岡田，1993）．

なお，濃尾地震時の断層活動の詳細や地震断層の状況，さらに変位地形との関係などについては，村松・松田・岡田（2002），Kaneda and Okada（2008）にまとめられている．

温見断層・黒津断層

温見断層は濃尾断層帯の中でもっとも北側に位置し，北西–南東方向に約36km延びる．濃尾地震時には北西部の約20kmが活動し，最大3mの左横ずれと1.8m北東側が隆起した．温見断層中部（大野市温見）の下位段丘面上で行われたトレンチ調査では，ほぼ直立する実に明瞭な断層面が観察された（吉

写真3　本巣市根尾中における畑の境界（茶の木の列）の左横ずれ変位（2002年3月岡田撮影）

根尾中における畑の境界に沿って茶の木が植えられているが，左横ずれ（平均7.4m）に屈曲する．地震前に作成された地籍図では境界は直線で示されているので，この屈曲は断層変位で生じたことが判る．地変線を挟んで上下の段差は認められない．南西方向を望む．

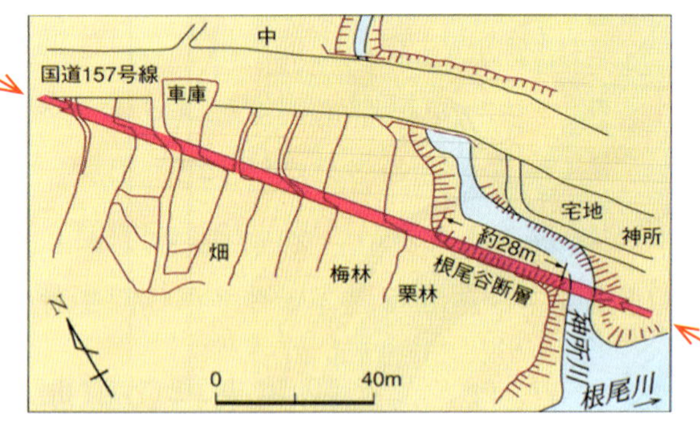

図3　本巣市根尾中における畑の境界の屈曲と河谷の左横ずれ地形（岡田・松田，1992）

根尾中（羽根畑）における畑の境界線・小道の現況図．赤紫の帯は濃尾地震時の地変線を示す．根尾谷断層に沿って境界線（茶の木の列）が平均7.4m左横ずれ屈曲する．地震前に作成された地籍図によれば，境界線はほぼ直線であった．南東方向の延長上に河谷（神所川）の屈曲があり，約28mの累積変位量が求められる．地変線を横切って高度差はほとんどないので，ほぼ純粋な横ずれ変位とみなされる．

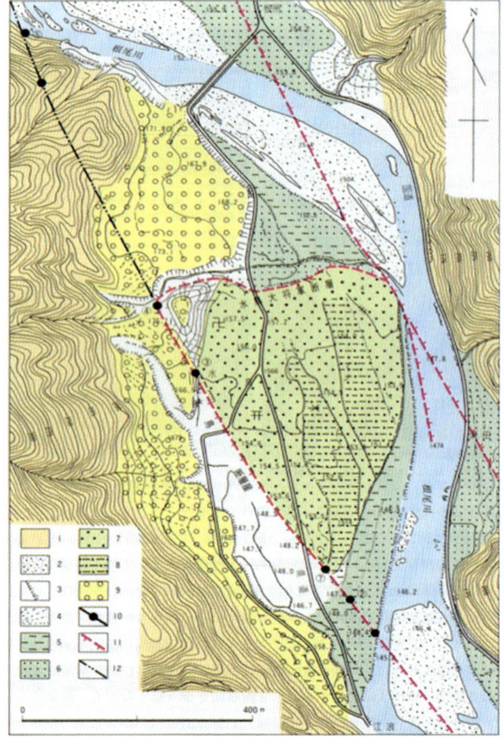

図4　本巣市根尾水鳥付近の地形分類図（岡田・松田，1992；村松・松田・岡田，1992）

樽見鉄道線路平面図と詳しい空中写真の判読で作成．凡例　1：山地斜面，2：現河床面，3：川沿いの侵食崖，4：扇状地と崖錐，5：濃尾地震後の洪水による河床凹地の平坦部，6：同微高地（自然堤防），7：水鳥三角台地内の微高地，8：水鳥三角台地内の凹地，9：低位段丘面，10：断層破砕帯の露出地点，11：濃尾地震時の断層線，12：古い断層線．

■写真4　根尾水鳥から北西方向を見た根尾谷断層沿いの地形（1978年10月岡田撮影）

写真中央後方は能郷白山．その左側の鞍部を根尾谷断層が通過．写真中央上部は根尾西谷川沿いに中・神所・市場などの集落が分布し，さらに樽見・板所（写真右中部）を経て，右下方の根尾川へと根尾谷断層は延びる．中央下部は水鳥集落で，水鳥地震断層崖が位置するが，太陽光の角度のため鮮明には見えない．水鳥南方の上空から北西方向を望む．

岡ほか，2001）．この調査によると，アカホヤ火山灰（K-Ah）層の降下（約7300年前）以降に濃尾地震を含めて3回の確実な断層活動（イベント）が，さらに1回の推定活動が認められ，平均活動間隔は2200～2400年と求められている（■図2）．一方，中央部に位置する温見峠付近より南東側では濃尾地震時に活動したとする報告はなく，温見断層沿いの変位地形も不明瞭となるので，第四紀後期の活動は低下ないし停止している可能性が高い．なお，黒津断層は本巣市根尾黒津付近に出現した長さ1km程度と短い地震断層である．

根尾谷断層

根尾谷断層は能郷白山（1617m）の南西にある鞍部付近から岐阜市佐野付近まで，北西-南東方向に約35kmにわたって延びる．濃尾地震時には南東部（岐阜市鹿穴峠より南東の伊洞・雛倉・佐野付近）を除いて，ほぼ全線で左横ずれが卓越した断層変位が現れた．

本巣市門脇の中位段丘面上に淡墨（うすずみ）温泉施設が建られているが，この南西の位置に濃尾地震時の左横ずれ（5～7m）と撓曲や引きずりを受けた畑の境界（畦と小道）が残されている．これを横切るトレンチ調査が行われ，開口断裂群を伴う地溝状の断層が認められた（栗田・苅谷・奥村，1999）．地層の累積的な変形と層相変化から，6層準に地震イベントが認定され，BC8800年以降に5回，BC4100年以降に3回の確実なイベントが求められた．断層の活動間隔は平均2700年と推定され，温見断層のトレンチ調査と似た結果となっている（■図2）．

根尾中集落は低位段丘2面上に位置するが，この場所にある畑の境界線（茶の木の列）や小道に平均約7.4mの左横ずれ変位が保存されている（■写真3，■図3）．濃尾地震時に現れた変位量としては最大値である．上下変位はほとんど認められず，ほぼ純粋な水平変位として現れた．濃尾地震の断層運動の性質を代表する場所であることから，この地震断層跡も天然記念物として2007年に追加指定された．なお，この南東側を流下する神所（こうどころ）川は低位段丘2面を開析するが，根尾谷断層の延長部で約28mの左横ずれが河谷（壁上端）に認められる（■図3）．この段丘面は14000年より若い形成年代であるので，平均的な横ずれ変位速度は約2m/千年，平均的な活動間隔は約2100～3600年と見積もられる（岡田・松田，1992）．

根尾水鳥の地震断層と断層観察館

根尾谷断層の活動に伴って水鳥（みどり）地震断層崖が水鳥集落付近に現れた（■写真4，5，■図4，総説0-1 ■写真1）．この断層の上下変位量は北東側隆起で6m，約3mの左横ずれも伴われた（岡田・松田，1992）．この断層崖は根尾川の河床まで南東方向に連続していたが，地震の後の洪水による侵食・堆積を受けて消失した．一方，北西延長は水鳥集落北西にある西光寺裏手の小丘北側で，東西方向に延びる水鳥大将軍断層（長さ約400mの逆断層）に急に移りかわった．このような配置や性質をもつ断層の出現により，集落周辺には水鳥三角台地とよばれる逆

■写真5　水鳥断層崖と根尾谷断層観察館（2008年7月岡田撮影）
中央から左側にかけての低崖は1891年濃尾地震時に出現した水鳥断層崖．早朝に撮影されたので，断層崖は影を伴って崖地形が明瞭に追跡できる．地震後に生じた根尾川の洪水により，低下側が約1m埋積され，地震直後に写された断層崖（本文総説0-2■**写真1**参照）より低くなっている．写真右側の建物は根尾谷断層観察館．この内部では断層の断面や地震資料を観察でき，地震体験館も併設されている．北方を望む．

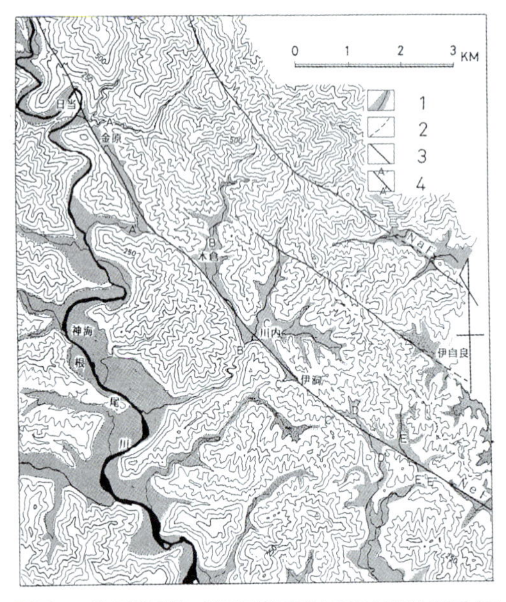

■図5　濃尾断層帯・根尾谷断層東南部の地形と断層（岡田，1993; 村松・松田・岡田，2002）
等高線の間隔は50m．凡例　1：沖積谷底，2：推定-埋没断層，3：活断層（NaF＝長滝断層，UF＝梅原断層，NeF＝根尾谷断層），4：横ずれ谷とその変位量．根尾谷断層は濃尾地震時に日当-金原-木倉-川内-伊洞付近まで活動したが，これより南東側では動いていない．これにかわって北東側を並走する梅原断層が活動した．梅原断層は長さ約28kmに及び，断層の乗り移りが生じた．

三角形をした隆起部が形成された（■**図4**）．根尾谷断層の左横ずれ運動が，断層線の屈曲に伴って水鳥大将軍断層へ衝き上げ，局所的に形成された隆起部とみなされる．根尾谷断層の南東部（本巣市金原以南）では南西側が相対的に隆起しているが，水鳥集落付近では北東側が隆起して上下変位の向きが相違し，例外的に大きな上下変位量が出現した．水鳥付近における地震断層崖の特異性は左横ずれ断層の屈曲に伴う圧縮と隆起の現象として説明された（松田，1974）．

水鳥地震断層崖は1回の地震に伴う変動としては日本で最大の上下変位量をもつ．世界的にみても大規模で明瞭なものであり，外国の教科書にも写真や解説が載せられている．昭和2年に国の天然記念物，昭和27年に特別天然記念物に指定され保護されてきた．1991年に濃尾地震100周年を記念して，この断層崖を横切って根尾谷断層観察館が建設され，断層面や地質のようすをトレンチ両側法面で常時観察できるようになった．激しく破砕を受けた基盤岩石やこれを被覆する根尾川運搬の河床礫層が法面に観察され，根尾谷断層で切断されている．断層面はほ

■写真6　根尾谷断層沿いの金原断層谷と南東方向の地形（1978年10月岡田撮影）

写真最下部は根尾川と日当の低位段丘面であり，その左端の茶畑に濃尾地震時に左横ずれの断層変位が現れた．写真中央右手の直線状の谷は金原断層谷であり，根尾谷断層が通過する．左から右に流れる素振谷（そぶりだに）・金原谷はかつては金原集落を流れていたが，根尾川へと直接に注ぐようになった．このような上流側を奪われた河谷には河流がないことから，風隙谷あるいは截頭谷とよばれる．かつて素振谷・金原谷の河流が金原集落を流れていたことは，金原で行われたトレンチ調査の時に素振谷由来の巨大な円礫が下半部に存在することでも判明した．金原断層谷を横切る河谷は鉤の手状に屈曲し，約2kmに及ぶ横ずれ量が求められる．写真上部に金坂峠があり，さらに明谷が見え，この河谷もほぼ同じ量の左横ずれが認められる．

■写真7　本巣市金原付近の根尾谷断層沿いの地形（1992年11月岡田撮影）

本巣市日当から金原の集落にかけて根尾谷断層に沿って直線状に延びる．写真左の金原谷はかつては金原の集落を流れていたが，今では根尾川（右下）に合流しており，ここで河川争奪の現象が生じた（写真6説明参照）．本巣市日当上空より東南方向を望む．

■写真8　根尾谷断層中部（本巣市金原付近）の地形（1978年10月岡田撮影）

岐阜県本巣市金坂峠（写真右下部）付近の上空から北西方向を望む．背後左手は能郷白山であり，その左側の鞍部に向けて根尾谷断層は延びる．中央に金原，上部谷底に水鳥，中などの集落があり，こうした鞍部や直線状谷に沿って根尾谷断層が走る．金原付近では約4mの左横ずれが生じた．金原の谷は約2kmに達する左ずれ屈曲を示すので，500回にも及ぶ断層運動が繰り返されてきたことになる．活断層に伴う断層谷の地形は実にみごとである．

■写真9　根尾谷断層南東部（本巣市木倉・川内付近）の地形（1978年10月岡田撮影）
南東方向に延びる根尾谷断層は左上から右下に連なる．南方を望む．写真右下は金坂峠でその左手（南東）に木倉さらに川内の集落が見える．この付近の河流も金原付近と同じ向きに左ずれ屈曲しており，約1.8kmの屈曲量が認められる．根尾谷断層を越えた下流側は川内集落の右手から山地中へと移化する．明谷とよばれる峡谷となり，谷底には平地がみられない．根尾谷断層を挟んで河谷の地形が大きく異なるが，断層の北東（上流）側が低下する上下運動の累積が読み取れる．左手上部に岐阜本巣ゴルフ場，その右手上に岐阜北ゴルフ場が見えるが，その間に鹿穴峠がある．濃尾地震時の断層変位はこの峠付近まで現れた．これを越えても根尾谷断層は地形的に延びるが，地震時の活動は認められていない．

ぼ垂直であり，基盤岩石上面の食違い量は上下方向に約6mに及ぶ．この変位に伴われ，断層面近くの礫は回転して直立している．また，隆起側の礫層上部が低下側に崩れた状況が法面で観察され，地震断層崖の形成過程が判る．館内には地震体験館も併設され，濃尾地震時の写真や資料とともに地震観測器械や地震・活断層に関する諸材料も展示されている．

観察館南側の下位段丘上から写された水鳥断層崖の写真（総説0-2■写真1；Koto, 1893）は，世界的に有名になった地学写真である．この撮影場所に展望台と公園が建設され，地震断層崖や地下観察館のようすを当時の写真とともに観察できるようになった（■写真5）．小藤文次郎教授が見た同じ場所から水鳥断層崖と周辺を観察することは，当時と現状とが比較できて感慨深いものである．

根尾谷断層の南東部

水鳥より南東方向の根尾谷断層は，丘陵性の低い山地域を通過するようになる．断層を横切る河谷には系統的な左横ずれ屈曲が認められる（■図5）．屈曲量は金原の河谷（■図5のA-A'）で約2km（■写真6，7，8），木倉-川内南西の明谷（B-B'）で約1.8km（■写真9），川内-鹿穴峠の風隙谷（C-C'）で約1.2km，伊洞-雛倉や上雛倉-雛倉（D-D'，E-E'，E-E"）では約1kmとなり，南東方向に減少していく（■写真10）．鞍部や直線状の谷の連なりからみると，根尾谷断層はさらに南東方向に約5km連なると推定される．

この区間（■図5）における根尾谷断層の南西側では，河谷は峡谷地形を呈するのに対して，北東側では埋積性の沖積平野となり，谷底幅は相対的に広くなる（■写真9）．濃尾地震時に現れた地震断層は左横ずれが卓越し，南西側の相対的な隆起も伴われた．こうした断層活動が第四紀後期に累積して，当地の地形が形成されてきた．なお，地震断層は鹿穴峠付近までは追跡されたが，これより南東方では出現しなかった．これにかわって北東側の山地内を並走する梅原断層が現れ，南東方向へと連続した（■

■写真10　根尾谷断層南東部（本巣市雛倉・川内・金原）付近の地形（1978年10月岡田撮影）
北西−南東方向に延びる根尾谷断層（左上から右下に連なる）を北西方に望む．写真中央部は岐阜市雛倉付近であり，根尾谷断層の南東部が通過する．中央は岐阜北ゴルフ場，その上部に岐阜本巣ゴルフ場が見える．これらの間にある鹿穴峠右手側の根尾谷断層は濃尾地震時に断層変位が地表に現れなかったようである．一方，写真中央上部から右手中部に延びる梅原断層に沿って断層変位が生じて，地震断層はこれに乗り移った（村松・松田・岡田，2002）．しかし，梅原断層の変位地形は根尾谷断層のそれに比べて不明瞭であり，活動間隔が長く，変位の累積性も少ないとみなされる．

図1）．根尾谷断層の南東部（鹿穴峠以南）は第四紀後期に活動を停止してきた可能性が高い．

梅原断層

梅原断層は本巣市外山の北東の山地から始まり，山県（やまがた）市高富町梅原・高富を経て関市の南へと西北西−東南東方向へ約28 kmにわたって延びる．濃尾地震時に左横ずれが全線で現れたが，上流側が低下する上下変位が伴われたので，山県市高富町梅原と高富付近の2ヶ所で湖沼が出現した．梅原断層沿いの変位地形は温見・根尾谷の両断層と比べると全体として不明瞭であり，活動間隔が長く，変位速度が遅いことが暗示される．

山県市高富町高田で行われた梅原断層を横切るトレンチ調査では，1891年濃尾地震の前に約20000年前と約28000年前に活動したが，約28000年前の活動の確実度はやや低い（岡田ほか，1992）．さらに，不確実なものも含めて，約30000年前以前にも，3回の活動があったことも判明した．山県市上洞で行われたトレンチ調査でも，濃尾地震に先行する活動は11000年以上前であるとされる（粟田・苅谷・奥村，1999）．

上述したトレンチ調査によれば，根尾谷断層は通常の活動では，濃尾地震時のように梅原断層と連動しておらず，別個に活動する場合が多い（■表1）．根尾谷断層・温見断層が2000～3000年に1回活動するのに対して，梅原断層は約2万年に1回程度しか活動していないので，このことが指摘できる．

本項目では，地形的に明瞭であり，濃尾地震時に活動した濃尾断層帯主部（根尾谷断層と梅原断層）について主に解説した．　　　　［岡田篤正］

20 養老−桑名−四日市断層帯　岐阜県−三重県

Yoro-Kuwana-Yokkaichi Fault Zone

写真1　養老断層中部域（志津−戸田付近）の地形（2001年11月岡田篤正撮影）
養老断層中部の東麓域（岐阜県海津市南濃町徳田−志津付近）を南西方向に望む．遠景の稜線は鈴鹿山脈北部，中景は養老山地である（写真2参照）．近景は濃尾平野西端部で，津屋川が右から左へと流れ，これに沿って比高数mの低断層〜撓曲崖が延びる（東郷，2000）．山麓の傾斜変換線沿いにも活断層は推定されるが，段丘面の変位は認められず，活動性は低いとみなされる．左端の集落：戸田付近に中位面を切断する低断層崖（比高約20m）が見え，さらに南東方向の写真2へと続く．活断層や段丘面の詳しい分布は1：25,000活断層図「津島」参照．

濃尾平野は関東平野についで日本で2番目に広い平野である．その西側沿いが地形的に低く，海抜0m地帯は約28kmも内陸の海津市南濃町（なんのうちょう）付近にまで達する（図1）．木曽三川はこの低湿で低い地帯を南流する．中部地方南西部の地形は大局的にみて，木曽山脈から徐々に西側へ高度を低下し，濃尾平野から第四紀堆積物で厚く被覆されるようになる．この堆積物は西方へ厚さを増しながら，高度を下げる．木曽山脈から濃尾平野に至る地域は中部傾動地塊とされるが，西半部の濃尾平野部分は濃尾傾動地塊とよばれ，西縁を北北西−南南東方向に延びる養老断層に限られる（図1，2）．

養老山地と養老−桑名−四日市断層帯

養老山地は幅6〜7kmで長さ約25kmの細長い山地である（図2）．この山頂部は緩傾斜で定高性をもち，南西方向に傾く．一方，北東側斜面は急傾斜であり，いくつもの開析谷による侵食を受け，その下流の山麓域には合流扇状地が発達する．山地は主に中生代の基盤岩石類で構成されるが，東海層群下部とされる礫層が高い位置まで局所的に分布する（杉山・栗田・吉岡，1994）．したがって，養老山地はこの礫層の堆積以降に隆起や傾動が発生してきたとみなされる．山地の中央部はラクダの背中のように地形的に低く，標高500m以下の峠越がここに位置する．この北側には養老山（859m），南側には約650mの山頂部が位置する．この付近を境にして尾根筋や山地東麓線も北西方向へ折れ曲がる．

濃尾傾動地塊の地下構造は反射法地震探査やボーリング調査でも確かめられてきた．第四紀堆積物の

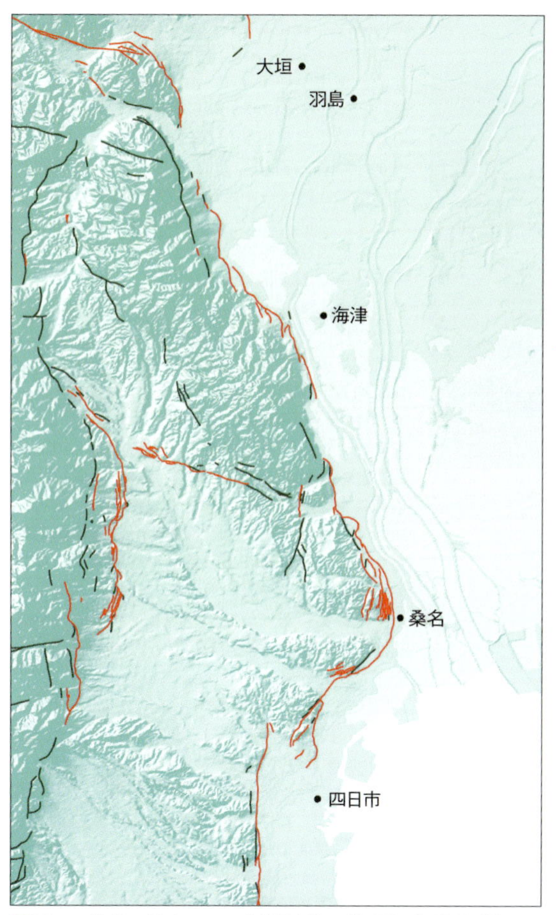

■図1　養老-桑名-四日市断層帯の位置と陰影図（杉戸・岡田, 2010）
赤線は活断層，黒線は主なリニアメント．濃尾平野の濃い色部は扇状地-氾濫原域，白い色部は三角州でほぼ海抜0m地帯．

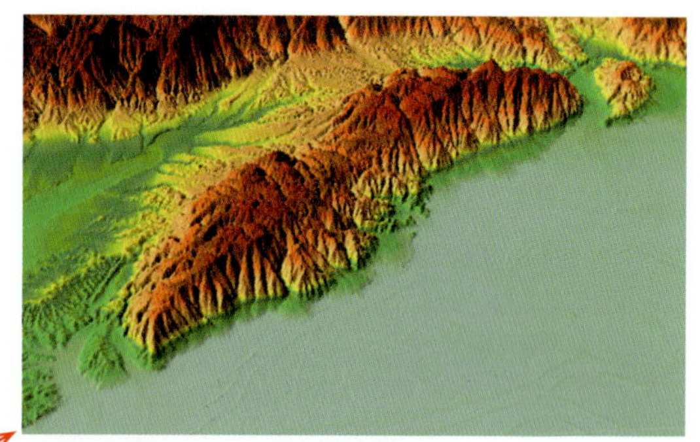

■図2　養老山地と周辺の鳥瞰段彩図（カシミール3Dで岡田作成）

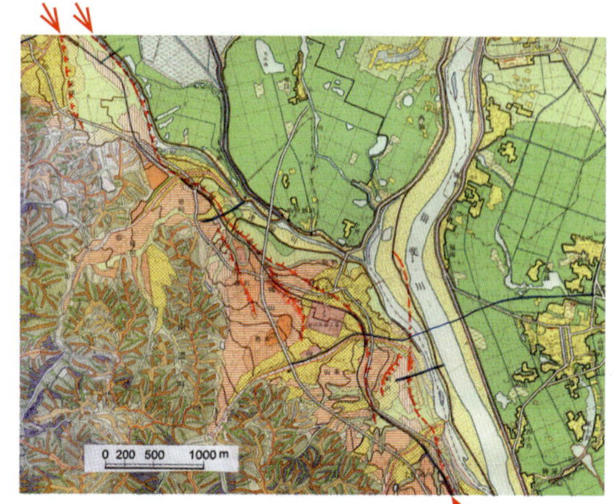

■図3　志津-駒野-羽沢付近の活断層
土地条件図「津島」（国土地理院，1974）に活断層を赤線で，反射法地震探査測線を青線で記入．

厚さは最大2kmにも達する．西縁が養老断層帯で切断され，この逆断層で堆積物の連続性が絶たれる．養老断層帯の位置は一般に急斜面（断層崖）直下の傾斜変換線ではなく，その東側数百mから約1kmにある開析扇状地（段丘面）と沖積面との間を通過する場所が多い（■図3）．

養老断層崖は最大比高800mに及び，地形規模が大きくきわめて明瞭である．その山麓部を走る低断層崖や撓曲崖などの明瞭な変位地形が連続的に追跡できる．1995年兵庫県南部地震以後に主に行われた各種の活断層調査で，詳しい性質が明らかにされてきた．とくにこれら変位地形を横断する東西方向の測線で反射法地震探査や群列ボーリングなどが数多く行われ，養老断層帯の活動性・履歴・地下構造などが解明されてきた．

桑名断層（長さ約10km）は東へ凸型を呈して弧状に湾曲し，数多くの副次的な断層群を随伴している（■図1）．とくに桑名市街地周辺で地形・地質的に顕著であり，大きな背斜構造（桑名背斜）を伴う．市街地西側に広がる中位段丘面には低断層崖・撓曲崖が南北方向に数多く並走する（太田・寒川，1984；鈴木・佐野・野沢，2002）．この東側には沖積面に変位を与える活断層が認定され，変位速度が大きいことが判明してきた（粟田・吉田，1991）．桑名付近は西から東へと衝き上げる逆断層の先端部に生じた上盤側の変形構造である．桑名市北部の汰上（ゆりあげ）では，2000年前のマガキ化石床が13m上下方向に変位し，約1万年前の砂層堆積面が上下方向に21m変位している（須貝ほか，1999）．

四日市断層は長さ約10kmの逆断層で，伊勢台地・

写真2　養老断層中部域（徳田–駒野）周辺の地形（2001年11月岡田撮影）

養老断層中部の東麓域（海津市南濃町徳田–駒野）を南西方向に望む．右手から下部へと津屋川が，最下部を揖斐川が，左手（下流側）へと流下．これら河川の数百m南西側を養老断層に伴って低断層崖が延びる．これは段丘崖に似ており，区別が難しい．養老山地の東麓線との間に開析扇状地性の段丘面が分布する．

遠景は鈴鹿山脈北部，中景は養老山地中部である．養老山地をやや詳しくみると，北部の養老山（859m）と南部の田代越（約640m）付近が高く，その中部にある鞍部付近（写真中央山頂部の凹み）が約450mと低く，中部が凹みをなす．尾根筋や山麓線もこの部分で屈曲している．近景は津屋川・揖斐川が流下する濃尾平野である．養老山地の北東側は養老断層崖とよばれる急傾斜をなし，V字状をなすいくつもの峡谷で深く開析を受けている．山麓沿いに養老断層帯が並走し，開析扇状地の東端を縁取るようにして発達し，一部の段丘面が傾動・切断・撓曲変形を受けている．活断層や段丘面の詳しい分布は1：25,000活断層図「津島」（鈴木・千田・渡辺，1996）．

写真3　養老断層崖の屈曲部と山麓の開析扇状地（1978年11月岡田撮影）

海津市南濃町駒野付近を南方に俯瞰．右手下部を津屋川が，左手を揖斐川が奥手（南側）へと流れる．養老山地の頂部には標高600m前後の定高性を示す小起伏面が広がる．この山稜線も東麓線もこの付近で「へ」の字型に屈曲するが，山麓の開析扇状地面（段丘面）もやや幅広く発達し，これら地形面を切断する低断層崖が段丘面と沖積面との間に追跡できる（図3）．活断層線の位置は山麓線から平野側に0.5～1km程度離れていることが多い．集落は段丘面や扇状地面の上に立地している．活断層や段丘面の詳しい分布は1：25,000活断層図「津島」参照．

丘陵と伊勢（沖積）平野との地形境界に形成されている．四日市市大井手で行われたボーリング調査により，2000年前以降に6mの上下変位が生じたとされ，平均変位速度は3m/千年と求められている．

養老–桑名断層は一連の断層として連続するが，四日市断層は養老–桑名断層のほぼ延長上に近接して分布し，変位の様式や速度も近似しているので，同じ断層帯とみなされる．

桑名断層や四日市断層も明瞭な変位地形を伴い，長く追跡される．しかし，養老断層に比べて断層崖の規模がやや小さく，近年の開発により変位地形が不明瞭となってきた．本項目では養老断層に伴う地形や付随する現象を主に紹介する．

活断層の評価

地震本部（2001d）は養老–桑名–四日市断層帯として活断層の評価を行っている．これは岐阜県垂井町から三重県桑名市を経て四日市市まで延びる長さ約60kmの逆断層帯としている．北部の養老断層では養老山地と濃尾平野の境界，南部の桑名断層・四日市断層では伊勢丘陵・台地と沖積平野の境界に位置し，断層線はかなり湾曲や屈曲を伴う（鈴木・千

写真4　養老断層崖と山麓の扇状地・濃尾平野（1978年11月岡田撮影）
南濃町山崎上空から北西方向を望む．中央右の遠景は伊吹山（1377m）．左中景は養老山地で，頂部には定高性を示す小起伏平坦面が見られ，南西側に傾いている．これは養老傾動地塊を形成し，北西-南東方向に長軸をもつ非対称の山地をなす．一方，北東側は比高400～500mの急峻な養老断層崖が発達している．急斜面を開析する河谷は横断面形がV字状をなす急流渓谷であり，山麓部には新旧の扇状地が連続的に発達．扇状地の多くは開析を受けて段丘化し，その北東端付近を養老断層帯が通過．右手は揖斐川で，右下（下流側）へと南流し，濃尾平野西縁の沖積平野と接する．0m地帯の濃尾平野西縁部を流下．活断層や段丘面の詳しい分布は1：25,000活断層図「津島」参照．

写真5　養老断層崖南部と山麓の扇状地・沖積平野（2001年11月岡田撮影）
海津町福江上空から西方向を望む．遠景は鈴鹿山脈，中景は養老山地東側の断層崖である．この付近の養老断層崖は下部を沖積扇状地面で被覆されているため，養老断層に伴う変位地形は不明瞭であり，詳細な位置は決めにくい．写真下部は濃尾平野西縁の沖積平野であり，その中を揖斐川が右から左（下流側）へと南流している．活断層や段丘面の詳しい分布は1：25,000活断層図「津島」「桑名」（鈴木ほか, 1996）参照．

田・渡辺, 1996a, 1996b）．

地震本部（2001d）は過去の活動として次のように評価している．養老-桑名-四日市断層帯は活動度の高いA級断層帯であり，1回の活動による上下変位量は約6mに達し，M8級の大地震を繰り返し発生してきたと推定している．この断層帯は過去2000年間に2回活動し，最新の活動は13世紀以後～16世紀以前，1つ前の活動は7世紀以後～11世紀以前の可能性を指摘した．過去約1万年間の平均活動間隔は1400～1900年であるが，最新と1つ前の活動の時間間隔はそれより有意に短かった．

地震との関連

当地周辺で発生した歴史時代の大地震として，745年天平地震と1586年天正地震が知られている．これらの地震に関する史料は限られていることから，地震本部（2001d）はこれら歴史時代の大地震と当断層帯との関係について判断を避けている．しかし，須貝・杉山（1998）は養老断層の最新活動を天正地震，1つ前の活動を天平地震とみなしている．日本の活断層においては，歴史時代に2回の活動が認められた事例は丹那断層（841年／1930年北伊豆地震）を除いてほとんど知られていない．

1998年4月22日美濃中西部地震（M5.4）が発生したが，この震央は養老断層中部であり，震源の深さは地下（約11km）であった．このような中規模の地震は長期評価の対象とはされていないが，小規模地震や微小地震を含めると，養老断層帯付近は現在でも活発な地震発生地帯となっている．

［岡田篤正］

21 鈴鹿東縁断層帯 三重県

Suzuka-toen (Suzuka Mountain East Front) Fault Zone

■写真1　鈴鹿東縁断層帯北部の地形（2001年11月岡田篤正撮影）
三重県いなべ市北勢町麓村（写真右下部）から奥村（写真中央）周辺を西方に望む．後景は鈴鹿山脈の竜ヶ岳（1100m）とその南北の山頂部．右手と中央部の白色部は石灰岩採掘地．これら山地直下の山麓線に傾斜変換線が認められ，それに沿って地質境界の一志断層が走る（図2）．基盤岩石類が東海層群（奄芸層群：鮮新世～第四紀前期）に衝き上げるとともに大きく変形させるが，第四紀後期の地形面や堆積物には変位が認められない．なお，この東側に平行する逆向き低断層崖（図2の4）が一部で認められている．右手と左手の中央～下部にある台地・丘陵は，急傾斜する東海層群やこれを被覆する高位段丘礫層から構成される．これらを南北方向に切断する活断層が地形や地質で認められる．さらに，台地・丘陵の東端（写真手前）を連ねる逆断層（麓村断層）が認められるが，この断層線はかなり屈曲している．麓村断層は露頭観察・トレンチ掘削調査・反射法地震探査などで観察される主要断層であり，西側へ約60°で傾斜する．

鈴鹿山脈は三重県と滋賀県の境界に沿ってほぼ南北方向に約47km延び，さらに南方の鈴鹿峠付近にまで達する．稜線には北部から，霊仙山（りょうぜん）（1080m）・御池岳（1241m），藤原岳（1143m），御在所山（1210m）などの急峻な高峰が連なり，それらの位置は稜線の東側へ偏っている．山脈の西麓も鈴鹿西縁断層帯で限られるが，断層崖の比高や活断層の活動性は相対的に低い．一方，山脈の東麓地域を連ねる鈴鹿東縁断層帯は大きな比高の断層崖が伴われ，明瞭な変位地形が中部域に発達している．このような配列から，鈴鹿山脈は西側へ傾動した地塊ともみなされる．

鈴鹿東縁断層帯の概要と研究史

鈴鹿東縁断層帯は，岐阜県大垣市上石津町から三重県いなべ市，菰野（こもの）町，四日市市，鈴鹿市を経て亀山市に至り，全体の長さは約34～47kmに達する（■図1）．急峻な山地斜面の山麓線を縁取りながら，伊勢平野との間に明瞭な地形境界線が形成されている．この断層帯は西側の鈴鹿山脈が東側の伊勢平野（北部台地）に対して相対的に隆起する逆断層であ

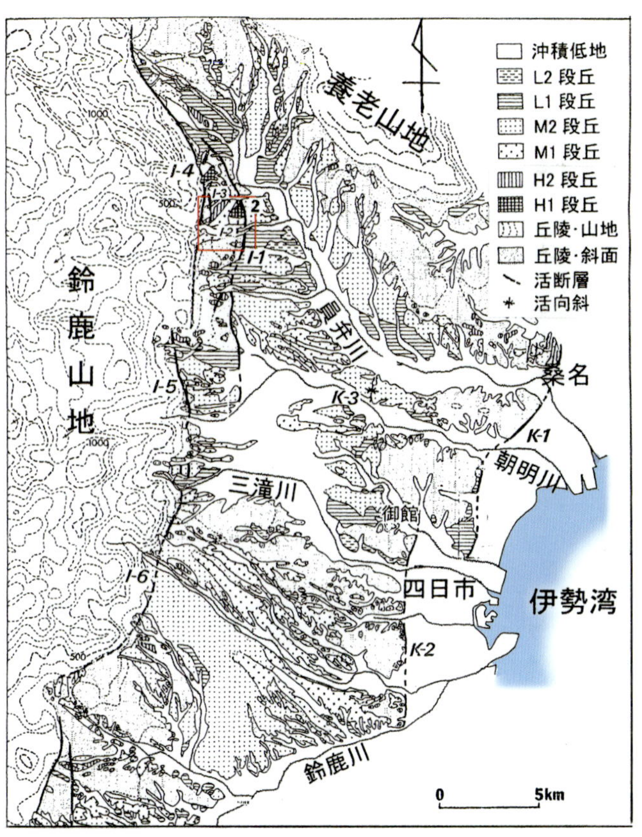

■図1　鈴鹿東縁断層帯と伊勢平野北部域の段丘面分布（太田・寒川，1984を修正）

［I：鈴鹿東縁断層帯；I-1：麓村断層，I-2：石槫（いしぐれ）北山断層，I-3：新町断層，I-4：藤原岳断層，I-5：尾高断層，I-6：菰野断層］，K-1：桑名断層，K-2：四日市断層．2の四角で囲んだ範囲が図2の場所．

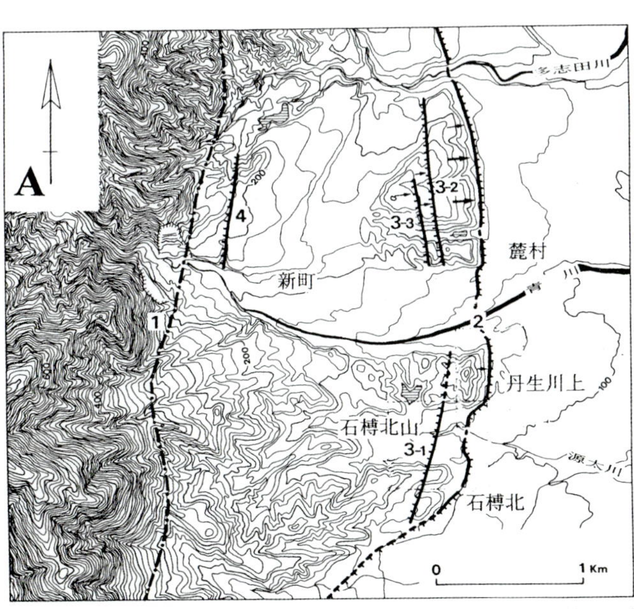

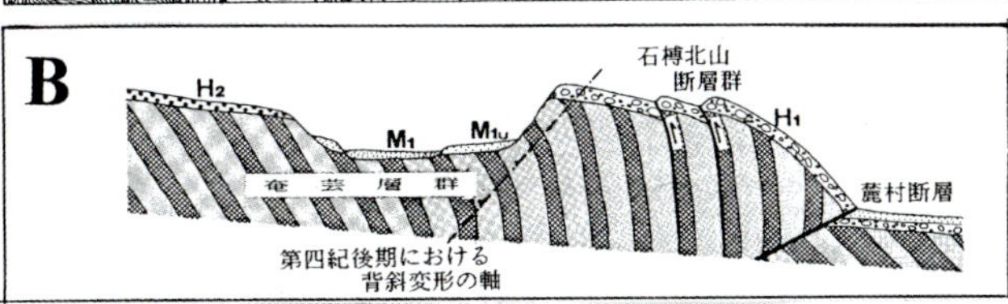

■図2　鈴鹿東縁断層帯北部（いなべ市北勢町－大安町）の地形と断面（東郷・岡田，1989を修正）

A：いなべ市北勢町新町－大安町石槫付近の鈴鹿東縁断層と等高線図．1：一志断層，2：麓村断層，3：石槫北山断層群，4：新町断層．B：麓村断層付近の活構造概念図．麓村の北300 m付近を通る東西方向の地形地質断面．H：高位段丘面，M：中位段丘面．

■写真2　鈴鹿東縁断層帯中部：尾高高原南部－朝明川出口付近の地形（1980年2月岡田撮影）
三重県菰野町尾高高原南部から朝明川（あさけがわ）の山麓出口付近を南西方向に望む．後景の中央は鈴鹿山脈の御在所山と鎌ヶ岳．右手の下部は尾高高原の南部で，山麓部を尾高断層（太田・寒川，1984）が走る．なお，岡田・東郷編（2000）では，長さ約19kmの御在所岳断層の一部としている．写真中央部に朝明川と焼合川（やけごうがわ）に挟まれた中位段丘面（M1・M2）に低断層（～撓曲）崖がみられ，M1面では40m，M2面では15mの上下変位量が求められている（太田・寒川，1984）．また，朝明川の山麓出口北岸では，花崗岩の破砕帯がみられ，これを覆うM1面構成層が東に向かって撓んでいる．

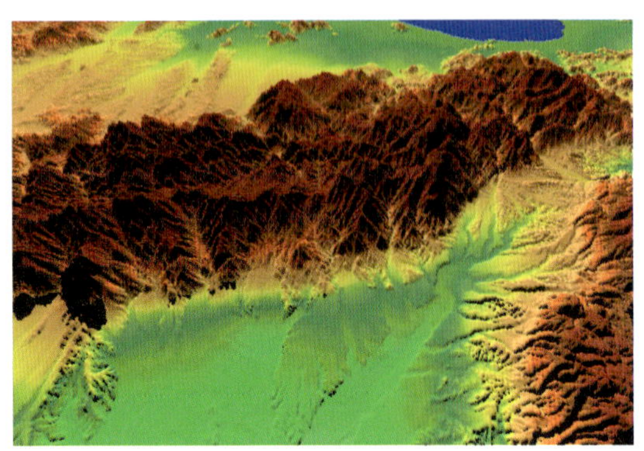

■図3　鈴鹿山脈を西下に俯瞰した鳥瞰図（カシミール3Dで岡田作成）

り，断層線はかなり湾曲ないし屈曲し，横ずれは認められない．断層面は地表付近での観察では西側へ30°前後で傾斜しているが，地下に向かって高角度となるようである．反射法地震探査によれば，地下2km程度の範囲では約60°Wの角度となる（石山・竹村・岡田，1999；地震本部，2005b）．なお，中部では山脈と東側丘陵との地形境界付近に沿う「境界断層」と，これに平行して丘陵東縁や段丘域内の約2km東側を走る「前縁断層」が発達する場所がある（■図1）．

変位地形や地質構造に関しては比較的多くの調査研究が行われてきた（太田・寒川，1984；石山・竹村・岡田，1999；岡田・東郷編，2000など）．さらに，三重県による1996，2002～2003年度の詳しい調査により，活動履歴や地下構造が解明されてきた．こうした調査成果を取り入れて，地震本部（2000，2005b）は当断層帯の諸特性をまとめ，以下のような評価を公表した．

■写真3　鈴鹿東縁断層帯南部：菰野町湯の山付近の地形（2001年11月岡田撮影）
三重県菰野町から湯の山温泉（写真上部中央）方面を西望．後景は鈴鹿山脈の御在所山（1210m）・武平峠・鎌ヶ岳の連山．右手の「湯の山ゴルフ場」の山麓から，左手の台地基部にかけて御在所岳断層（岡田・東郷編，2000）が南北方向に走る．写真中央部は菰野町江野から神明の住宅地であり，低断層崖は人工改変を受けて明瞭さが落ちるが，中位段丘2面で比高約5mとされる（太田・寒川，1984；岡田・東郷編，2000）．

過去と将来の活動

この断層帯における上下方向の平均変位速度は，0.2～0.3m/千年程度であり，B級の活断層に属する．最新活動時期は約3500年前以後で，2800年前以前と推定され，平均的な活動間隔は約6500～12000年と見積もられた．そして，当断層帯全体が1つの活動区間として活動する場合，M7.5程度の大地震が発生し，断層の西側が東側に対して相対的に3～4m程度高まる変位が生ずるとした．この最新活動後の経過率は0.2～0.5であり，将来このような地震が発生する長期確率を算出すると，今後30年以内でほぼ0～0.07%，今後50年以内でほぼ0～0.1%となる．

なお，当断層帯は，平均活動間隔や活動区間など活動履歴に関する精度のよい成果が依然として不足しており，1つ前以前の過去の活動に関するデータを蓄積したり，平均活動間隔についてより限定して，さらに，南方延長上にある布引山地東縁断層帯（西部）の活動との関係も併せて検討する必要があると指摘している．

断層帯の活動時期の変遷

上述のように，鈴鹿東縁断層帯の境界断層は西側の基盤岩石が東側の中新統以降の堆積層へ衝き上げる明瞭な逆断層であるが，中部を除いて南北両側では変位地形がほとんど認定できないことから，第四紀後期においては活動が停止してきたとみられる．しかし，中部区間における東側の丘陵東縁部には前縁断層があり，これが完新世に至るまで活動的である．こうした活断層の配置や運動の変遷からみて，活断層が東方へ移動・前進する現象が認められると指摘されている（Ikeda, 1983）．また，東方へ分布する桑名断層を含めて，反射法地震探査から地下構造や地形面の変位・発達過程を推定し，これらの発達史や詳細な地下構造が推定された（Ishiyama *et al.*, 2004）．

［岡田篤正］

22 琵琶湖西岸断層帯 滋賀県

Biwako-Seigan (Lake Biwa West Coast) Fault Zone

写真1　安曇川下流平野と周辺の地形（2009年1月奥村晃史撮影）
定期便飛行機から北西方向の高島市今津町から新旭町付近を望む．写真上部を石田川，中部を安曇川（あどがわ），下部を鴨川が右手（東方）の琵琶湖へと流入する．これら河川に挟まれるように饗庭野台地や泰山寺野台地が形成されており，沖積平野との間に，北側から知内（酒波）断層，饗庭野断層，上寺断層，勝野断層が連なる．
知内断層は西側の段丘と東側の低地との間を南北方向に走る．饗庭野台地の東縁を限る饗庭野断層は，周辺の台地面（段丘面）に変位・変形を与えている．この台地は東流する安曇川や石田川などで形成されたが，東半部が西側へ傾いたり，異常な隆起や撓みを伴ったりして，東端に背斜状の高まりや撓曲崖が形成されている．上寺断層は泰山寺野台地の東縁を限り，北東–南西方向へ連なる．台地は形成時の流下方向とは逆に北西方向へ傾いている．台地の東麓沿いでは，断層露頭や急傾斜する古琵琶湖層群が観察される．勝野断層は比良山地の北東山麓を北西–南東方向に走る．北東側の鴨川低地が低下する運動を伴い，長さは約3.5km追跡される．延長部は平野下に伏在するようになるので，もう少し長く続くとみられる．
写真中央下部は安曇川や鴨川が形成する扇状地三角州であるが，琵琶湖の西岸沿いでは最大であり，明瞭な地形が発達している．詳細な位置や地形分類は1：25,000都市圏活断層図「熊川」「北小松」（堤ほか，2005; 宮内ほか，2005）参照．

近畿北部に位置する琵琶湖は日本最大の内陸湖である．この湖は約500万年前頃に伊賀地方に誕生し，北方へ段階的に移動してきた．現位置に湖が出現してきたのは約100万年前頃からとされ，西側への傾動や沈降を受けながら，湖盆の形成が継続してきた．一方，湖西には比良山から比叡山へと延びる急峻な山地域が連なり，さらに西方へ広がる丹波高地が展開する．こうした丹波高地と近江盆地との大きな地形境界に沿って，琵琶湖西岸断層帯や花折断層帯などが分布し，これらを境に地形や地質は大きく相違する．この地帯は近畿三角帯の北西辺にあたり，活断層が密集して発達しており，神戸–新潟ひずみ集中帯の一部をなす．

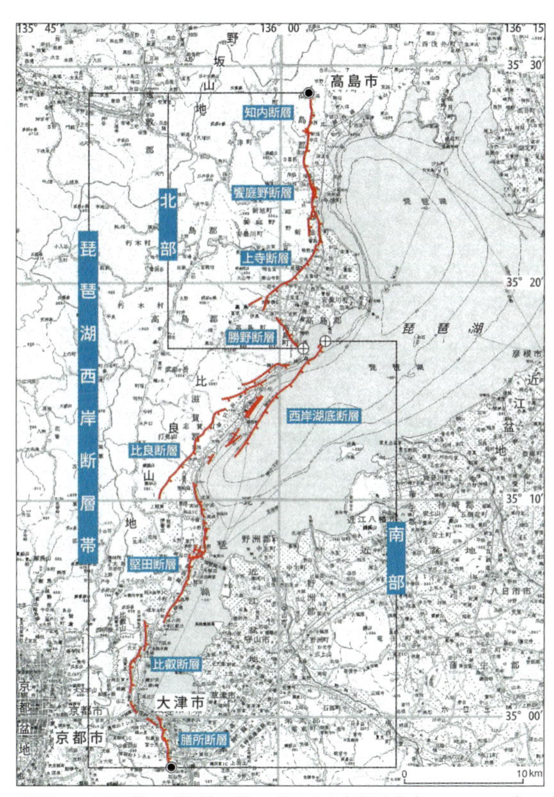

図1　琵琶湖西岸断層帯の位置図（地震本部，2009b）
●は断層帯の北端と南端．⊕は北部の南端と南部の北端．

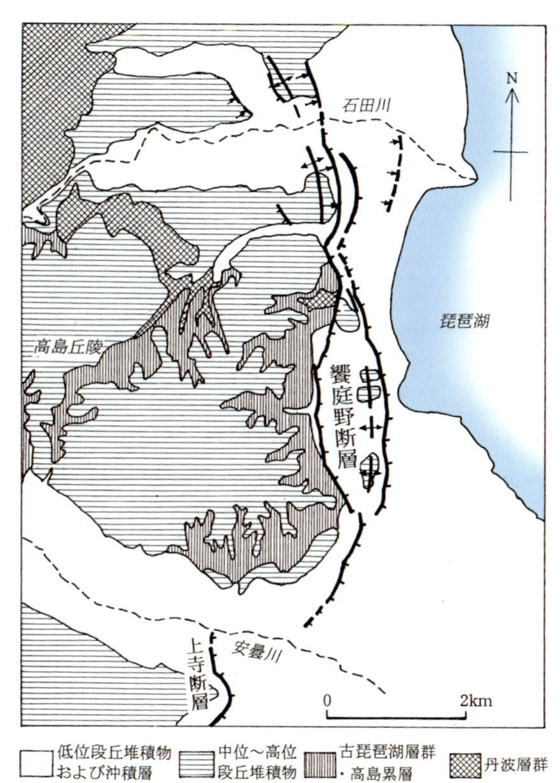

図2　饗庭野断層周辺の地質概要（小松原ほか，1998）

琵琶湖西岸断層帯の位置

琵琶湖西岸断層帯は琵琶湖の西岸沿いに分布する活断層群であり，全体としてほぼ南北ないし北北東-南南西方向へ約59km連続する（図1）．この断層帯は滋賀県高島市（旧 マキノ町）から大津市国分付近へほぼ南北方向に延びる．断層線はいずれの場所でもかなり出入りに富み屈曲している．断層線近くの古琵琶湖層群は急傾斜したり，変位地形が連続的に連なったりしている．断層露頭やトレンチ調査でも西側から東側へ衝き上げる逆断層が観察される．地震本部（2009）は，位置・形状・過去の活動時期等が近江高島付近を境にして，北部と南部で大きく異なるとして，2つの活動区間（セグメント）に分けている（図1）．

北部

北部は長さ約23kmであり，北から知内（ちない）（酒波（さなみ））・饗庭野（あいばの）・上寺（かみでら）・勝野の各断層が連なる．断層線は大局的には南北方向へ延びるが，湾曲・屈曲しており，西側から東側へ衝き上げる逆断層とされる．饗庭野台地や泰山寺野台地は明瞭な段丘面が多段に発達し，段丘面群が高位置に分布する地域としては近畿地方の代表例である．その東縁に沿って，傾動・断層変位・褶曲状の変形・撓曲などの各種の変動が認められる（写真1；東郷，2000）．

饗庭野台地は主として高位段丘面からなり，東部が地形的に高く，ドーム状に盛り上がる（図2）．この東側に沿って，低位から高位の段丘面を変位・変形させる饗庭野断層群が認められる．高島市今津町弘川地区から今津市街地西側にかけて，段丘面の東端部が背斜状に膨らみ，さらに東側は撓曲を伴っ

写真2　饗庭野断層北部周辺の地形（1993年4月岡田篤正撮影）
高島市今津町西方上空から南東方を望む．写真下部は弘川集落を載せる低位段丘面であり，この東部を通る饗庭野断層を横切るトレンチ調査によって，みごとな逆断層が出現した（小松原ほか，1999）．中景は饗庭野演習地と飛行場を載せる中位段丘面である．これら低位面と中位面は東部において饗庭野断層に伴う南北方向の背斜軸や撓曲崖により，変位を受けている．左端に見える今津市街地は沖積平野面であり，低位面・中位面を被覆して発達している．写真上部に饗庭野台地東縁の日爪断層や背斜丘を伴う五十川断層が見える．詳細な位置や地形分類は1：25,000都市圏活断層図「熊川」（堤ほか，2005）参照．

た低断層崖が日爪断層や今津断層に沿って南北方向に延びる（**写真2**；小松原ほか，1998）．饗庭地区では断層は幅約1km離れて2本となり，西側が日爪断層，東側が五十川断層とよばれる．五十川断層の西側に沿って下位面が広がり，その東端に中位面や孤立した丘が南北に連なる（**写真3**）．これは逆断層の上盤側に形成されたバルジ（ふくらみ）の地形である．

饗庭野断層群を横切って行われた2つのトレンチ調査から，最新活動時期は約2800年以後で約2400年以前と求められ，この時に西側が東側に対して相対的に2～5m隆起した（**表1**）．平均的な上下方向の変位速度は約2m/千年であり，平均活動間隔は約1000～2800年と見積もられる（小松原ほか，1999）．

南部

南部は比良－比叡山地の東麓とその東側を並走する活断層群である．高島市南方から大津市国分付近まで延びる．比良・西岸湖底・堅田・比叡・膳所の各断層として配列し，長さは約38kmに達する．比良・比叡山地東麓の傾斜変換線沿いにも活断層は推定されるが，変位地形は不明瞭で連続性が乏しい（**写真4**）．しかし，音波探査や反射法地震探査などにより，琵琶湖の西岸沿いの湖底に北北東－南南西方向に延びる活断層群が認められ，この西岸湖底断層帯がより活動的な断層とみなされる．

大津市本堅田地区の堅田断層を横切る数多くのジオスライサーとボーリング調査が実施され，11世紀以後で12世紀以前の間に6mに及ぶ撓曲状の上下変位が生じたことが判明した（Kaneda *et al.*,

写真3　饗庭野東縁周辺（饗庭野断層北部）の地形（1993年4月岡田撮影）

高島市今津町南部上空から南方を望む．写真中部左側には饗庭野台地東縁の日爪断層（丘陵と平地の境界線）・日爪低地（下位面）・かまぼこ型の背斜丘を伴う五十川断層が見える．この背斜丘の東麓を饗庭野断層が南北方向に走り，これを東西に横切るトレンチ調査が行われた．西側から東側へ衝き上げる逆断層の構造が観察され，最新活動時期は約2400～2800年前と判明した（小松原ほか，1999）．写真左下部の道路（161号線）沿いでは古琵琶湖層群が急傾斜しており，活断層に近接していることが示唆される．詳細な位置や地形分類は1：25,000都市圏活断層図「熊川」参照．

写真4　比良山地・湖西丘陵・和迩川三角州周辺の地形（1981年3月岡田撮影；赤外線フィルム写真）

定期便飛行機から比良山地・花折断層谷・湖西丘陵を北西方に望む．比良山地の東側（手前）には急傾斜の断層崖が発達するが，これを開析する河谷の下流側に崖錐や扇状地が連続的に形成されている．これらの堆積地形を切断する変位地形は不明瞭であり，規模の大きな活断層は認められない．写真下部の湖西丘陵の東縁を堅田断層が走り，トレンチ調査やジオスライサー調査が実施されてきた．この写真付近では琵琶湖西岸断層帯の主要な活断層群は琵琶湖西部の湖底を通過している．比良山地の西側に沿って北北西－南南東方向に走る花折断層谷が直線状に延びる．詳細位置や地形分類は1：25,000都市圏活断層図「北小松」「京都東北部」参照．

写真5　比良山地東麓（大谷川周辺）の地形（1993年4月岡田撮影）
大津市志賀町松の浦上空付近から西方を望む．中央には大谷川が形成した扇状地が見られ，その先端は円弧状をなして琵琶湖に流入する．扇状地上を流れる大谷川は天井川化し，周辺に対して高まりを形成している．後方は比良山地の主部で，中央が蓬莱山（1174 m），右奥が比良岳（1051 m）である．山地東側は比高千mに及ぶ急傾斜の山地斜面であり，古くから断層崖の典型的な事例とされてきた．この山麓沿いを湖西道路が走り，その西側の山麓線基部に推定活断層が認定されるが，変位地形はあまり明瞭でない．変位地形が明瞭な活断層は湖岸線に近い湖底を通過している（植村・太井子，1990；岡田・東郷編，2000）．活断層の位置が山麓から（琵琶湖）西岸湖底断層帯へと移動している可能性が指摘される．詳細な位置や地形分類は1：25,000都市圏活断層図「北小松」（宮内ほか，2005）参照．

表1　琵琶湖西岸断層帯の諸元（地震本部，2009bから作成）

	活断層の名前	長さ［km］	走向	最新の活動時期	平均活動間隔	1回のずれ量	推定地震規模［M］
全体	琵琶湖西岸断層帯	59	N-S				7.8
北部	知内（酒波）・饗庭野・上寺・勝野	23	N-S	約2800～2400年前	約1000～2800年	2～5 m（上下成分）	7.1
南部	比良・西岸湖底・堅田・比叡・膳所	38	N-S	1185（元暦2）年（地形地質調査では11世紀以後~12世紀以前）	約4500～6000年	6～8 m（上下成分）	7.4

写真6　比叡山東麓周辺の地形（1993年4月岡田撮影）
大津市坂本本町付近や比叡山を西方に望む．後方の2つの峰は比叡山（848m）．中央には大宮川が形成した開析扇状地が中位・低位段丘面として分布するが，これらを切断して低断層崖が山麓線に並行して南北方向に延びる．この付近の比叡断層は山麓沿いに比較的明瞭な変位地形を伴っている．詳細は1：25,000都市圏活断層図「京都東北部」（岡田ほか，1996）参照．

2008）．この時代に湖西や京都に大きな被害を与えた地震は1185（元暦2）年京都近江地震しかない．元暦地震は京都盆地東部から山科盆地，比叡山およびその東麓にかけて被害が大きく，規模（M）は7.4程度と推定されている．堅田断層の最新活動とみなされ，この活動時に西側が東側に対して相対的に撓み上がる撓曲運動が生じ，逆断層の動きが地下では起こったと推定される．上下方向の平均変位速度は約1.4m/千年であり，平均活動間隔は約4500～6000年程度と見積もられている（**表1**）．

なお，中山忠親の日記『山槐記』には1185年地震時に「琵琶湖の湖水が北に流れて湖畔が数十m干上がったが，後日水位は元に戻った」と記載されている．こうした記載と被害を受けた建造物の分布状況から，西山（2000）はこの地震の震央を琵琶湖西岸付近と推定し，堅田断層の活動により，引き起こされた可能性が大きいことを示唆した．

元暦地震時に堅田断層が活動したことは確実であるが，これ以外の琵琶湖西岸断層帯の最新活動時期は判明していない．大津市街地の西側を限る膳所断層沿いには，下位段丘面の変位が認められないので，元暦地震時に活動していない可能性がある．

将来の地震

地震本部（2009b）は，琵琶湖西岸断層帯の性質をとりまとめ，長期的な地震評価の改訂を行った（**表1**）．断層帯北部は今後30年の間に地震が発生する確率は1～3%とし，我が国の主な活断層の中では高いグループに属するとしている．一方，南部は今後300年以内でも地震発生の確率はほぼ0%と低いとした．これは元暦地震時の堅田断層の変位量が大きいので，南部の全体を一括して活動したとみなしたからである．しかし，他の断層についての詳しい調査は実施されていないので，資料不足により将来の地震について琵琶湖西岸断層帯全体の評価をすることはなお難しい．逆断層帯では，変位量は区間や場所ごとに大きく異なることがあり，注意を要する．

［岡田篤正］

23 生駒断層帯

大阪府

Ikoma Fault Zone

■写真1　生駒山地中部の地形と生駒断層帯（2016年7月岡田篤正撮影）
電波施設のある山頂（左上）が生駒山（642m），その南側稜線が生駒山地の主部．東大阪市東部上空から北東方向を望む．生駒断層崖を形成する急傾斜の山地斜面と住宅地との間に傾斜変換線があり，この部分を推定活断層が走る．さらに，この西側約0.5kmを並走する生駒断層は低位段丘面を明瞭に切断し，比高数十m程度以下の撓曲崖を伴う低断層崖が連続する．この活断層が第四紀後期にはより活動的な断層線と推定され，写真右の大阪層群より構成される小丘の西側へと連なる．

大阪平野の東側には生駒山地が南北方向に連なる．この平野と山地との大きな地形境界に沿って生駒断層帯が延びる．こうした地形的な対立は生駒断層帯の活動により形成されてきた．生駒山地はほぼ中央部に位置する生駒山（642m）を最高峰として南北両方向に徐々に高度を下げる．

位置

生駒山地の西麓に沿って生駒断層帯が発達するが，東麓には明瞭な活断層は認められない（■図1）．生駒山地は生駒断層帯の上盤側に形成された地塊で，東方へ傾く傾動地塊をなす．この断層帯は大阪府の枚方（ひらかた）市から羽曳野（はびきの）市まで追跡され，総延長は約38kmである．北部では田口・交野（かたの）・枚方の3断層に分岐するが，中部では生駒断層が1本の主要断層として地形境界を形成し，南北方向に約20km連続する（■写真1，2，3）．南部では西側約2kmを走る誉田（こんだ）断層に乗り移る．いずれの断層も西側低下，東側隆起であり，逆断層性の活断層帯を形成する．

詳しい活断層の位置は1：25,000都市圏活断層図の「大阪東北部」や「大阪東南部」に地形面区分と共に示されている（中田ほか，1996b，1996c）．中部の生駒断層沿いには，比高数百mに及ぶ急峻な断層崖が発達し，その急斜面の麓に沿って崖錐や扇状地

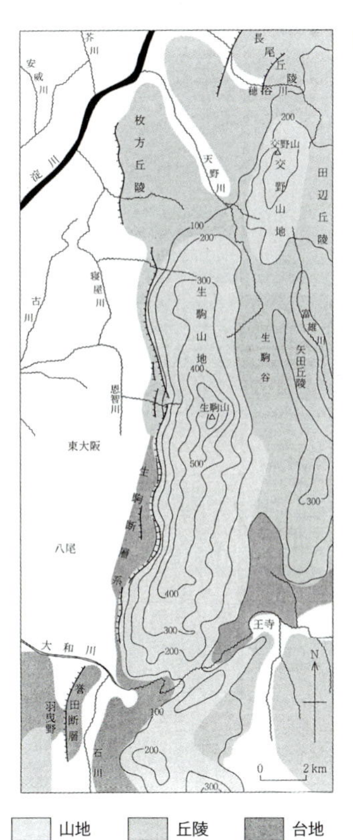

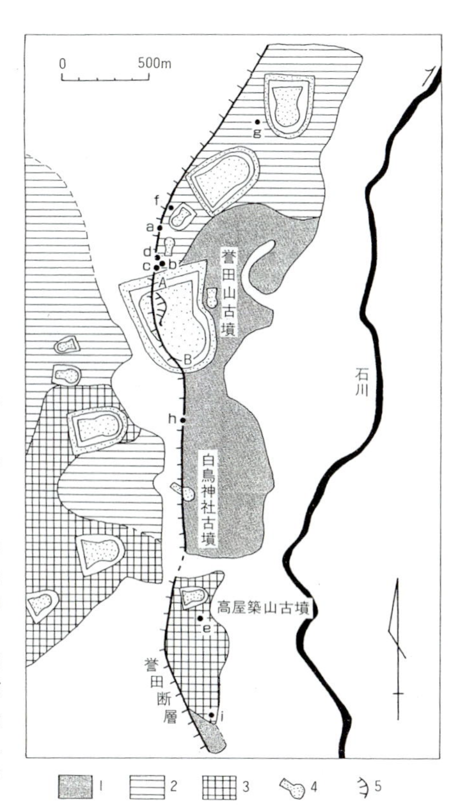

■図1　生駒断層帯の分布図と接峰面（宮地ほか，1998；宮地・田結庄・寒川，2001から作成）

■図2　誉田断層と古市古墳群（寒川，1992）
凡例　1：誉田面，2：道明寺面，3：野中面，4：古墳の墳丘，5：地滑り跡．
図中のA・Bは誉田山古墳の中堤に上下変位がみられる地点．a地点で中位段丘堆積物が東上がり12m変位．b・cは段丘堆積物が，d・eは大阪層群が急傾斜する地点．fは新期段丘堆積物が傾き，gは副次的な正断層が認められた地点．hでは誉田面構成層が約6m西側へ低下．

が連続的に分布する．山地斜面から扇状地に移行する傾斜変換線沿いに活断層線は推定されるが，この西側約400m～1km付近を低断層崖が並走する場所が多く，後者の断層の活動性がより高いとみなされる．2本の断層間には段丘化した地形面が分布しており，西側の断層の活動により隆起を受けている（■写真2）．

生駒断層の平均的な上下変位速度は，ボーリング調査による地下地質の変位や年代から0.5～1m/千年と求められている．四条畷で行われたトレンチ掘削では，大阪層群相当層が沖積層に衝き上げる低角度（10～15°E）の逆断層として観察され，西暦100～1000年頃に最新活動があったとされる（下川ほか，1997）．

断層の形状と過去の活動

四条畷（しじょうなわて）付近で行われた反射法地震探査の結果によると，生駒断層の断層面は地下400m付近までは低角（30～40°程度）で東に傾斜する（下川ほか，1997；宮地・田結庄・寒川，2001）．八尾市福栄町で行われた反射法探査やボーリング調査によると，山麓線から1.5km西側の平野下に伏在する活断層が認められる．地下の断層面は地表に向かって分岐し，やや高角度のものが地表に達し，低角度断層の先端は堆積層中に止まっていると考えられる．こうした地表に変位地形を伴わない活断層も平野下に存在する可能性がある．

誉田断層とその変位

誉田断層は生駒断層帯の南西部に雁行状に配列する．この断層は藤井寺市から羽曳野市にかけて南北方向に約4km連続し，断層線はやや西側へ凸型に湾曲する．断層沿いの大阪層群は急傾斜し，これを覆う段丘面や堆積物も断層変位を受けている．低位段丘面（野中面・道明寺面・誉田面）群が切断され，西側が低下する逆断層である（■図2）．この付近に発達する道明寺面（約3～5万年前）に7m，誉田面（約2万年前）に4mの上下変位量が求められ，平均的な上下変位速度は0.2～0.4m/千年と推定される（寒川，1986）．

写真2　生駒山地中部南側の地形と生駒断層帯（2016年7月岡田撮影）

写真1の南側．生駒山地山頂部には信貴生駒スカイラインが走り，徐々に高度を低下させて南側へと連なる．東大阪市東南部から八尾市にかけての生駒山地西麓を東望．断層崖の基部にあたる傾斜変換線を推定活断層が通るが，この西側約0.5～1kmを並走する生駒断層は低位段丘面を明瞭に切断して南北方向へ連なるので，これが完新世まで活動している活断層としてより重要である．写真中央下部左側の小丘は花岡山（54m）であり，大阪層群が露出している（宮地・田結庄・寒川，1998）．その右手には大阪経済法科大学が位置し，さらに右手（南側）の丘陵延長部や低位段丘面に沿って低断層崖が続く．

写真3　生駒山地南部西側の地形と生駒断層帯（2001年11月岡田撮影）

柏原市山ノ井町・法善寺町付近の山麓部を東南方向に望む．右手中央部にある堅下北中学校の手前（西側）の崖下を生駒断層が通過する．この付近では1本の断層線のみが認定される．

写真4　誉田山古墳と誉田断層（2016年7月岡田撮影）
南方向を望む．古墳の前方部（写真下部右）に崩壊した跡が見え，その両側延長の中堤に北側で1.4m，南側で1.8mの段差が測定される（図2，3；寒川，1986，1992）．伊丹空港へ到着する飛行機はこの上空付近から着陸体制に入ることが多く，こうした光景を観察できる．

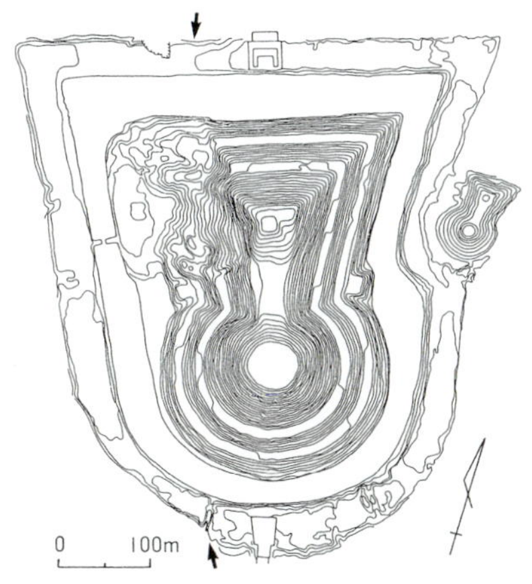

図3　誉田山古墳と誉田断層による変位（寒川，1992）
帝室林野局作成の陵墓地形図から1m間隔の等高線を抜き出した地図．矢印は中堤の変位場所や陵墓北西部の崩壊した場所．

低位段丘面群上には古市古墳群の一部が分布し，これに属する誉田山古墳（応神天皇陵）と白鳥神社古墳は誉田断層により西下りの変位を受けている（寒川，1986）．誉田山古墳の前方部西側は崩れを生じ，北側の中堤で1.4m，南側で1.8mの上下変位量が求められる（**図3**）．

この古墳の変位を起こした地震は，震央（摂津・河内）の位置から1510（永正5）年の可能性が寒川（1986）により指摘された．しかし，萩原編（1989）は震央位置・被害分布などを再検討して，それは734（天平6）年畿内・七道諸国の地震であり，規模（M）が7程度と推定した．

長期評価

地震本部（2001a）は生駒断層帯の評価を次のようにまとめている．生駒断層帯は東側が隆起し，西側が低下する逆断層であり，平均して3000～6000年程度の間隔で活動してきた．最新の活動は，西暦400～1000年頃であり，この時の上下方向のずれ量は2～3mであった．生駒断層帯では，断層帯全体が1つの区間として活動し，M7.0～7.5程度の地震が発生する．その際には東側が西側に対して2～4m程度隆起する．今後30年以内の地震の発生確率はほぼ0～0.1%とし，我が国の主な活断層の中ではやや高いグループに属することになる．

［岡田篤正］

24 六甲・淡路島断層帯

兵庫県

Rokko and Awaji-sima (Awaji Island) Fault Zones

写真1　芦屋市山手町から神戸市東灘区岡本付近の岡本断層（2013年4月岡田篤正撮影）

北方を望む．写真中部の山麓線沿いの傾斜変換線をほぼ東西方向に岡本断層が延びる．神戸市東灘区岡本地区で実施された群列ボーリングでは，AT火山灰層が約12m南側に低下しているので，この断層の平均的な上下変位速度は約0.4m/千年とみなされた．右手の河谷は芦屋川であり，この付近から北東方向の山麓線沿いに芦屋断層が分岐していく．写真中央部の露岩地はロックガーデンである．背後の山地は六甲山から延びる稜線であり，定高性を示す．この南側に沿って大月断層や五助橋断層が北東−南西方向に走る．

写真2　六甲山地東部周辺の五助橋・芦屋断層などの地形（2017年1月岡田撮影）

芦屋市中央部上空から北方を望む．背後には主峰の六甲山（931m）が左手に見え，その稜線が右手（北東側）へと連なる．その手前（東南側）には芦屋ゴルフ場や奥山貯水池がある平坦地があり，背後の稜線との間を大月断層や五助橋断層が並走する．中央部の山地と住宅地の境界線に沿って芦屋断層が北東−南西方向に通過する．中央右手に甲山（309m）や北山貯水池が見える．甲陽断層や岡本断層は住宅地の中を通過するので，この写真では指摘が難しい．なお，大月・五助橋・芦屋などの断層沿いには段丘面を切断する変位地形は認められない．一方，甲陽断層や岡本断層は段丘面を変位させるので，第四紀後期の活動は前者から後者へと移動しているとみなされる．

六甲山地は兵庫県南東部に位置し，周囲をすべて活断層で限られた山地塊であり，完全地塁とよばれる．その主峰は山地の北東部にある六甲山（931 m）であり，ここから南西方向に徐々に高度を下げ，傾動地塊をなす（図1）．山地の南東側を縁取る活断層帯は六甲断層帯とよばれ，活動度が高く，明瞭な地形境界線を形成して連続する．六甲山地南縁だけでも約30 kmにわたって東北東–西南西方向に延びる（図1；地震本部，2005f）．

六甲山地と活断層

この断層帯は右横ずれが卓越し，北上がりの上下変位を伴う．北東部の甲陽断層，中東部の岡本断層，中西部の諏訪山断層・長田山断層，南西部の須磨断層が主要な活断層として連続するが，並走あるいは分岐する活断層も伴われている（図1）．

六甲山地の上には小起伏平坦面（あるいは隆起準平原）が数段に分かれて認められる（図2，3）．上から2段目の芦屋市奥池町（標高約500 m）付近には，大阪層群下部層が分布し，それは五助橋断層で切断されている．3段目の西宮市西部（鷲林寺（じゅうりんじ）・苦楽園付近；標高約250 m以下）には大阪層群中部層が分布し，芦屋断層により変位を受けている．しかし，五助橋断層や芦屋断層沿いに分布する段丘面には変

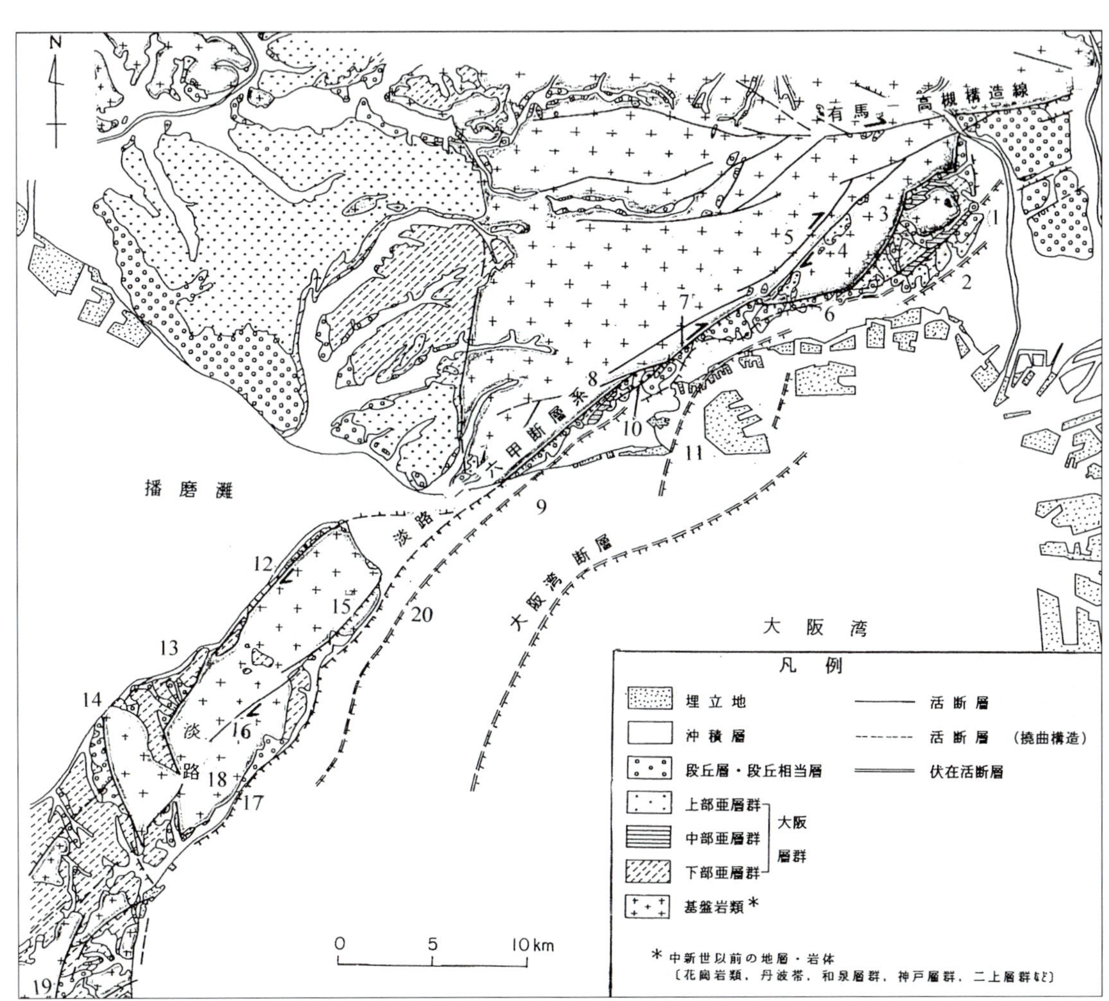

図1　六甲・淡路島断層帯の地質と断層位置図（兵庫県立人と自然の博物館，1997の一部）

六甲・淡路島断層帯（～系）は，主な断層として，1甲陽断層，2西宮撓曲，3芦屋断層，4五助橋断層，5大月断層，6岡本断層，7諏訪山断層，8長田断層，9須磨断層，10会下山断層，11和田沖断層，12野島断層，13浅野断層，14志筑断層，15楠本断層，16東浦断層，17釜口断層，18野田尾断層，19先山断層，20仮屋沖断層などがあげられる．

位が認められず，第四紀前半には活動したが，第四紀後期の活動は停止している（中田ほか，1996a；鈴木ほか，1996）．一方，これらの南東側を並走する甲陽断層や西宮撓曲は段丘面を明瞭に変位させているので，断層活動の位置が変化し，新しい活動が東へと移動してきたとみなされる（図3）．

藤田・笠間（1982，1983）は六甲山地の断層運動が約100万年前頃から始まり，とくに50万年以降に活発化してきたとしている．また，断層の位置も東へ移動を伴いながら，現在の高度にまで隆起してきたとみなした．平均的な右ずれ変位速度は約2m/千年とされ，0.25m/千年程度の上下平均変位速度を伴う（岡田・東郷編，2000）．

六甲断層帯

諏訪山断層は六甲山地南東麓を限る主要な活断層であり，数百mを超す大比高の急峻な山地斜面（断層崖）が伴われ，山麓線は東北東-西南西方向にほ

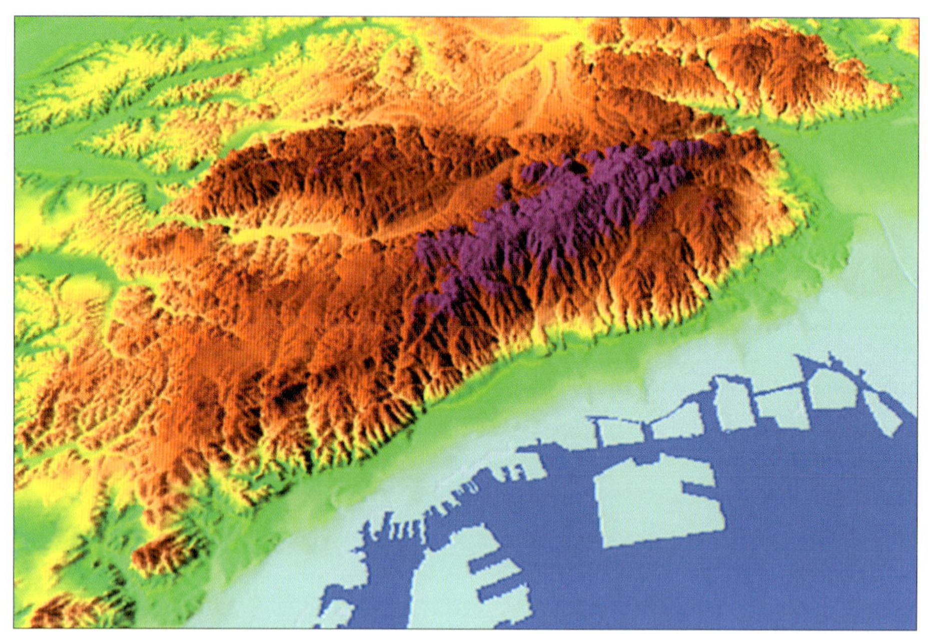

図2　六甲山地・帝釈山地周辺の段彩鳥瞰図（カシミール3Dで岡田作成）
六甲山地を北下方に望む．

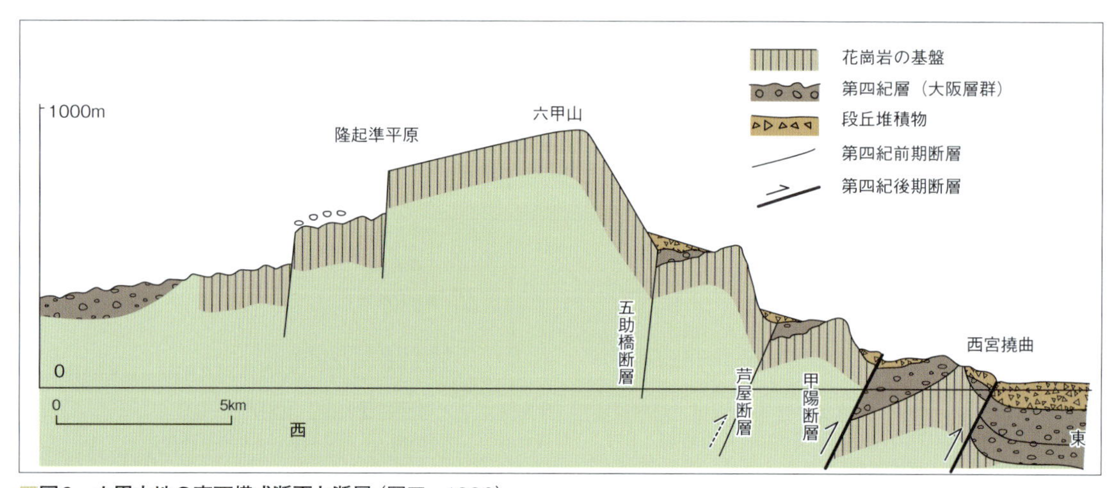

図3　六甲山地の東西模式断面と断層（岡田，1996）
六甲山頂部から南東方向に横切る断面で，断層の模式図と活動時期の差を示す．

■写真3　六甲山地東部周辺の五助橋・芦屋断層などの地形（2017年1月岡田撮影）
神戸市東灘区住吉上空から北方を望む．中央上部は六甲山頂部の小起伏面で，その右手には最高峰の六甲山が見える．中央右手に芦屋ゴルフ場が見えるが，この背後から左下の東灘区渦森台の住宅地背後にかけて，大月断層や五助橋断層が中央の住吉川峡谷を挟んで北東–南西方向に通過する．これらの断層に沿う変位地形は不明瞭であり，第四紀後期の活動は山麓の活断層（岡本断層）へ乗り換わった可能性が高い．

ぼ直線状に連なる．この断層線を横切って南流する河谷には系統的な右横ずれ屈曲が認められる．また，段丘面群を切断した低断層崖の地形が各所に発達する（渡辺・鈴木・中田，1996：岡田・東郷編，2000）．この断層のもっとも新しい活動は山陽新幹線の新神戸駅が建設された際に観察された（■図4）．ここでは生田川の扇状地礫層（南側；数千年前程度）と花崗岩類（北側）とがほぼ垂直の断層面で接していた．断層沿いには断層破砕帯（断層粘土）が伴われ，礫層は引きずりを受けると共に切断され，幅30cm部分では礫の長軸が垂直に立ち，断層運動により礫が回転をしていた（藤田・笠間，1983）．

諏訪山断層は諏訪山公園の南側付近から西側では走向はほぼ同じであるが，上下変位の向きが逆となり，北側が低下する．この部分の南側断層は会下山（えげやま）断層とよばれ，さらに北側の山麓を走る須磨断層（または長田山断層）との間に幅約0.5kmの低地が形成されている（■図5）．この地溝状の低地は右横ずれに伴って開裂したプルアパート（pull-apart）盆地とみなされる．

なお，六甲山地南麓を縁取る活断層部分は，山麓部まで開発が進行して市街地化しているため，トレンチ掘削調査は行われておらず，活動履歴や間隔は判明していない．一方，反射法地震探査やボーリング調査が数多くの測線で行われ，地下構造はかなり詳しく解明されてきた（神戸市，1999）．

1995年兵庫県南部地震時には六甲山地南麓域ではやや深部の断層部分が動いたが，地震断層は地表では確認されていない．この地震は固有規模の地震よりひとまわり小さい地震と地震本部（2005f）はみなしている．また，六甲山地南縁の主な活断層は1596年慶長伏見地震時に動き，それが最新活動時期である可能性が大きいと指摘している．

兵庫県南部地震では，山麓線より1km前後南側を並走する地帯に被害が集中し，いわゆる「震災の帯」が現れた．この原因については，①地震波の焦点効果，②伏在の活断層による影響，③古い家屋の集中的な分布域など，いくつかの説明がなされている．

なお，六甲山地南麓域の市街地は大比高の断層崖麓近くに位置しており，下流側には崖錐や扇状地が発達し，河川は天井川化している．急峻な山地斜面からの崖崩れ・地すべり・土石流等の地盤・土砂災害や洪水などの危険性もあり，集中豪雨時には警戒を要する地帯となっている．

■写真4　新神戸駅付近の諏訪山断層（1995年1月岡田撮影）
写真中央下部は新神戸駅であり，北北西方を望む．山麓沿いを走る諏訪山断層の真上に新神戸駅は作られている．同駅の建設中に花崗岩類と沖積扇状地礫層とがほぼ垂直の断層面で接する状況（■図4）が観察された．しかし，兵庫県南部地震では諏訪山断層沿いにずれは生じなかったので，新幹線や周辺の建物・ダムなどに大きな被害は発生しなかった．六甲山地南縁の急斜面は諏訪山断層崖とよばれ，比高は数百mを超える．これを開析して南流する河川はいずれも激流をなし，多くの滝や早瀬を伴って，V字状の河谷地形を形成している．下流側は扇状地となり，神戸や灘の名水は六甲山地から得られている．こうした地形は駅の南西側にあるロープウェイに機上するとよく観察できる．

■写真5　六甲山地南東縁の諏訪山断層（1995年1月岡田撮影）
写真中央下部は諏訪山公園であり，北西方向を望む．この基部を六甲山地南東縁に沿って諏訪山断層が走る．この付近から写真左側の山麓を縁取る須磨断層（または長田山断層）と諏訪山断層の南西延長部である会下山断層とに断層線は2本に分かれる．両断層の間には地溝状の凹地が発達しており，これはプルアパート盆地とみなされる．

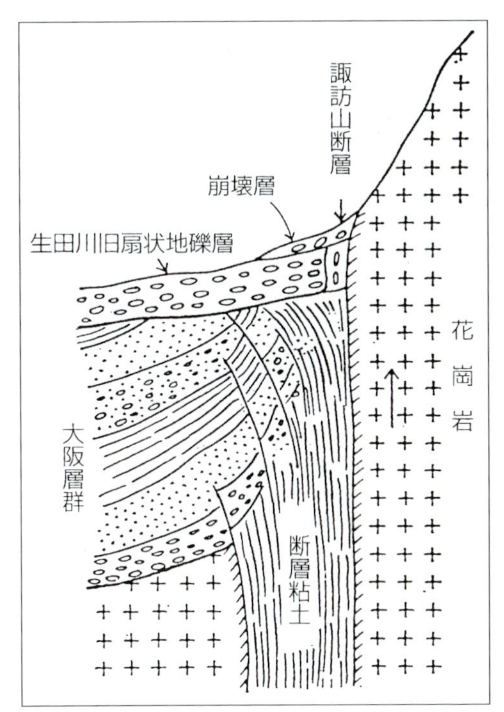

図4　新神戸駅建設時に現れた諏訪山断層の露頭概念図（藤田・笠間，1983）
新神戸駅建設時に観察された諏訪山断層の露頭付近の概念図（西側断面）.

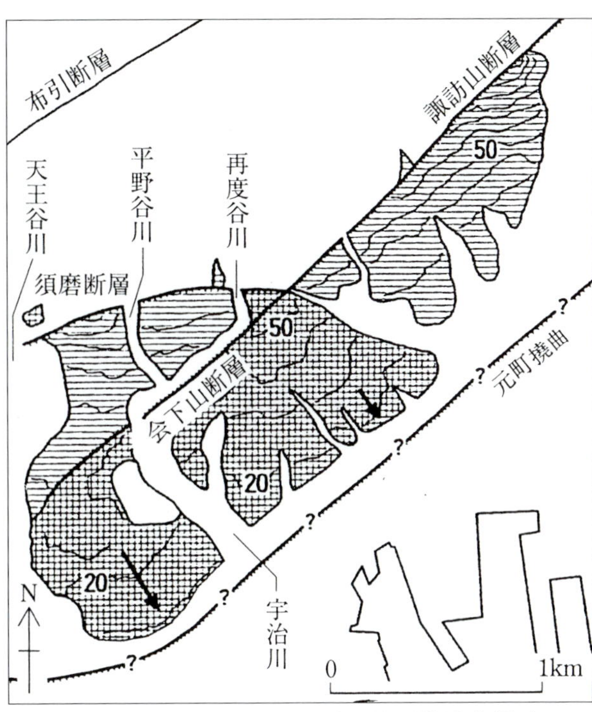

図5　神戸市元町周辺の地形分類図と活断層群（鈴木ほか，1996を修正）
格子模様はⅡ段丘面（中位面），横線はⅢ段丘面（低位面）で元町撓曲に向けて段丘面が撓み，須磨断層と会下山断層の間に盆地が形成されている.

淡路島の活断層

淡路島北部の山地には標高200～300mの小起伏面が広がり，その一部に神戸層群や大阪層群も分布するが，これらの堆積後に平坦化が進行した．北西側は野島断層・浅野断層，南東側は楠本・東浦・野田尾などの活断層に限られ，典型的な地塁をなす．これら断層群は六甲・淡路島断層帯（～系）とよばれ，その南西延長部にあたる．これらの走向は北東-南西方向が多く，右横ずれが卓越した運動と，山地側の隆起を伴っている．小起伏面の形成後の第四紀になってから，急激に山地の隆起が始まり，活断層群が活動してきたとみられる．

野島断層の概要

野島断層は淡路島北部の北西側山麓を縁取り，北東-南西方向に約10km延長する（粟田・水野，1997；中田・岡田編，1999）．南部の野島蟇浦（ひきのうら）付近で2条に分岐し，これより北東側ではほぼ1本の断層が比高250m前後の断層崖を伴っている．蟇浦より南西側では大阪層群の丘陵を横切り，撓曲帯が形成されているが，丘陵高度には大きな高度差はない．南方へと枝別れする分岐断層は花崗岩類と大阪層群が接する地質境界の断層である．野島断層沿いでは，右横ずれを示す河谷の屈曲が散見されるが，最大でも300m程度であり，それ以下の量が多い．局所的に南東側が低下の場所もあるが，ほとんどの場所で北西側が低下する断層崖が伴われる．

野島平林では，河成段丘面の変位量と形成年代値から，千年につき右横ずれ：約1m，山側隆起：0.5m程度の平均変位速度をもつ活断層とされていた．この付近の野島断層では東側の花崗岩類が西側の大阪層群と接する断層面（約50°E）が観察されていた．また，地震後に行われた多くのトレンチ調査によると，兵庫県南部地震に先行する活動は約2000年前，2つ前は約4000年前と求められ，約

■写真6　淡路島北部西縁の野島断層（1995年1月岡田撮影）

淡路市野島平林に現れた地震断層（写真下部）を東方に望む．左側下部の水田では，山側隆起で上下変位量が1.2m，右横ずれ量が2.1mと測定された．野島地震断層沿いで最大の変位量が当地に出現した．水田や道路に現れた明瞭な段差は地震後すぐに平坦化され，地震断層の変位地形は現在ではほとんど消滅した．この造成地（夕陽丘）は現在では道路舗装され幅が広くなり，太陽光発電のソーラーパネルがびっしりと設置され，さらに南側の山地には風力発電用の大型風車群が建設されている．当地は再生可能な自然エネルギー確保に向けた電力供給基地へと大きく様相を変えている．この造成地の2ヶ所で野島断層を貫く深層ボーリング掘削調査も行われた．

■写真7　志筑断層・志筑西断層周辺の地形（2013年4月岡田撮影）

淡路市園出付近から北方の尾崎・尾崎漁港（中央左）方向を望む．山麓を高速道（神戸淡路鳴門自動車道）が走り，ほぼこの山麓線沿いを志筑断層が通る．北北西－南南東方向の志筑断層北部は花崗岩類と大阪層群が高角度逆断層状の断層面で接するが，段丘面群を変位させる地形は不明瞭であり，第四紀後期の活動性は低い．一方，西側約700mを並走する志筑西断層に沿って段丘面群を変位させる撓曲崖が走り，第四紀後期の活動はこれに移っている．陸上部の長さは約8kmであるが，北西延長部の播磨灘海底へも連続するので，これを含めると約12kmとなる．

■写真8　先山断層周辺の地形（2013年4月岡田撮影）
洲本市安坂・下内膳・上内膳付近の地形を西方へ望む．背後の孤立峰は先山（448m）であり，山頂には千光寺がある．この手前の山麓を南北走向の先山断層帯が通り，地形境界線沿いに活断層の変位地形（低断層崖）が認められ，東側が低下している．各所で花崗岩類と大阪層群が接する断層が観察されている．長さはほぼ南北方向に約10km連なる．安坂では中位段丘面を切断した比高約10mの低断層崖がみられる．

2000年の活動間隔をもつと判明してきた．

兵庫県南部地震時には明瞭な地震断層が野島断層沿いに出現した．どこでも右横ずれが卓越し，上下変位も伴われていた（粟田・水野，1997）．その変位量は大部分の場所で右横ずれで1～2m，南東側の隆起は0.5～1mであった．淡路市（旧 北淡（ほくだん）町）平林や小倉ではとくに明瞭な地震断層が現れたが，両地区は地震の数年前に造成された平坦地であり，土壌や植生さらに建造物がまったくない場所であったので，地表変位がとりわけ鮮明に観察された．

東浦・先山断層の概要

淡路島北部山地の南東側には，東浦断層・先山（せんざん）断層などが北東-南西方向に雁行状に配列して延び，南東側の低下が認められる．地塁山地の南東側を限る断層を構成する．鞍部列や右横ずれ屈曲した河谷が明瞭であり，さらに南西方は山地中に入り，野田尾断層へと延長する．これを含めた総延長は13kmに及び，当域の重要な活断層系を構成する．東浦断層を横切るトレンチ調査が淡路市東浦町馬場で行われ，約400年前に活動したことが確認された．

また，先山断層は淡路島中央部に位置する先山山地の東麓を限る活断層であるが，各所で西側の花崗岩類と東側の大阪層群とが接する断層露頭が確認されている．当断層は洲本（すもと）市安坂付近で中位段丘面を切断し，比高約10mの低断層崖がみられる．露頭剝ぎやトレンチ調査によって，約400年前の活動が観察された．この活動は1596年慶長伏見地震時の動きとみなされる．しかし，1995年兵庫県南部地震時にはまったく動いていない．　［岡田篤正］

25 中央構造線断層帯 和歌山県–徳島県–愛媛県

Median Tectonic Line Fault Zone

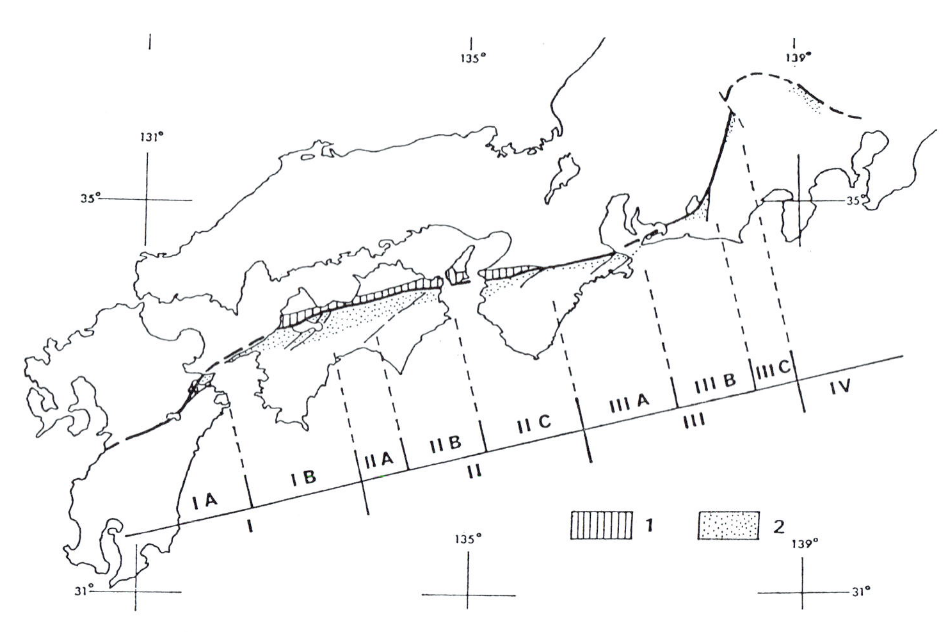

図1　中央構造線の地域区分（市川，1980）
1：後期白亜紀層，2：三波川変成岩類．

中央構造線の概要

中央構造線は西南日本のほぼ中央部を1000 km以上にわたって縦走する長大な地質構造線である．中生代にまでさかのぼる複雑な形成史をもち，地域により異なる様式の断層運動を受けてきた（図1；市川，1980）．第1期（後期中生代），第2期（白亜紀後期～古第三紀），第3期（中期始新世～新第三紀中新世），第4期（中新世前期～中期），第5期（鮮新世～第四紀），の各時期に異なる活動と区間が知られている．第1期と第2期では左横ずれ，第3期と第4期ではⅢC域を除いて活動度が低く縦ずれ運動が主であった．第5期のⅡ域では新期の活動が生じ，5a期（第四紀前半）の菖蒲谷断層に伴う運動と5b期（第四紀後半）の右横ずれ運動に分けられる．

中部日本から紀伊半島中部（Ⅲ域）では，北西（内帯）側に高温低圧型の領家（りょうけ）変成岩類や花崗岩類が，南東（外帯）側に低温高圧型の三波川（さんばがわ）変成岩類が分布する．紀伊半島中部以西（ⅡC域）では，中生代末の海成堆積岩（和泉層群）が領家変成岩類を覆うので，中央構造線は和泉層群と三波川変成岩類とを境する地質境界の断層として追跡される．

紀伊半島中部（Ⅱ～Ⅲ域）では，地質境界の中央構造線沿いに北側の基盤岩類が南側の菖蒲谷層（鮮新～更新統）へ乗り上げる逆断層が認められるが，変位地形は不明瞭であり，第四紀後期の活動は不活発となる．これにかわって，北側1～2 kmの和泉層群分布域を並走するⅡC域の五条谷断層や根来（ねごろ）断層が右横ずれ活断層として明瞭となる．四国中～西部（ⅠB・ⅡA・ⅡB域）でも地質境界の中央構造線の北側を並走する活断層帯が第四紀になり出現し，右横ずれの運動が卓越する．日本列島最長の中央構造線断層帯として，明瞭な変位地形が追跡される（岡田，1973b，2012）．

■表1　中央構造線断層帯（金剛山地東縁-由布院）の区間ごとの特性（地震本部，2017から岡田篤正作成）

中央構造線断層帯の区間名	長さ［km］	最新活動時期［c：世紀（年前）］	平均活動間隔［年］	平均変位速度［m/千年］右横ずれ量	断層面の幅［km］	1回のずれ量［m］	地震後経過率
					傾斜°［W-N］	地震規模［M］	今後30年発生確率［%］
1 金剛山地東縁	23	1 c～3 c	6000~7600	0.1～0.6（上下）	25～60	2（上下）	0.2～0.3
					15～45W	6.8	ほぼ0
2 五条谷	29	7 c～2200	不明	不明	25	3	不明
					不明	7.3	不明
3 根来	27	7 c～8 c	2500～2900	1.8～3.5	15～25	3	0.45～0.6
					25～50N	7.2	0.007～0.3
4 紀淡海峡-鳴門海峡	42	2600～3100	4000～6000	0.8～1.0	25	4	0.4～0.8
					30N～垂直	7.5	0.005～1
5 讃岐山脈南縁東部	52	16 c以後	900～1200	6	15～25	5	0.6以下
					40～45N	7.7	1以下
6 讃岐山脈南縁西部	82	16 c～17 c	1000～1500	4～9	25～30	8	0.2～0.5
					25～高角度	8.0	0～0.4
7 石鎚山脈北縁	29	15 c以後	1500～1800	5～6	25～30	3	0.4以下
					高角度	7.3	0.01以下
8 石鎚山脈北縁西部	41	15 c～18 c	700～1300	不明	30	4	0.2～0.9
					高角度	7.5	0～11
9 伊予灘	88	17 c～19 c	2900～3300	1～2	25	8	0.04～0.1
					高角度	8.0	ほぼ0
10 豊予海峡-由布院	61	17 c	1600～1700	0.1～5	15～25	6	0.2～0.3
					高角度	7.8	ほぼ0

平均変位速度はm/千年．1金剛山地東縁のみ，平均変位速度と1回のずれ量は逆断層運動による上下変位量（m）．地震規模は松田（1975a）に基づくマグニチュード．1回のずれ量（m）は将来の予想値．
地震後の経過率は最新活動（地震発生）年から評価時点までの経過時間を平均活動間隔で割った値．

中央構造線断層帯の活動区間

中央構造線断層帯の諸特性について地震本部（2011）が評価し，過去の活動時期や活断層の性質の違いなどから，6つの区間（①金剛山地東縁，②和泉山脈南縁，③紀淡海峡-鳴門海峡，④讃岐山脈南縁-石鎚山脈北縁東部，⑤石鎚山脈北縁，⑥石鎚山脈北縁西部-伊予灘）に分けた．しかし，地震本部（2017）の長期評価（第二版）では，九州中部東側まで延長し，10区間（①金剛山地東縁，②五条谷，③根来，④紀淡海峡-鳴門海峡，⑤讃岐山脈南縁東部，⑥讃岐山脈南縁西部，⑦石鎚山脈北縁，⑧石鎚山脈北縁西部，⑨伊予灘，⑩豊予海峡-由布院）に改訂した．これら各区間の特性は■表1のようにまとめられる．全体の長さは約444 kmに及び，断層運動は右横ずれを主とするが，上下方向の変位の向きは各区間で異なる．ただし，金剛山地東縁の金剛断層帯は和泉山脈南縁の右横ずれ活断層から徐々に南北方向の逆断層に移化するので，一連の断層帯に属するとして評価され，西側が相対的に隆起する逆断層である．

地震本部（2011）の区分や地形的な特徴やまとまりを考慮して，1）金剛山地東縁，2）和泉山脈南縁，3）淡路島南縁，4）讃岐山脈南縁，5）石鎚山脈北縁，6）四国北西部（松山平野）に分けて紹介する．また，九州中部東側の⑩豊予海峡-由布院は，地震本部（2011）が区分した別府-万年山断層帯として説明する（■図2）．

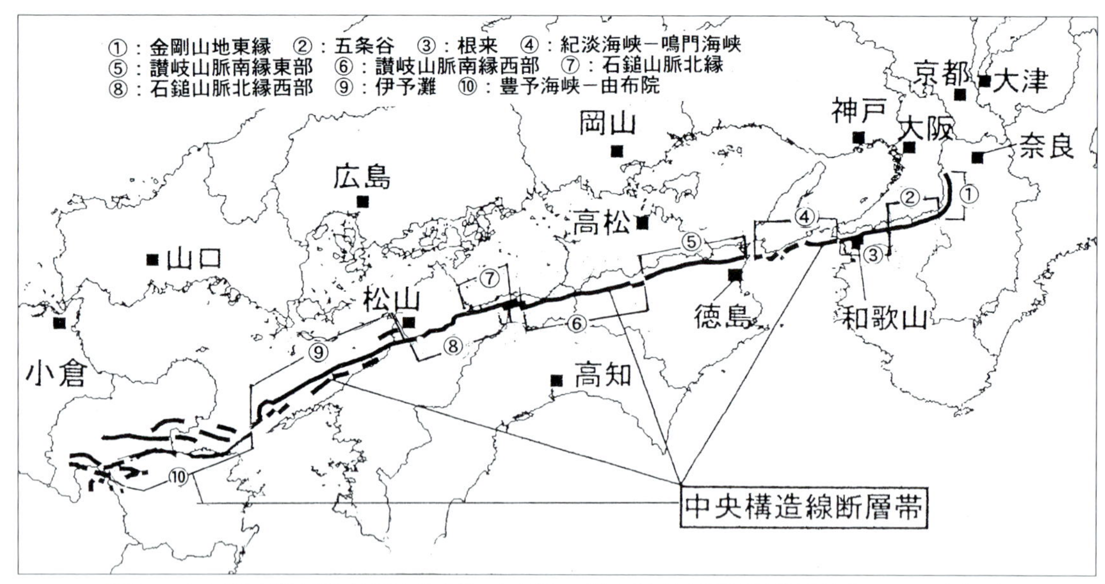

図2　中央構造線断層帯（金剛山地東縁－由布院）の概略位置と活動区間（地震本部，2017を修正）

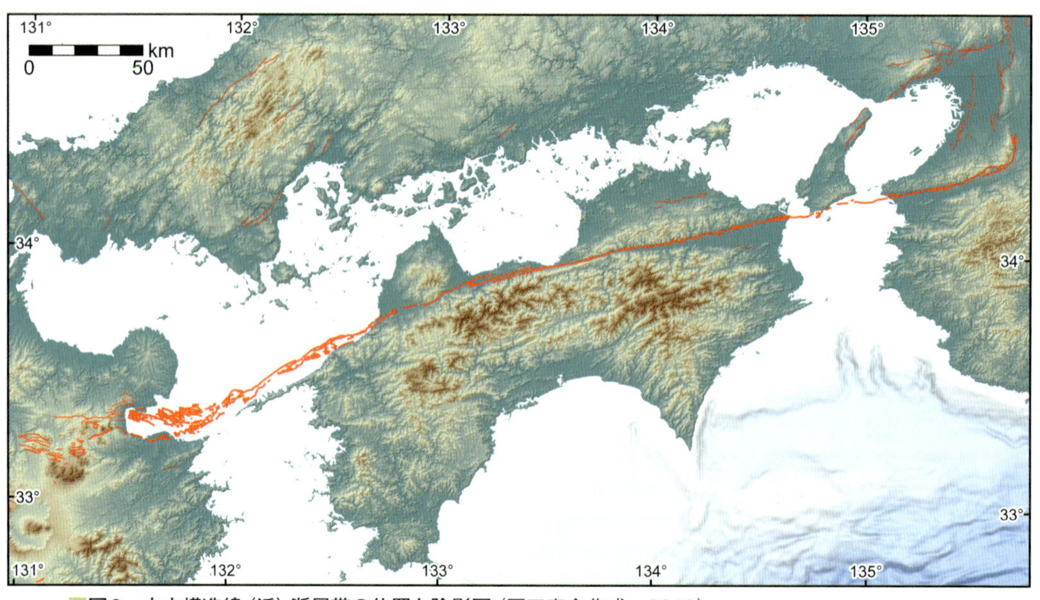

図3　中央構造線（活）断層帯の位置と陰影図（岡田真介作成，2018）

陸域の活断層線は中田・今泉編（2002）より作成し，中央構造線断層帯を赤太線で示した．海域の中央構造線断層帯は地震本部（2017）に基づく．陸域の地形陰影図は国土地理院の50 m DEM，海域は日本海洋データセンターの500 m DEMを用いて作成．大局的にみると，中央構造線断層帯は外帯の紀伊・四国・九州の山地域と瀬戸内低地帯との地形境界をなす．

活断層の分布形

中央構造線断層帯の平面形はほぼ直線状に延び，多少湾曲を伴う場合も滑らかな曲線を描いて連続する（図3）．活断層の両端では，一般走向に対して多少方向を変えることが多く，東西ないし北東よりに曲がる傾向がある．雁行状に配列する活断層が，次の活断層へ移る場所では，北東方向へ偏って延びる分岐断層が数本認められる．こうした接合部付近では各断層に沿った横ずれ地形はあまり明瞭でなく，むしろ縦ずれが卓越するようである（岡田，1973b）．断層帯がやや大きく屈曲する場所（奈良県五条付近，淡路島南部，愛媛県の桜樹屈曲部，重信断層と伊予断層の交差部）があり，活断層の区間の境になっている部分がある．

変位速度の分布

中央構造線断層帯の平均的な右横ずれ変位速度をみると，和泉山脈南麓部では1.8 ～ 3.5m/千年であるが，四国東部の讃岐山脈南麓では6m/千年であり，それらの値は大きく相違する．また，四国中央北部の石鎚山脈北麓では5 ～ 6m/千年，四国北西部の伊予断層で1 ～ 2m/千年となり，西側へ急速に小さくなる（岡田，2012，2016）．断層帯東部にあたる淡路島周辺や大阪湾断層は，中央構造線から北東方向へ分岐するように配置し，断層による変位（量・速度など）が分散していく．四国の北西部でも，内帯側には安芸灘断層帯や周防灘断層帯が分布するようになり，これら活断層帯に変位が分散するとみなされる．四国中央部の北側では中央構造線断層帯だけが西南日本の代表的な活断層として配列し，断層の変位はこれに集中している．

最新活動時期

中央構造線断層帯の最新活動は徳島県阿波市市場町上喜来（かみぎらい）で行われたトレンチ調査で16世紀頃に発生したことが判明した（岡田，1992；Tsutsumi and Okada，1996；岡田・堤，1997）．これ以後に四国で行われたトレンチ調査によると，同じように16世紀頃の活動が数多く判明してきた．活動時期が狭く限定できる事例として，次の2つの事例があげられる．1）松山市高井付近で行われた埋蔵文化財調査では，重信断層の最新活動は中世以後で近世になるまでに発生している．2）四国中央市土居町の畑野断層において3次元的なトレンチ調査が実施され，最新活動時期は16世紀を挟んだ140～190年間に限定された（後藤・堤・遠田，2003）．

また，西条市や松山市付近に被害を起こした地震が1596年9月1日に発生したようである．古地震学的調査と歴史地震資料の発掘を総合的に判断して，岡田（2006）は中央構造線断層帯の最新活動時期を1596年頃とみなした．すなわち，9月1日四国中央部付近に分布する川上断層で最初の活動（慶長伊予国地震）があり，9月4日に別府湾で慶長豊後地震が発生した．9月5日に四国中央・東部から淡路島東部を経て，有馬−高槻断層帯へ至る活断層が連動的に動いたと推定される．有馬−高槻断層帯は慶長伏見地震の震源断層であるが，このときに四国の中央構造線断層帯も連動した可能性が大きい．しかし，そのときの個々の地震の活動範囲や活動様式の特性はまだ十分に解明されていない．一方，淡路島南部の海底から和泉山脈南麓−金剛山地東縁にかけての活断層帯は活動していない．過去の活動履歴をより一層詳しく解明することが重要である．

［岡田篤正］

26 中央構造線断層帯：金剛山地東縁部　奈良県

Median Tectonic Line Fault Zone : East Front of Kongo-Range

写真1　金剛断層帯北部：當麻断層（葛城市當麻寺周辺）の地形（1993年4月岡田篤正撮影）
金剛断層帯の北部に位置する當麻（たいま）断層を葛城市當麻上空から西方に望む．右手背後は二上山（雌岳）であり，この東麓に沿って當麻断層が北西－南東方向へ約4km延び，写真左手の山麓線沿いから右手の山麓へと走る．右手の集落は當麻寺とその参道であるが，この付近では断層の位置は明瞭には追跡されない．さらに右手の延長線上で，比高数mの低断層崖が認められ，断層変位地形としてはやや不明瞭となるが，金剛断層帯の北端部にあたる．

金剛山地は南部の金剛山（1125m）が最高峰で，その北側の水越峠を介して葛城山（960m），さらに北側の竹内峠を隔てて二上山（にじょうざん）（474m）へと連なり，3つの山塊（金剛山・葛城山・二上山）に細分される．これら山塊東縁の活断層帯は金剛断層帯とよばれ，南北方向へ約23km延びる（図1；水野・寒川・佃，1994；廣内，2004）．二上山の東麓は當麻断層で縁取られるが，随伴される低断層崖は小規模でさほど明瞭ではない．葛城市西方の岩橋山（658m）から御所（ごせ）市西方の葛城山の東麓域では，3，4本の活断層が並走する．山麓を縁取るもっとも明瞭な金剛断層沿いに比高のある低断層崖が連なるが，山口断層沿いでも比較的連続性がよい変位地形（低断層崖）が連続する．金剛断層は五條市久留野町の西部で急激に走向を西方へ曲げてゆく（水野・寒川・佃，1994；岡田・千田・中田，2006）．この付近から河谷の系統的な右横ずれ屈曲が伴われ，和泉山脈南側の中央構造線断層帯へと移行する．

上述のように，金剛断層帯は奈良県香芝市から五條市に至るほぼ南北方向の活断層群である（図2）．横ずれは認められず，断層線は東方に凸状の弧を描き，西側（山地側）が東側（平野側）に対して衝き上げる逆断層の運動様式をもつとみられる．花崗岩類が大阪層群に衝き上げた低角度の断層露頭が数ヶ所で観察され，高位～低位の段丘面を累積的に上下変位させる．反射法地震探査やボーリング調査によると，断層面の傾斜は，地表下300～350mまでは30°W程度，場合によっては15～20°Wと低角

写真2　金剛断層帯北部（葛城市中戸・兵家周辺）の地形（1993年4月岡田撮影）
葛城市兵家−中戸付近上空から南西方に望む．左手後方は葛城山であり，その右手（北方）に連なる山稜が急峻な金剛山地を構成して南北に延びる．この東側（手前）の山麓線を山口断層が縁取り，また左手下部の小丘の東麓を山田断層がほぼ南北方向に延長する．この付近では金剛断層帯は数本の活断層に分かれて並走し，いずれも西側から東側へと衝き上げる逆断層の運動様式をもつ．

図1　金剛山地周辺地域の接峰面図と活断層分布図（岡田・東郷編，2000の付図に加筆）
赤線は活断層，赤破線は推定活断層，黒線は連続性の良い線状構造地形（リニアメント）である．基図の等高線は100 m間隔の接峰面図．

図2　金剛山地−和泉山脈の鳥瞰陰影図（50mメッシュデータとカシミール3Dで川畑大作作成）
北西方向を俯瞰．

度である（佐竹ほか，1999）．

御所市名柄地点で行われた金剛断層のトレンチ調査と露頭調査によると，最新活動時期は約2000年前以後で4世紀以前であり，その上下変位量は1.5m以上，平均活動間隔は2000～12000年，上下平均変位速度は0.1～0.6m/千年と推定された．金剛断層の区間が活動すると，M6.9程度の地震が発生し，西側が東側に対して相対的に1m程度高まる段差や撓みが生じる可能性があり，その長期確率は我が国の活断層の中では高いグループに属するとされる（地震本部，2011，2017）．　［岡田篤正］

■写真3　金剛断層帯中部（葛城市笛吹・櫛羅周辺）の地形（1993年4月岡田撮影）
葛城市笛吹－櫛羅（くじら）付近を南西方に望む．右手後方の山頂は葛城山で，山麓の谷間（葛城山口）からロープウェイで結ばれている．この山麓線を山口断層が縁取る．山麓の東側（手前）に数個の小丘が分布するが，これらの東縁を金剛断層が通過し，段丘面を切断する低断層崖が連続的に発達している．さらに，写真下部の道路に並走して山田断層が走り，低断層崖がほぼ南北方向へ追跡される．

■写真4　金剛断層帯中部（葛城市櫛羅周辺）の地形（1993年4月岡田撮影）
葛城市櫛羅－梅室付近を西方に望む．背後は葛城山で，山麓および東麓の段丘面群を切断する金剛断層帯が地形的に明瞭に追跡できる．背後の谷間にロープウェイが見える．この周辺が金剛山地東麓では新旧の扇状地群がもっともよく発達している地域であり，それら地形面を切断する低断層崖も明瞭に認められる．

写真5　金剛断層帯中南部（御所市名柄周辺）の地形（1993年4月岡田撮影）
御所市名柄（ながら）周辺を西方に望む．左手背後は水越峠，中央は葛城山である．この東側山麓線沿いを金剛断層が縁取り，中位段丘面を切断する比高のある低断層崖が南北方向に連続的に連なる．佐竹ほか(1999)によるトレンチ調査や露頭観察が写真の左手中央の開析谷底で行われ，最新活動時期（約2000年前以後で4世紀以前）や上下変位量（1.5m以上），平均活動間隔（2000～12000年）などが解明された．

写真6　金剛断層帯南部（五條市田園周辺）の地形（1993年4月岡田撮影）
五條市北山町・田園の新興住宅地を北西に俯瞰．右手背後は金剛山地で，左手に金剛トンネルへと連なる道路（国道310号線）が見える．この道路の手前（南東側）を金剛断層が鞍部列や右ずれの河谷屈曲を伴って通過する．金剛断層は当地域で，走向を南北方向から南西方向へ，さらに東西方向へと大きく変える．背後の金剛山地も活断層と同様に和泉山脈へと移り代わる．こうした大きな走向変化に伴う圧縮部が当域に形成されており，幅広い断層破砕帯や複雑な断層配置が発達している．

27 中央構造線断層帯：和泉山脈南縁部 和歌山県

Median Tectonic Line Fault Zone : South Rim of the Izumi-Range

写真1　五条谷断層東部（橋本市柱本付近）の地形（2008年6月岡田篤正撮影）
和歌山県橋本市柱本付近から北方の金剛山地（左遠景）を望む．中央下部の新興住宅地は紀見ヶ丘である．この山間盆地の北縁，山地の南麓線を五条谷断層が東西方向に通過する．五条谷断層を横切る河谷には右横ずれの屈曲が系統的に認められる（岡田ほか，2009；「五條」図幅）．当断層は和泉層群の分布域を横切り，右横ずれが卓越するとともに北側隆起の断層運動を伴う．写真中央の芋谷川谷底においてトレンチ調査が行われ，和泉層群と谷底堆積物が接する断層面が観察された．その走向・傾斜はN68°W・88°Sと測定された．谷底堆積物は粗粒で年代試料をほとんど含まなかったので，最新活動時期がAD1260～1295年以前とのみ判明し，活動履歴に関する情報は少なかった（京都大学防災研究所，2016）．

和泉山脈は東北東-西南西方向に走る長さ約50km，幅約10kmの狭長な山地であり，中央構造線の北側を並走する．最高峰は東部の岩湧山（897m）であり，山頂高度は徐々に西側へ低下して200～300mとなる．山脈は主として和泉層群から構成される．北麓は数本の断層群で限られ，これらは第四紀前半には活動したが，後半には活動しておらず，変位地形は不明瞭である．比較的緩やかに山地から丘陵，さらに大阪平野へ移行する．一方，山脈の南側は急傾斜の断層崖斜面であり，明瞭な変位地形を伴う中央構造線断層帯に限られる．山脈全体としては東高西低の動きが伴われ，北ないし北西側へも低下する地塁山地である．山脈の南側では五条谷断層・根来断層などで構成される中央構造線断層帯が第四紀中期以降に活動的となり，これらは明瞭な変位地形を伴って，金剛山地東麓へと「横L字」あるいは「ブーメラン」型をなして配列する（**図1**）．

菖蒲谷断層

和歌山県橋本市菖蒲谷地域では，結晶片岩破砕

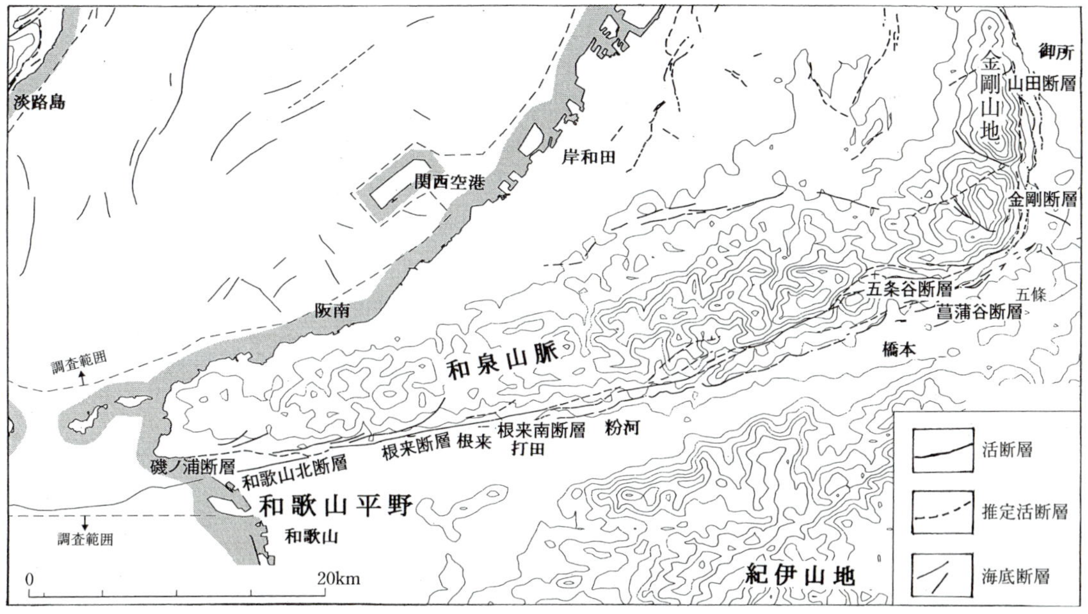

図1　和泉山脈－金剛山地と中央構造線断層帯と接峰面図（岡田・東郷編，2000）
等高線は100m間隔の接峰面．海域の破線と海岸線との間は未調査部．

帯や和泉層群が菖蒲谷層（鮮新世－更新世前期）に衝き上げる．この地質境界の中央構造線（菖蒲谷断層）は和泉山脈東部南麓の山地斜面と丘陵との地形境界線を約20数kmにわたって走るが，変位地形は全体として不明瞭であり，第四紀後期の活動はほぼ停止している．

五条谷断層

菖蒲谷断層の北側500m付近を走る活断層や北側2～3kmを並走する五条谷断層は鞍部が列状に配列し，右横ずれ屈曲の地形が明瞭であり，第四紀後期にも顕著な活動を伴っている．これら活断層は基盤岩類（主として和泉層群）内を通過するので，段丘面や第四紀堆積物が伴われていない．変位地形は明瞭であるが，変位の基準となる第四紀後期の地形や堆積物に欠けるため，活動履歴や活動間隔などの重要な項目の解明が困難とされてきた．トレンチ掘削を含む詳細な活断層調査はきわめて少ない．しかし，かつらぎ町竹尾地点で行われたトレンチ調査ではほぼ直立する断層面が観察され，少なくとも1回の活動が確認された（地域地盤環境研究所，2008）．ここでの最新活動時期は約3300年前以後で10世紀以前とされる．

根来断層

和泉山脈西部南麓（紀の川市打田・粉河（こかわ），岩出市，和歌山市域）になると，根来断層が山麓線に沿って約20km走り，段丘面や沖積面を横切る．低断層崖や河谷の右横ずれ屈曲が多くの場所で明瞭に追跡される（図2）．岡田・寒川（1978）は根来断層沿いに分布する低位段丘2面の形成年代を約2.5～3万年と推定し，これらを開析する河谷の横ずれ変位量から，平均右横ずれ変位速度を0.9～3.1m/千年と求めた．斉藤ほか（1997）は低位段丘2面を構成する礫層の下部からAT火山灰層を検出し，これが作る地形面の離水期を約2万年前と少し若く見積もった．根来断層の平均的な右ずれ変位速度は1.8～3.5m/千年，これに伴われる北側隆起は0.3～0.5m/千年としている．

根来断層の東半部（紀の川市打田から岩出市根来）では，南側に万燈山（まんとうさん）（203m）や愛宕山（170m）などの和泉層群からなる丘陵が伴われる．この南縁には結晶片岩類や酸性貫入岩を伴う根来南断層が約10kmにわたって数百m南側を並走する（図2；岡田・千田・中田，1996）．この断層は地質境界の中央構造線であるが，比高4～6m程度の低断層崖

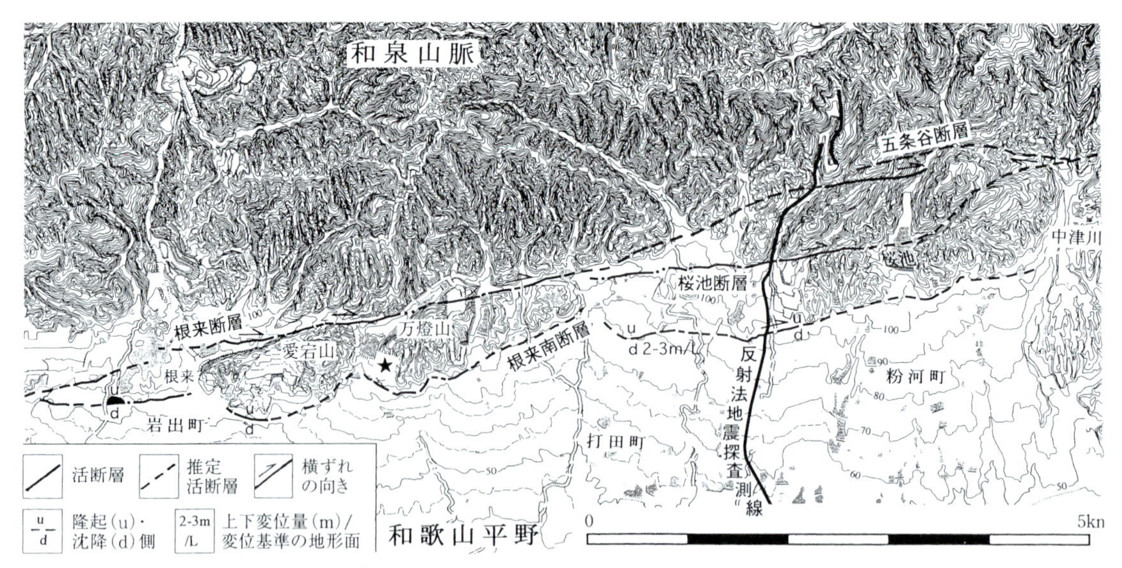

図2　和泉山脈中部南麓の中央構造線断層帯（池田ほか，2002に追記）
等高線の間隔は10m．★は水野ほか（1999）の深層ボーリング地点．

写真2　五条谷断層東部（和歌山県かつらぎ町東滝－短谷付近）の地形（1993年4月岡田撮影）
和歌山県伊都郡かつらぎ町五条平・東滝・短野（写真中央部）付近から北方の蔵王峠（中央遠景）を望む．和泉層群より構成される山地の中腹斜面に五条平・東滝・短野などの集落が立地し，これらは地すべり性の緩傾斜面や河成段丘面に位置する．集落を連ねる位置に傾斜変換線や鞍部を伴う五条谷断層が通過し，右横ずれの系統的な河谷屈曲が認められる（水野・寒川・佃，1994）．

も伴われ，低位段丘面を切断する．万燈山の南西の丘陵上から深さ650mに及ぶ深層ボーリングが実施され，その柱状図から断層の断面も解明されてきた（図3）．地表から－150mまでは破砕した和泉層群であるが，その下面は断層面（北落ち約30°）であり，－500mまで菖蒲谷層が存在する．根来南断層沿いには横ずれは認定できない．また，断層線は湾曲しており，ボーリング断面や反射法地震探査によると逆断層運動が卓越するとみなされる．低位段丘面の年代と低断層崖の比高から，根来南断層は0.3m/千年程度の平均的な上下変位速度をもつ逆断層とみられ，根来断層に比べると活動度は低い．

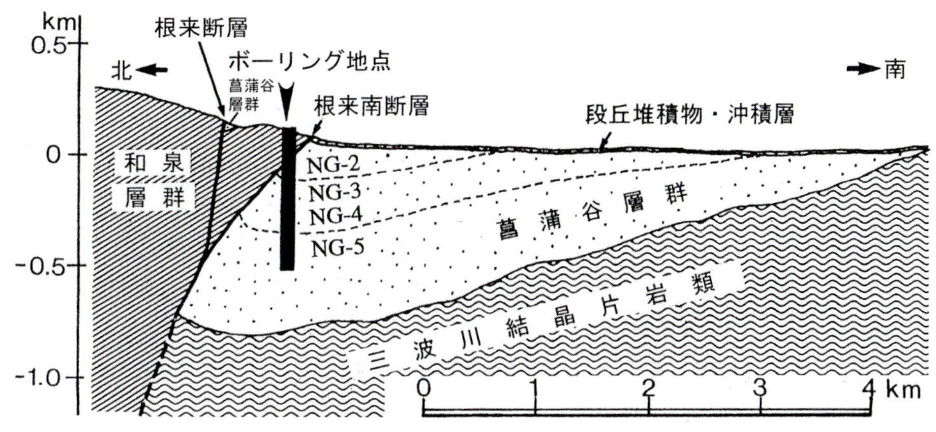

■図3　和泉山脈中部南麓の中央構造線断層帯の南北地下断面（水野ほか，1999を修正）
反射法地震探査とボーリングに基づいて推定された中央構造線断層帯の南北断面.

■写真3　根来断層東部（紀の川市枇杷谷付近）の地形（1993年4月岡田撮影）
紀の川市（旧 打田町）枇杷谷付近を北方に望む．根来断層は直線状の山麓線や鞍部列を連ねて延びる（岡田・千田・中田，1996；「粉河」図幅）．東部では和泉山脈の南縁を根来断層が走るが，当地の3km西方にある菩提峠では大阪層群と和泉層群を境する高角度の根来断層が観察された．さらに南側に万燈山や愛宕山などの丘陵（幅0.7km）の南縁に根来南断層が認められ，これも段丘面に南落ちの変位を与える活断層である．これは和泉層群（北側）と三波川変成岩類（南側）とを境する地質境界の中央構造線であり，逆断層とみなされる．一方，根来断層は地表では高角度の活断層であることから，地下では根来南断層と合流すると考えられる（図3）．枇杷谷沖積低地（写真中央部）の3地点で根来断層を横切るトレンチ調査が行われ，Bトレンチでは7～9世紀に最新活動があったことが判明した．

写真4　根来断層東部（和歌山市直川付近）の地形（1993年4月岡田撮影）
和歌山市六十谷（むそた）上空から鳴滝川（中央）沿いを北方に望む．遠景は和泉山脈西部，中央左手はサンシャイン紀ノ川台の造成地であり，写真下部を鳴滝川やJR阪和線がみえる．右手の山麓線（和歌山市直川）から紀ノ川台南縁の崖に沿って根来断層が東北東－西南西方向に向かって直線状に連なり，系統的な右横ずれの河谷屈曲が認められる（岡田・千田・中田，1996；「和歌山」図幅）．写真右手の谷底でトレンチ調査が行われ，根来断層の性質が解明されている．

写真5　磯ノ浦断層・和歌山北断層周辺の地形（1993年4月岡田撮影）
和歌山市治郎丸・栄谷上空から東方を望む．左手の遠景は和泉山脈西部．左下は和歌山大学（造成地）であり，山麓を南海電鉄本線が走る．山麓線沿いを磯ノ浦断層が通るが，変位地形は明瞭でなく，第四紀後期の活動は低い．これに換わって，右手の和歌山平野の地表に変位地形は認められないが，和歌山北断層が伏在することがボーリング調査や反射法地震探査などで判明した．

■写真6　磯ノ浦断層・和歌山北断層周辺の地形（1993年4月岡田撮影）
和歌山市街地北西上空から北西方向を望む．左手上部から右手に田倉崎，磯ノ浦，和歌山ゴルフ場（右手の造成地）が連なり，山麓線を磯ノ浦断層が通過する．変位地形は不明瞭で，第四紀後期の活動は小さい．写真左手から中央・下部は和歌山沖積平野であり，自然堤防や氾濫原が広がる．左手の直線は南海加太支線，中央下部の曲線は土入川である．和歌山北断層は河西公園から大谷地区へと東北東–西南西方向に直線状に連なるが，地表には変位地形は認められない．和歌山平野北部に伏在する活構造で，さらに西方の紀淡海峡へと連続する．

磯ノ浦断層・和歌山北断層

磯ノ浦断層は和泉山脈最西部の南麓線を連ねると推定され，和泉山脈と沖積平野との地形境界線をなすが，第四紀後期の活動はきわめて小さいとみなされる．一方，磯ノ浦断層の南側約1.5kmの和歌山平野下に和歌山北断層が伏在することが，反射法地震探査やボーリング調査で明らかになってきた．この西方延長はさらに友ヶ島水道（紀淡海峡）の海底へと連続する（■図1）．

最新活動時期と活動間隔

根来断層においては数多くのトレンチ調査が実施されてきたが，調査箇所はいずれも山麓の崖錐や扇状地を横切るものが多く，高角度の断層面は観察されたが，活動年代を精度よく限定することは困難であった．しかし，紀の川市枇杷谷（びわだに）地点では主に細粒堆積物から構成される3つのトレンチ調査が行われ，活動時期に関して比較的限定された年代値が求められた．Bトレンチでは，7世紀の地層が断層で切断され，8～9世紀の地層には覆われていた．したがって，7～9世紀に最新活動があったことが判明した．これ以前の活動時期は急に1万年を超えて古くなり，5回の活動が解読されたものの，不整合を介して地層の欠損があることが判明した．完新世における連続的な活動履歴の解明は当地では求められなかった．なお，その後に行われたトレンチ調査を含めて，活動時期をまとめてみると，過去4回の平均的な活動間隔は約2500～3000年と推定される．いずれのトレンチ調査でも，四国で判明してきたような16世紀の活動は紀伊半島西部では認定できず，活断層の性質（変位地形の明瞭さや変位速度など）は四国域とは大きく異なる．［岡田篤正］

28 山崎断層帯

兵庫県-岡山県

Yamasaki Fault Zone

写真1 岡山県美作市西町付近の横ずれ河谷（1979年3月岡田篤正撮影）

右手下部から上方へ宮本川が南流するが，大原断層（写真の左右を横切る）沿いに約380m左横ずれ屈曲する（図3の14）．南下方を望む．この谷底西端部で岡山県（1996）がトレンチ調査を実施し，ほぼ直立する明瞭な断層面が観察された．最新活動時期は平安時代中期と求められ，868年播磨地震時に相当することが判明した．

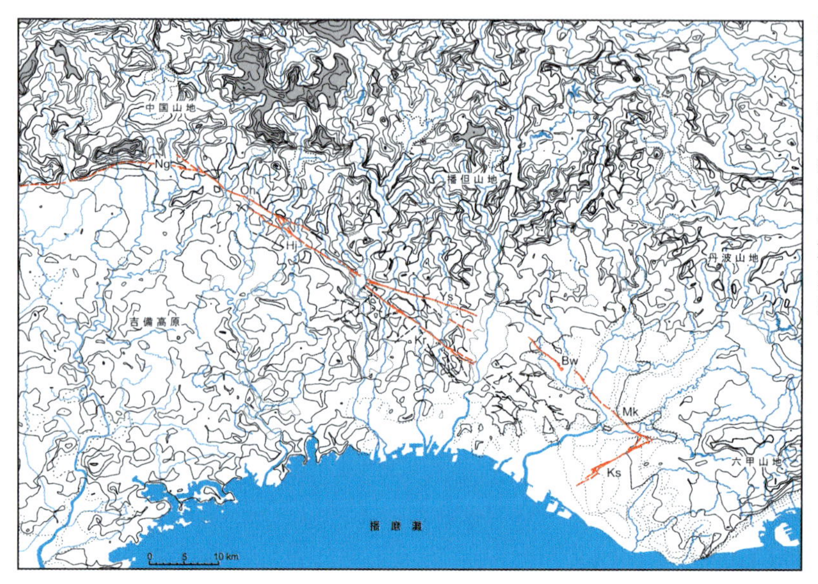

図1 山崎断層帯を構成する活断層とその周辺地域の地形（加藤ほか，2016）

等高線は幅1kmの谷埋めによる．等高線間隔は，実線が100m，点線が20m．破線部は凹地を，影部は標高1000m以上の地域を示す．赤線が山崎断層帯を示す．Ng：那岐山断層，Oh：大原断層，Kr：暮坂峠断層，Bw：琵琶甲断層，Mk：三木断層，Ks：草谷断層．

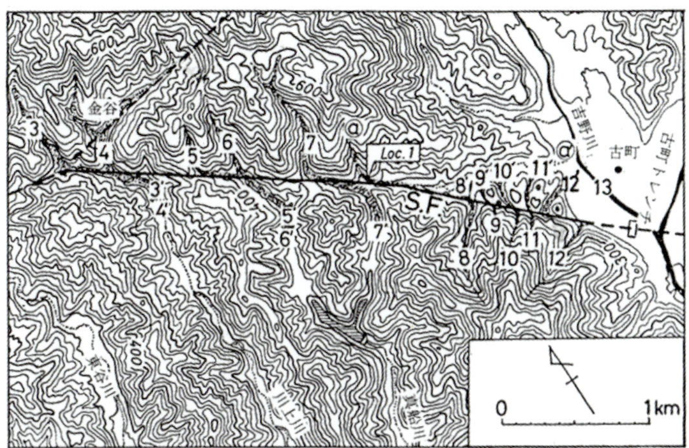

図2 美作市大原町古町西方の地形（福井，1981を加筆修正；写真2）．
S.F.：大原断層（福井，1981の佐用断層）．破線部は不確実な活断層またはリニアメント．2万5千分1地形図より抽出した等高線．打点した部分は横ずれ谷の流路を示す．大原断層を横切って南流する川上川の上流（3～3'；4～4'），真船川西側上流（5～5'；6～6'），真船川東側上流（7～7'），古町のすぐ西側の小さな河谷（8・9・10・11・12），吉野川（13）などに系統的な左横ずれ屈曲がみられる．

写真2 美作市古町の北西方山地の横ずれ河谷（1979年3月岡田撮影，赤外線フィルム写真）
高照峰（655m）の南西斜面を開析する河谷（真船川：写真右側の谷）が約450m，金谷集落を南流する川上川河谷（左側の谷）が大原断層沿いに約300m左横ずれの屈曲．北西方を望む．

断層帯の位置

山崎断層帯は岡山県北東部から兵庫県南西部にかけて連なり，主要部は左横ずれが卓越する断層群である（**図1**）．数本の活断層が雁行状に配列して変位を受け継ぎ，西北西-東南東方向に約80kmと長く延びる（活断層研究会編，1991；千田ほか，2002；岡田ほか，2002）．

地震本部（2003，2013c）は，さらに津山盆地北部に分布する東西ないし東北東-西南西方向の那岐山断層帯や稲美（播磨）台地にある北東-南西方向の草谷断層も含め，山崎断層帯主部は北西部と東南部に2分されるとしている．このように，方向や運動様式の異なる周辺の活断層も加えて，それぞれの活断層（帯）の長期評価を公表している．

山崎断層帯は西北西-東南東方向にほぼ直線状に連続する部分［地震本部（2003）の山崎断層帯主部北西部；大原断層・土万断層・安富断層・暮坂峠断層］をさすことが多く，地形的にもより明瞭である．なお，山崎断層帯主部東南部には琵琶甲断層や三木断層があるが，北西部との間には数km以上の空白部があり，地形的にかなり不鮮明となる（活断層研究会編，1991；岡田・東郷編，2000）．

安富断層の部分では中国自動車道の通過位置とほぼ一致することが多く，現在では変位地形が消失し，不明瞭になっている．宍粟市から三田市の区間ではトンネルはまったく作られていない．道路の直線性を確保し，できるだけ掘削土量を減らすために，直線状に続く断層谷や鞍部列が高速道の位置として選定されたとみられる．この建設中にはおびただしい断層破砕帯が露出し，掘削そのものは比較的容易であった．工事中にはほぼ直立する断層面が各所で観察された．一方，破砕帯から地下水や塩類が多量に湧出するため，道路面・法面を安全に維持していくために頻繁な補修が必要となっている．

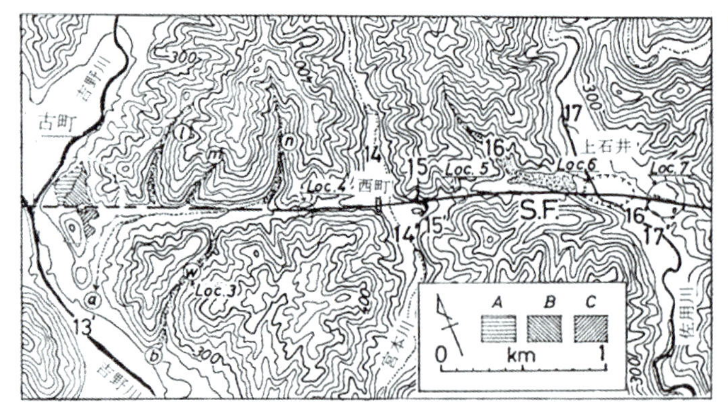

■図3　大原町西町～上石井付近の地形（福井，1981を加筆修正；写真1参照）
S.F.：大原断層（福井，1981の佐用断層）．段丘面（A：下位面，B：中位面，C：上位面），W：風隙地形．宮本川（14～14'）で約250mの左屈曲がみられるが，この谷底の南西隅で岡山県（1996）によるトレンチ調査が行われた．佐用川（17～17'）では約300mの緩やかな左屈曲がみられる．

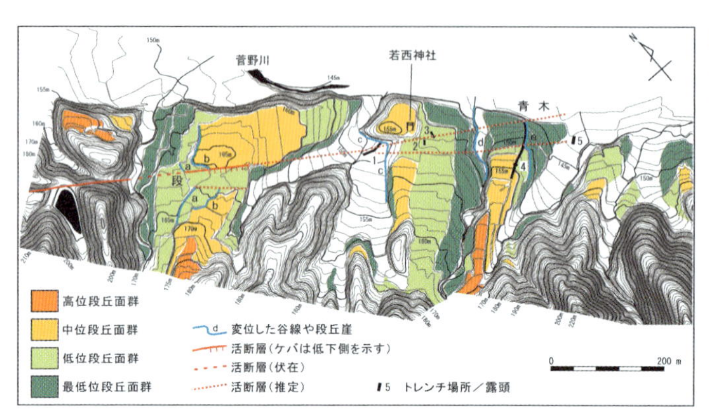

■図4　土万断層の青木地区周辺における詳細地形図（加藤ほか，2016）
基図は中国縦貫自動車道に沿う1千分の1地形図を使用．等高線間隔は1m．この北西（宍粟市山崎町葛根）から青木までの土万断層沿いには十数本の河谷が系統的な上流側への河流変位をしている（岡田ほか，2002）．段の集落内から若西神社の南側へ延びる溝状の凹地が段丘面を切断し，この位置でトレンチ調査が実施された（加藤ほか，2016）．

変形地形と変位速度

山崎断層帯主部北西部にあたる山地域では，基盤岩類を切断するが，南東部の丘陵や段丘域では，大阪層群や高位面以下の段丘堆積物・沖積層を変位させる．断層帯主部を横断する尾根や河谷は系統的な河谷や尾根の左横ずれ屈曲がみられる（■図2，3）ので，左横ずれが卓越した活断層とみなされるが，北東側が隆起する上下成分も伴っている．しかし，当域でもっとも大規模な河谷でも，左ずれ屈曲量は最大でも約500m程度であり，中・小規模の河谷では300m程度～数十mとなる場合が多い．これは後述する平均変位速度（左横ずれ量が約1m／千年）からみると，50万年間で500mになることから，横ずれ断層運動の開始時期は第四紀中期（50万年前）以降と新しく，累積変位量が少ないことを示唆する．尾根（筋）が横ずれ移動により河谷の出口を塞いだ状態となった小丘は閉塞丘とよばれ，典型的な実例が■図5右半分にみられる．また，河谷を流れ下る河川は，閉塞丘あるいは断層分離丘を迂回して上流側へ流れた後に下流方向へ向く場合，上流側への河流変位（uphill stream offset）とされ，左横ずれの運動様式を認定する上で確実な証拠となる（■図5）．

山崎断層帯主部を横切る段丘面・段丘崖に各所で変位が認められる（■図4）．段丘面は数万年前以降に形成された新期の地形であるので，第四紀後期の運動が示唆される．美作（みまさか）市大原町中町では，低断層崖が大原断層沿いに認められ，それを横切る段丘崖が約30m左ずれしている．この形成時期は約3万年前と推定されることから，約1m/千年の平均左ずれ変位速度が求められている（岡山県，1996）．

過去の活動

山崎断層帯主部に属する大原・安富・暮坂（くれさか）峠の各活断層では，トレンチ掘削調査がそれぞれ数ヶ所で行われ，断層の性質や活動履歴などが解明されている．

大原断層のトレンチ調査は美作市大原町古町で実施された（■図2）．遠田ほか（1995）は完新世に4

写真3　兵庫県宍粟市青木付近の横ずれ河谷（1979年3月岡田撮影）

南方を望む．山崎断層帯主部北西側の中央部を占める土万断層は，北西－南東走向に延びる長さ約18kmの活断層であり，尾根や河谷の系統的な左横ずれが認められる．佐用町中三河から宍粟市山崎町青木にかけて，とくに顕著な変位河谷が連続的に追跡される．宍粟市段～青木地区では，低位～中位段丘面群を切断する低断層崖や小地溝が検出される（図4；加藤ほか，2016）．段地区の地溝状地形の北縁には，南西落ち約1.5mの低断層崖が確認される．幅約40mの凹地が集落内にあり，青木西方の標高155mを示す中位段丘面南の鞍部へ連続し，これらの段丘面群を開析する支流の流路に左横ずれ変位が認められる．下部を中国自動車道が写真の左右を横切る．

写真4　兵庫県姫路市安志南西の安富断層沿いの横ずれ河谷（1979年3月岡田撮影）

安志上空より南西方を望む．工場の建設により，現在では変位地形は消失．図5に示すような横ずれ河谷や尾根が安富断層沿いに連続していた．トレンチ調査がほぼ中央部の2つの谷底で実施された（岡田・安藤・佃，1987）．その左（東）側の谷底で兵庫県（1997）によってもトレンチ調査が行われた．最新の活動は8～12世紀に発生したため，868年播磨地震を引き起した活断層と判明．中央部で工場建設の工事が撮影時点で開始している．

写真5　姫路市安志南西の閉塞丘と横ずれ尾根（1969年10月岡田撮影）

写真4および図5の東部に，河谷の出口にきわめて明瞭な閉塞丘と横ずれ尾根が存在していたが，現在では大規模な土地改変により消失．北方を望む．河谷の出口が塞がれるような土地の変動の影響を受けて，河床の勾配が緩やかになり，谷底の堆積物に腐植土層が数多く含まれていた．しかし，この西側の河谷は閉塞丘や変位河谷の地形は明瞭でなく，河床勾配にさほど大きな変化がなかったことから，相対的に粗粒な堆積物で構成されることがトレンチ調査で判明している．

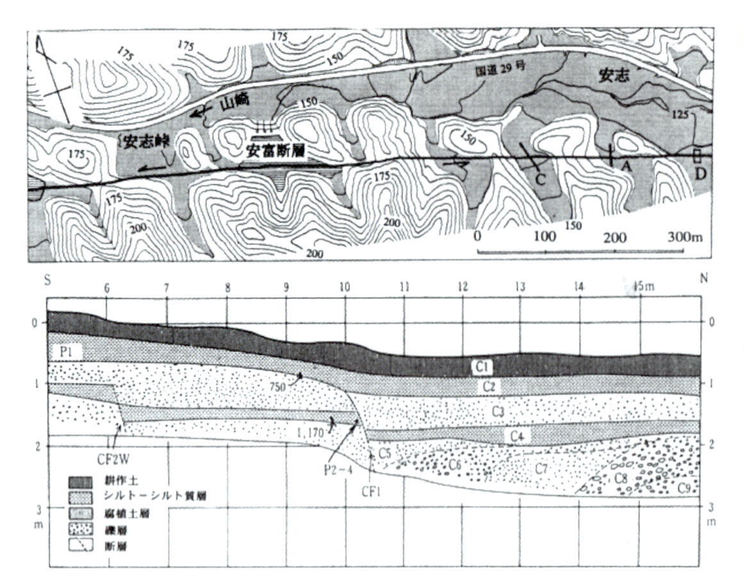

図5　安富断層安志西の変位地形とトレンチC西壁面（岡田・安藤・佃，1987を修正）．
上：安富断層（太実線）沿いの変位地形とトレンチ位置（A・C・D）．A・Cは岡田ほか（1987），Dは兵庫県（1997）によるトレンチ調査の位置．等高線は5m間隔で，アミ部は沖積谷底平野．下：Cトレンチの西側壁面（岡田・安藤・佃，1987）．CF1およびCF2は断層で，C3・C4層を切断し，C2層には覆われる．数字はC-14年代測定値（年BP），P1層準に12世紀，P2-4の位置に8世紀に使用された土器片を含むため，最新の活動は8〜12世紀と判明．

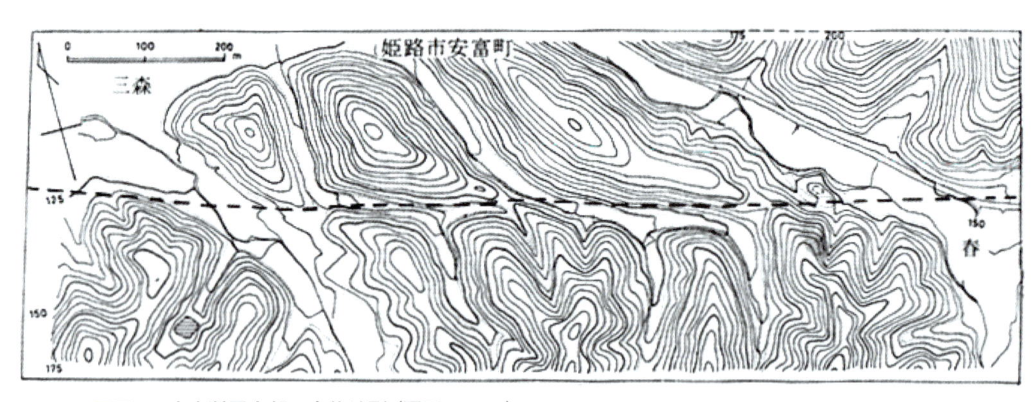

図6　安富断層中部の変位地形（岡田，1984）．
写真6中央部の詳細地形図．姫路市安富町三森付近の3尾根とそれらの間の河谷が系統的に安富断層沿いで左横ずれ屈曲．安富断層に沿って中国自動車道が建設されたが，これを横切る地下坑道で各種の観測が実施され，三角点の精密測量が周辺尾根部で行われている．

回のイベントを確認し，最新活動とその1つ前との活動間隔を求めている．さらに，岡山県（1996）による大原町西町での調査（図3）では，最新活動時期は西暦700〜1040年の間，最新活動期の1回の左ずれ量は約2m，活動間隔は1600〜2000年と見積もられた．

安富断層は宍粟市山崎町中心部から姫路市安富町安志を経て夢前町前之庄方面に約19kmにわたって延びる．この西部に位置する安富町安志の南西にあった2つの小谷底でトレンチ調査が行われた（図5）．谷底堆積物を切断する断層の存在が山崎断層帯では初めて確かめられ，最新活動時期や活動間隔などが求められた（岡田・安藤・佃，1987）．最新活動時期は8世紀以後で12世紀以前であり，1つ前の活動は1900〜2500年前，2つ前は数千年前頃にあった可能性が指摘された．

この東側の谷底でも兵庫県（1997）がトレンチ調査を実施し，谷底堆積物を切る明瞭な断層を確認した．2840〜2930年前の地層を0.4m，12360〜12880年前の地層を1.5m，AT火山灰層を2m，上下方向に変位させており，これらの間に累積的な北東隆起が認められた．最新活動は710〜1600年前に，この1つ前の活動は2290〜2840年前に起きた可能性が高く，活動間隔は1200〜1700年となる．最新活動時の変位量と上述の各地層の上下変位量から活動間隔は，千数百〜2千数百年と求められた（岡田・安藤・

■写真6　姫路市安富町三森付近の安富断層沿いの変位地形（1979年3月岡田撮影）

南方を望む．断層線の位置はほぼ中国自動車道に一致．この建設で，断層沿いの変位地形の一部は消失したが，建設前に作成された詳細地形図（縮尺1千分の1）や空中写真などを参照すると，左横ずれ地形の認定がより確実となる．建設当時にはおびただしい断層破砕帯が観察された．左手が春（うすずく）峠で，右手（西側）は安富PAである．この付近の詳細な地形図は図6に示され，3本の尾根とそれらの間の2河谷が約300m左屈曲し，安富断層沿いで最大．

■写真7　姫路市夢前町四辻－豊岡付近の安富断層（右側：高速道建設前の1971年7月神戸新聞社撮影，左側：1979年3月岡田撮影）

四辻上空から東南東方向の谷・峠・豊岡付近を望む．安富断層沿いには，数十～百数十m程度の系統的な河谷・尾根の左横ずれ屈曲が発達していたが，現在では中国自動車道の建設で判らなくなった．

佃，1987；遠田ほか，1995；岡山県，1996；兵庫県，1997）．

山崎断層帯主部西北部に属する暮坂峠断層，主部南東部の琵琶甲断層や三木断層，草谷断層などでもトレンチ調査が行われたが，ここでは詳しい紹介を省略する．

山崎断層帯沿いには小・中規模の地震が多発している．近年起こった中規模地震として1961年（M5.9），1973年（M5.1），1990年（M5.1）などがあり，暮坂峠断層の西縁部では1984年に山崎地震（M5.6）が発生し，その余震群は断層を中心として線状に細長く延びていた．兵庫県南部地震の直後にも微小地震の活動が増えた（渡辺ほか，1996）．

地震本部（2003，2013c）はこれまでの成果を総括して，次のような山崎断層帯に関する長期評価を公表した．すなわち，最新活動時期は868年播磨地震（M7+）であったと推定され，平均的な左ずれ速度は約1m/千年，1つ前の活動は約3400年前以後で2900年以前，1回のずれ量は約2m，平均活動間隔は1800～2300年とし，本断層帯の大地震発生確率は我が国の主な活断層ではやや高いグループに属するとしている．　［岡田篤正］

29 中央構造線断層帯：淡路島南部　兵庫県

Median Tectonic Line Fault Zone : South Area of the Awaji-Island

写真1　洲本市畑田組と南あわじ市灘来川付近の地形（2008年6月岡田篤正撮影）
洲本市畑田組と南あわじ市灘来川付近を北西方に望む．海岸に沿って急傾斜の山地斜面が連続する．集落が位置する付近は下位段丘面であり，論鶴羽断層崖を開析した河谷内に局所的に発達する．最終氷期の海水準低下期に埋積された堆積面が完新世の海面上昇や地盤の隆起によって，海岸侵食を受けて段丘化したと解される．

写真2　南あわじ市灘惣川・灘吉野・灘山本・灘城方付近の地形（2008年6月岡田撮影）
淡路島南端部の灘漁港と周辺部を北西方に望む．右手の集落が位置する灘油谷付近には城方層（後期更新統）が，海沿いには灘層（油谷累層）が分布する．背後の山地は和泉層群からなり，灘層とは明瞭な断層（油谷断層）を介して接する．この破砕帯には三波川変成岩類も挟在するので，地質境界の中央構造線に一致する．

論鶴羽山地は論鶴羽山（607 m）を最高峰とする淡路島南部の山地塊である．東を由良瀬戸，西を鳴門海峡で限られ，幅6～7 km，東北東-西南西方向へ約23 kmにわたって延びる（図1）．論鶴羽山から東の柏原山（569 m）へ500 m級のほぼ高さの揃った峰々が連なり，北と南へ流下する分水界を形成している．この分水界は南側へ偏在し，谷中分水界や風隙地形が多く認められ，論鶴羽山地が北側へ傾動しながら隆起してきたとみなされる．

油谷断層

論鶴羽山地の南側斜面は比高400 m前後の急傾斜面が連なり，論鶴羽断層崖とよばれてきた．南あわじ市灘地区では鮮新世の灘層（油谷累層）が分布するが，その北縁は油谷断層（走向：N40～60°E，傾斜：85°N）を介して和泉層群と接する（水野，

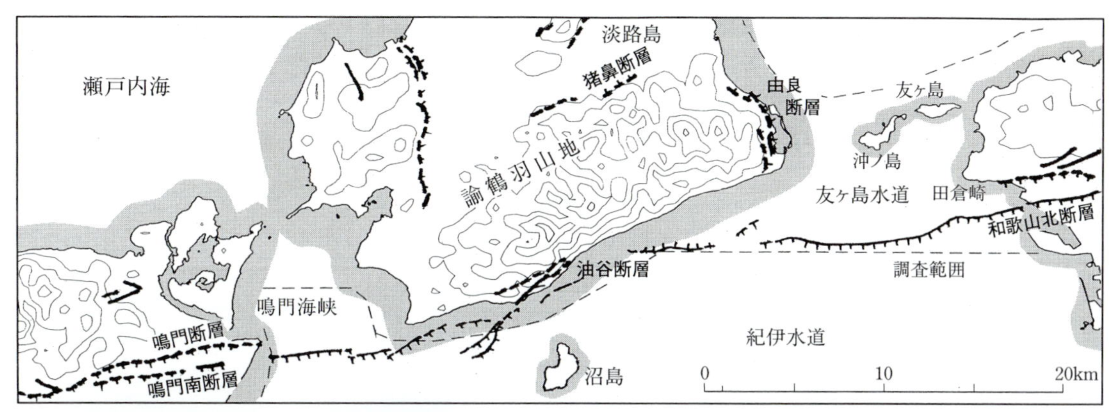

図1 淡路島南部と周辺地域の中央構造線断層帯（岡田，2004を修正）

論鶴羽山地と紀伊水道付近の中央構造線断層帯と周辺の活断層を接峰面等高線とともに示す．等高線間隔は100m．海域の破線と海岸線の間は未調査域．実線は活断層，破線は推定活断層．

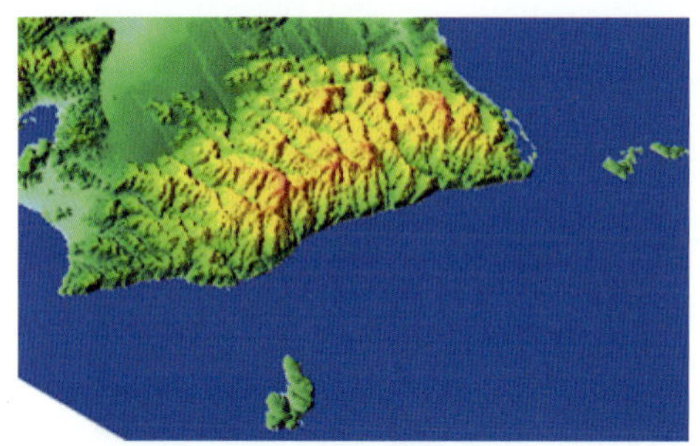

図2 淡路島南部周辺の鳥瞰図（カシミール3Dで岡田作成）

1987；岡田，2004）．また，三波川（さんばがわ）帯起源の破砕帯が伴われるので，地下では地質境界の中央構造線に一致するとみなされる．油谷断層沿いには小規模な鞍部の地形や傾斜変換線が直線状に配列し，尾根筋や河谷にわずかな右屈曲が認められる．しかし，変位地形はあまり明瞭ではなく，地すべりや崩壊地形が数多く発達している（熊原ほか，2014）．こうした表層の土砂移動の影響で変位地形が不明瞭となったり，沖合の海底を並走する別の活断層に新期の活動が移ったりしている可能性もある．

中央構造線断層帯の屈曲

灘層は結晶片岩礫を多く含み，現在とは大きく異なる水系や地形環境のもとで堆積したとされる．層理面は20～50°で北西に傾斜し，主に河成砂礫層からなる．大阪層群のMa1以下の層準で約300万年前頃と考えられる．灘地区から南方の沼島（ぬしま）周辺にかけての場所は中央構造線が大きく湾曲している．沼島は侵食から取り残された残丘的な島ではなく，小松島－沼島に連なる北東－南西方向の基盤岩石の高まりに位置すると判明してきた．こうした状況からみて，淡路島南端部は中央構造線の湾曲に伴う圧縮部にあたり，一般には地下深所に低下している地層が地表に引きずり上げられてきたと考えられる．

淡路島南部の海底活断層

淡路島南部周辺海底における中央構造線断層帯は国土地理院や海上保安庁による音波探査で位置や性質が判ってきた（図1；岡田・熊原，2014）．鳴門海峡南部では鳴門南断層の延長部に東北東－西南西方向の海底活断層が雁行状に配列し灘地区の南側まで追跡される．灘地区の東側海域では，やや北側に位置を移して海底活断層が認められる．中部の沖合では北側低下とされ，論鶴羽断層崖の上下変位の向きと逆である．油谷断層の走向は東北東－西南西方向であり，断層崖直下の海岸に延びる．論鶴羽山地の東縁には南北方向の由良断層が縁取ることから，これに連結する活断層は断層崖下の海岸近くを通る可能性が高い．海岸線近くは海底の探査が難しいことから，詳しい調査が従来行われてこなかった．中央構造線は灘地区から東方の海底に徐々に離れ，沖合1.5～4kmを通過すると示されている（図1）が，論鶴羽断層崖は15km以上にわたって急斜面が直線状に連なる．このように離れた中央構造線の位置から海岸侵食によって後退したとは考えられない．こうした観点から活断層位置の精査が必要である．

［岡田篤正］

30 中央構造線断層帯：讃岐山脈南縁部 徳島県

Median Tectonic Line Fault Zone : South Front of the Sanuki-Range

■写真1 阿波市市場町上喜来付近における父尾断層沿いの低断層崖（1987年2月岡田篤正撮影）
阿波市市場町上喜来付近から西方を望む．写真左手の山麓から中央下部にかけて父尾断層が走り，活断層の変位地形が連なる．写真下部の低断層崖沿いに段丘崖の右横ずれが認められ，平均的な変位速度も推定されている．写真下部の詳細地形図は図2に示されている．父尾断層沿いに徳島自動車道が建設されたので，このような写真はもはや撮影できない．

四国の北東部に位置する讃岐山脈は，幅約15kmを保って東北東-西南西方向に約95km延びる．山脈の北側には，長尾断層帯や江畑断層，竹成断層がほぼ同じ走向をもって走り，三豊（みとよ）層群（鮮新～更新統）や段丘堆積物を変位させる．山脈の南縁も中央構造線断層帯で限られるので，讃岐山脈は典型的な地塁をなすが，断層の活動度や変位量は南側が圧倒的に大きいので，北側へ傾く傾動地塊を形成している．

讃岐山脈の南側は急傾斜の山地斜面が連続し，比高数百mに達する断層崖が連なる．東部の徳島平野になると，山脈高度は低下して丘陵性の山地に移化し，高度差は少なくなる．しかし，徳島平野北部は厚さ1000mを超す鮮新世～更新世の堆積層で埋積され，平野北縁部付近を走る断層は平野下に伏在するが，基盤岩石類の上面の高低差は大きい．

上述のように，讃岐山脈の南縁沿いに中央構造線とこれに並走する活断層がほぼ東北東-西南西方向に直線状に延長する（■図1）．主な活断層としては東側から鳴門南・板野・神田・父尾（ちちお）・三野（みの）・池田などの断層である．わずかな屈曲部や分岐する副次的な断層も伴ってほぼ連続的に続き，中央構造線断層帯を形成する．東部の鳴門南・板野の両断層や西部の池田断層は和泉層群（北側）と三波川変成岩（南側）を境する地質境界の中央構造線に一致し，70～80°と高角度で北側へ傾斜する．中部では，地質境界の

■図1　讃岐山脈南縁（徳島県域）における中央構造線断層帯の分布図（徳島県，2000）

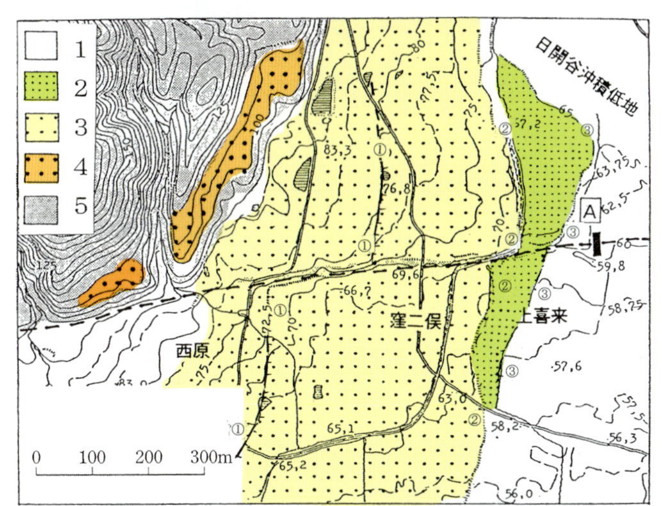

■図2　徳島県阿波市市場町上喜来付近の変位地形（岡田，2016）

東西中央部を父尾断層（破線部）が走り，比高数十～数mの低断層崖が連なる．Ａの位置でトレンチ調査が行われ，16世紀の活動が判明した．基図は国土基本図（縮尺5千分1）による等高線で5m間隔，数字は標高（m）．凡例；1：沖積低地，2：最低位段丘面，3：低位段丘面，4：中位段丘面，5：和泉層群．①②③は日開谷（ひがいだに）川が形成した段丘崖．

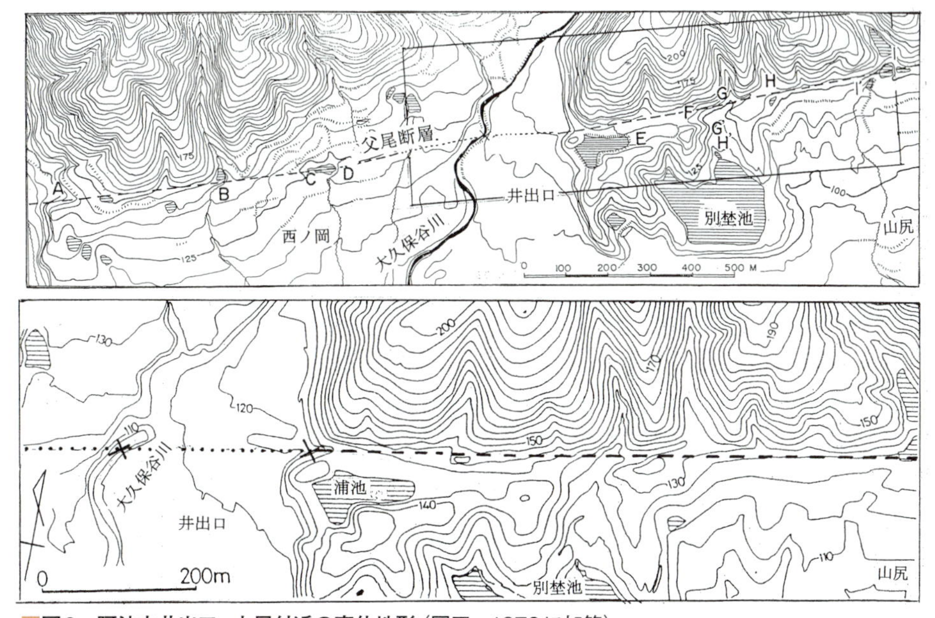

■図3　阿波市井出口－山尻付近の変位地形（岡田，1970に加筆）

上：山麓線を父尾断層が走り，直線状の山麓線，鞍部列，河谷の右横ずれ屈曲が連なる．浦池の北西の鞍部では活断層の露頭が観察され，断層面に沿って楔状の落ち込みが認められた．基図は国土基本図（縮尺5千分1）による等高線5m間隔．下：上図の枠内の拡大図．×は断層露頭の位置．

■写真2　阿波町井出口・山尻付近における父尾断層沿いの変位地形（1987年2月岡田撮影）
阿波市阿波町井出口から山尻付近を北方に望む．山麓線の道路沿いを父尾断層が走り，右横ずれの変位地形が連なる．図3参照．

■写真3　阿波市阿波町井出口から北東方向の父尾断層沿いの変位地形（1987年2月岡田撮影）
阿波市阿波町井出口（写真左下）から市場町上喜来（北東方向）・切幡丘陵（右上）を望む．道路沿いを父尾断層が延び，各種の変位地形が追跡できるが，高速道路の建設で不明瞭となった．なお，写真左下の鞍部では父尾断層の露頭（ほぼ直立する断層面）が観察される．また，約100万年前の火山灰層を挟む未固結堆積物は花崗岩礫を含むので，それを運搬した河川（写真上部：日開谷川）の位置から少なくとも2.5kmの右横ずれが堆積後に生じたと推定される．図3参照．

写真4　三好市三野町太刀野−芝生付近における三野断層沿いの変位地形（1987年2月岡田撮影）
三好市三野町太刀野−芝生付近を北方へ俯瞰する．中央下部の低位段丘面は三野断層による上下変位を受けて比高10～12mの低断層崖が発達する（図4）．写真中央部に芝生衝上断層の露頭が位置するが，この周辺は後に土取り場が作られて地質がよく観察された．また，高速道路の建設による地形改変も行われ，このような写真はもはや撮影できない．

中央構造線の北側数百mを活断層が並走し，それらの断層面は一般にほぼ垂直から北側へ高角度で傾斜している．多くの場所で尾根や河谷の右横ずれ屈曲が認められ，段丘面にも概して南側低下の低断層崖が各所で検出される．なお，活断層の詳しい位置は中央構造線活断層系ストリップマップ（水野ほか，1993）や1：25,000都市圏活断層図「池田・脇町・川島・徳島」の図幅に示されている（後藤ほか，1999；中田ほか，2009；岡田ほか，1999，2009；後藤・中田，2000）．

平均変位速度

当域の活断層における活動時期や活動間隔，さらに平均的な変位速度についてはいくつかの詳しい研究により，具体的な数値が求められている（岡田，1968，1970）．

徳島県阿波市域を走る父尾断層では，市場町上喜来付近に低位段丘面群を切断する明瞭な低断層崖がある（**図2**）．断層線を横切る段丘崖の右横ずれ量（約50m）とその形成年代（約8000年前）から，水平的な変位速度は約6m/千年と求められた．

美馬市美馬町池ノ浦では，三野断層を横切る河谷の右横ずれ屈曲量が200～230mであり，河谷の形成は25000年前より新しいので，平均的な変位速度は8～9m/千年と推定された．

三好市池田市街地を横切る池田断層は低位段丘面を切断するが，その段丘礫層下の不整合面や側方侵食崖が約200m横ずれしている（岡田，1968；**図5**）．この形成年代は約3万年前であるので，平均的な右横ずれ変位速度は7m/千年と求められた．

これらの値から四国東部域では，横ずれ変位速度は6～9m/千年程度と推定される．また，上下変位速度（北側隆起）は父尾断層について0.6m/千年程度であり，横ずれ速度の約1/10とみなされる．

活動間隔

讃岐山脈南縁では，平均的な右横ずれ変位速度が6m/千年，1回の活動に伴う右横ずれ変位量が6～7mと求められている（岡田・堤，1997）．こうした値から，平均的な活動間隔は約1000～1200年とな

■写真6　東みよし町中ノ段・台付近における池田断層・箸蔵断層沿いの地形（1987年2月岡田撮影）
徳島県三好郡東みよし町足代（中ノ段・台・宮ノ岡）付近を北西方向に俯瞰．背後は讃岐山脈西部であり，尾根や山腹部に地すべり起源の緩傾斜地が伴われる．山麓線に沿って箸蔵（はしくら）断層が走り，これに並走する池田断層が比高15m前後の低断層崖を伴っている．池田断層沿いには，和泉層群と三波川変成岩類が接する露頭が観察され，地質境界の中央構造線にあたるが，河床であるために侵食や堆積・人為的影響などで露頭状況が悪くなり，観察が難しくなった場所も多い．なお，道路に近接して並走する崖は吉野川の形成した側方侵食崖であり，この写真だけでは低断層崖との区別が難しい．

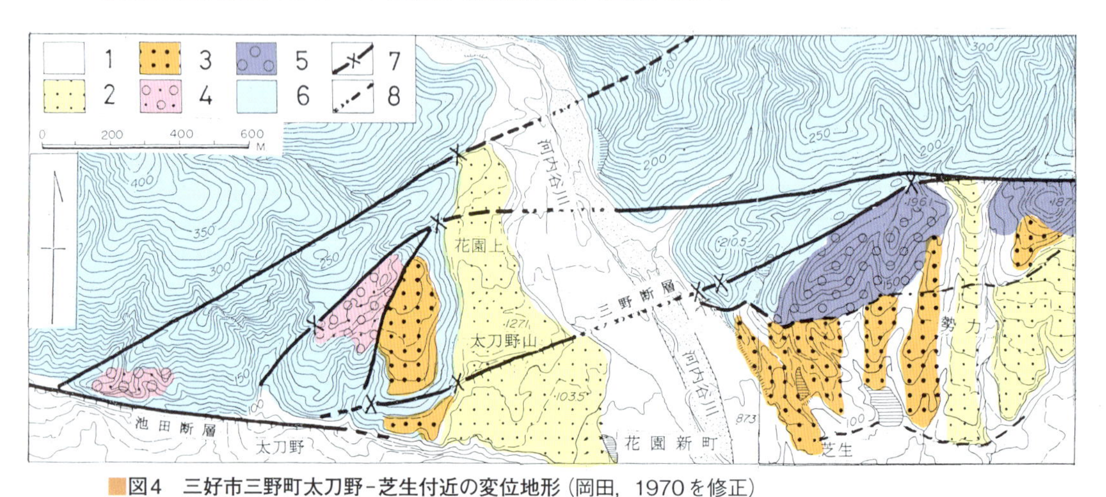

■図4　三好市三野町太刀野－芝生付近の変位地形（岡田，1970を修正）
河内谷（こうちだに）川の東岸では，芝生（しぼう）衝上断層が観察され，その近接した北側を三野断層が通過し，断層ガウジを伴う断層破砕帯が数ヶ所で認定．太刀野山では比高10～12mの低断層崖が低位段丘面を切断．北東延長上では三野断層を横切る河谷に右横ずれ屈曲や鞍部の地形が連なる．写真4は中央下部の位置．基図は国土基本図（縮尺5千分1）による等高線で5m間隔．凡例　1：沖積面，2：低位面，3：中位面，4：高位面，5：土柱層，6：和泉層群，7：活断層（×印：露頭），8：推定活断層

■写真5　三野町芝生付近における芝生衝上断層（2006年7月岡田撮影）
三野町芝生（徳島自動車道（写真左上）の南側）の土取り場で観察された芝生衝上断層の露頭．東方を望む．左（北）側は主に和泉層群の破砕帯で構成され，断層面付近には三波川変成岩類の破砕帯も挟在する．左（北）側に近接して三野断層が和泉層群内を並走し，高角度の顕著な断層ガウジを伴う．三野断層と芝生衝上断層は地下では合流し中央構造線断層帯として東北東–西南西方向に連なる．芝生衝上断層で覆われた未固結砂礫層（右側）の年代は直接的には判明していないが，花粉分析や層相などから第四紀中・後期と推定される．

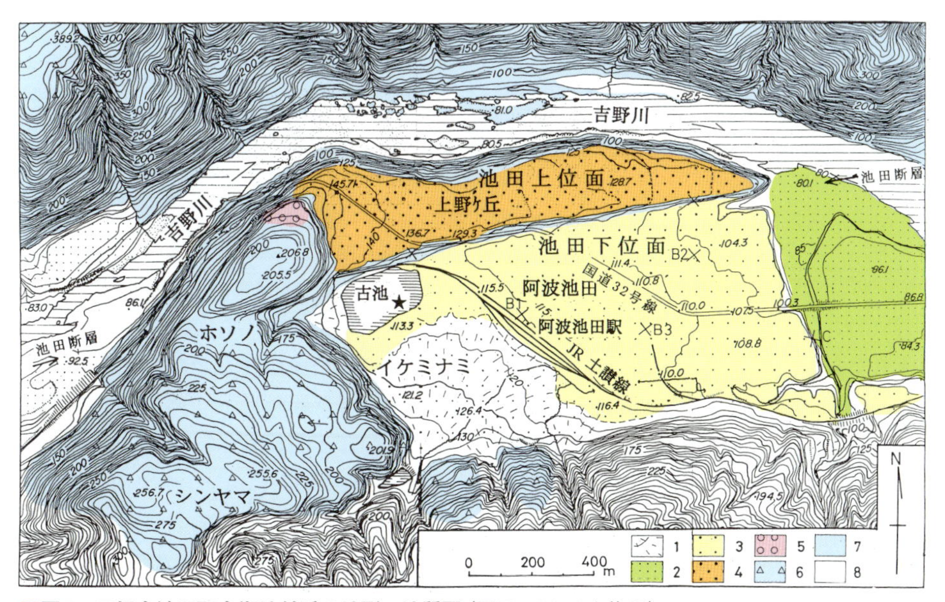

■図5　三好市池田町市街地付近の地形・地質図（岡田，2012を修正）
池田市街地付近の地形・地質概略図．基図は国土基本図（縮尺5千分1）による等高線で5m間隔，数字は標高（m）．★は深いボーリング地点，×はC-14年代値採取地．凡例　1：沖積扇状地，2：低位2面，3：低位1面（池田下位面），4：低位1面（池田上位面），5：中位面，6：地すべり堆積物，7：和泉層群，8：三波川変成岩類．

■写真7　三好市池田町州津付近における池田断層沿いの地形（1987年2月岡田撮影）

徳島県三好市州津（しゅうづ）付近を北に俯瞰する．下部は吉野川で，右下は三好大橋．左手は吉野川本流が形成した低位段丘2面であり，これは阿波池田の市街地を載せる地形面より1段若い河成段丘面で，これを切断する比高約15mの低断層崖が東北東-西南西方向へほぼ直線状に横切る．この崖を斜断する道路掘割法面が猪ノ鼻道路の建設工事に伴って2011年頃に作られ，明瞭な断層露頭が出現した．その一部は新道の西側法面にコンクリートで囲まれた枠内に保存されている．北側の和泉層群破砕帯が低位段丘礫層と直接し，主断層面の傾斜は60～80°N，走向はN75°Eと測定され，低断層崖の延長方向に一致する．礫の回転や割れ目への落ち込みが断層面付近で観察され，粘土と角礫帯が縞状に発達する断層破砕帯が約40mにわたって認められた．また，和泉層群の破砕帯が主断層面から北側へ離れるほど破砕度が弱くなって続いていくようすが連続的に観察されている．写真中央を鮎苦谷（あいぐるしだに）川が南（手前）側に流れるが，箸蔵橋の下に和泉層群と三波川変成岩類が差し違え構造をもって接触していた．さらに右手（東側）には，低位段丘面を覆う土石流扇状地が分布するが，比高5～8mの低断層崖が延長方向へ連なり，右横ずれの河流跡の地形も伴われる．

る．阿波市市場町上喜来で行われたトレンチ調査によると，最新活動は16世紀であり，1つ前の活動は約2000年前頃であることから，活動間隔は1500～1600年となる．これらの方法により求められた数値は整合しないが，両方の数値を取り込んだ年代幅を含んで，平均的な活動間隔は約1000～1600年と判断されている（地震本部，2011，2017）．

歴史時代の大地震

1596年慶長伏見地震時に徳島県鳴門市撫養（むや）の海岸が隆起したとの記録があり，中央構造線断層帯（の一部）が動いた可能性が指摘された．しかし，これに関しては歴史学者の間で異論が出されており，史料の信頼性に問題を含んでいる．一方，この史料とは別に四国の各所で行われたトレンチ調査によると，中央構造線断層帯は16世紀に活動した可能性が大きいことが判明してきた．地震本部（2011）も慶長伏見地震の際に四国の中央構造線断層帯が活動したとは特定できないとしているが，16世紀の活動は認めている．しかし，江戸時代（17世紀）以降の最近400年間には活動していないと認定している．

■写真8　三好市池田市街地付近における池田断層と周辺の地形（2004年10月八木浩司撮影）
三好市池田市街地付近を西方を望む．市街地の北（右手）側を中央構造線（池田断層）に伴う低断層崖が東北東-西南西方向へ直線状に延びる．比高は東部で約20m，西部で約30mである．池田段丘下位面を構成する段丘堆積物中から約2.7万年前のC-14年代値が得られた．段丘面の付け根にある側方侵食崖は約3万年前の形成とみなされ，この連続性から右横ずれ量が約200mと求められた．市街地の西（背後）側には緩傾斜面をなす「シンヤマ」集落があるが，吉野川が運搬してきた円礫層を覆って，無数の開口亀裂を伴った"和泉層群"で構成される．これは約5万年前に吉野川（写真中央右手）北側の地すべり地から流れ下った移動地塊とみなされる．この大規模な地すべりによる吉野川の堰き止めとその後の下刻が現位置で生じた．吉野川が隆起側である讃岐山脈(和泉層群)を流れる場所は当地だけであり，こうした過去の特異な事件に起因して，日本を代表する典型的な低断層崖が形成された．写真右手の山腹緩傾斜面は讃岐山脈（和泉層群），遠景左手は馬路川沿いの中央構造線（池田断層）沿いの地すべり地形．

地下構造・反射法地震探査

活断層の露頭調査やボーリング調査では，断層面が各地で観察され，ほぼ直立ないし，北へ70～80°の高角度で傾斜している．多くの地点でトレンチ調査が行われたが，観察された断層面はほぼ垂直に近い．一般に北側へ高角度で傾斜するが，阿波市土成（どなり）町牛屋谷（うしやだに）（熊谷寺南東）のトレンチ調査では，逆断層状を呈する主断層とこれからほぼ垂直方向へと分岐しV字形をなす断層群が現れた．この数百m東方では断層線が大きく北東方向へ湾曲するので，こうした局部的な湾曲が断層面に影響を与えていると考えられる．

美馬市東部の曽江谷川（そえだにがわ）（南北方向）沿いで行われた反射法地震探査では，地質境界の中央構造線は深さ約5km以浅では30～40°北傾斜しているが，活断層の位置での傾斜は解像度が悪く判明していない．徳島平野の北部で行われた反射法地震探査でも，ほぼ同様な成果が得られており，地震本部（2011，2017）も地質境界が活断層の断層面であるとすれば，深さ5km以浅では北傾斜30～40°と推定している．しかし，より深い部分での資料がないこと，力学的な検証の必要性など，検討すべき課題と提起している．

［岡田篤正］

31 中央構造線断層帯：石鎚山脈北縁部 愛媛県

Median Tectonic Line Fault Zone : North Front of the Ishizuchi-Range

■写真1 法皇山脈北縁の断層崖と並走する低断層崖（1980年3月岡田篤正撮影）
写真中央部の集落は愛媛県四国中央市（旧 伊予三島市）豊岡町大町（左手）～岡銅（右手）付近であり，東南方向を望む．写真中央下部を寒川断層に沿う低断層崖が通過し，開析扇状地性の段丘面群に上下変位を与えている．すなわち，高位面に約35m，中位面に17～30m，低位面に約15mの上下変位が認められ，東北東-西南西方向へほぼ直線状に約5km連なる．背後の稜線は法皇山脈であり，中央左は翠波峰（892m），右は鋸山（1017m）である．山腹左の道路は中曽根町から金砂湖へ連絡している．山麓線に沿って和泉層群（北側）と三波川変成岩類（南側）が接する中央構造線が通過するが，変位地形は認められない．第四紀後期の活動は寒川断層に移化した可能性が大きい．

四国山地の主部をなす石鎚山脈は石鎚山（1982m）を最高峰として東北東-西南西方向に連なる（■図1）．北東部に位置する笹ヶ峰（1860m）から法皇山脈が支脈状に東北東方向へ延び，東赤石山（1707m）・赤星山（あかほしやま）（1453m）・翠波峰（すいはみね）（892m）・平石山（826m）と連なり，東方へ徐々に高度を下げる（■図2）．これらの北側斜面が石鎚（山）断層崖であり，比高は千数百mを超すが，東方では500m前後となる．尾根筋の北側斜面が三角形をした三角末端面の地形がいくつも連なり，日本でもっとも明瞭な場所にあたる．さらに北麓域には予讃回廊地帯とよばれる幅の狭い平野が瀬戸内海との間に延び，新旧の扇状地面群が発達する．その南縁は中央構造線断層帯で限られ，ほぼ直線状に連なっている（■図2，3）．

中央構造線断層帯の分布概要

四国中央北部では山麓線沿いに和泉層群と三波川帯を境する地質境界の中央構造線が走り，右横ずれの河谷の屈曲や低断層崖の地形が明瞭に連続する．新居浜市や四国中央市西部域では，石鎚断層（長さ約24km），四国中央市東部域では池田断層（長さ約44km）が連なる．これらは日本を代表する右横ずれ活断層である．石鎚断層と池田断層の間（四国中央市豊岡町-具定町（ぐじょうちょう））では，山麓を走る中央構造線

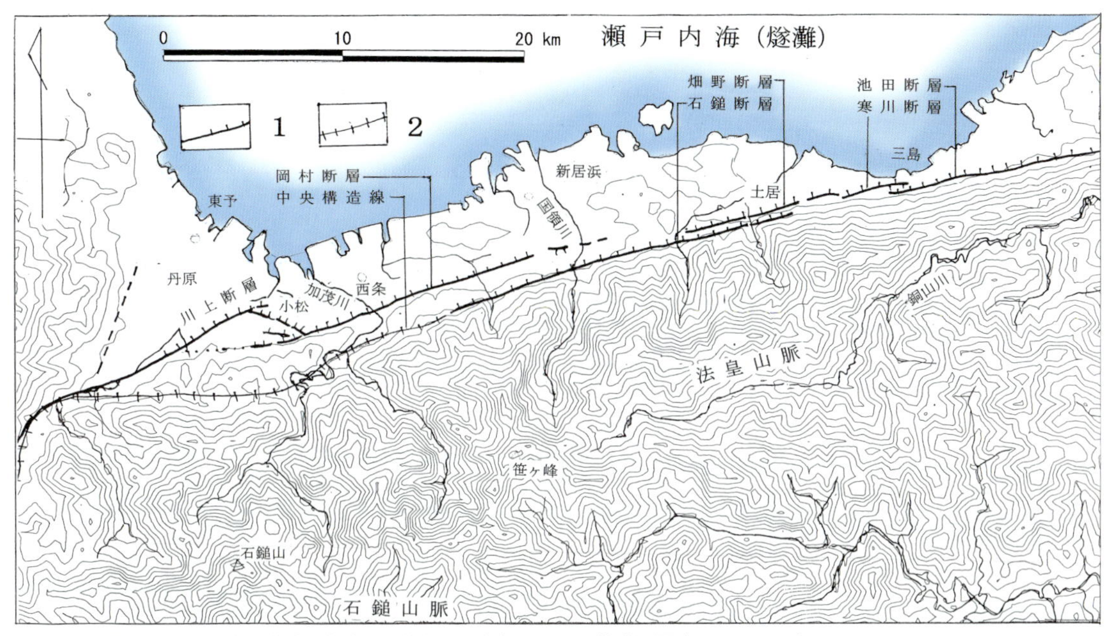

■図1　中央構造線断層帯（四国中央北縁部）と周辺の接峰面図（岡田，2016）
基図の接峰面図は100 m間隔の等高線．凡例 1：活断層（ケバ側低下），2：中央構造線．

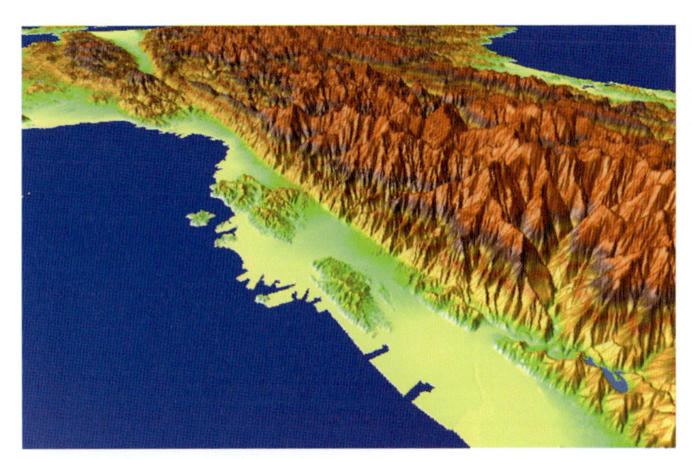

■図2　四国中央北部－東部の鳥瞰段彩図（カシミール3Dで岡田作成）
愛媛県西条市付近より東方を俯瞰．中央構造線断層帯は四国山地と予讃回廊地帯とを地形的に明瞭に分け，東北東－西南西方向へ直線状に連続する．

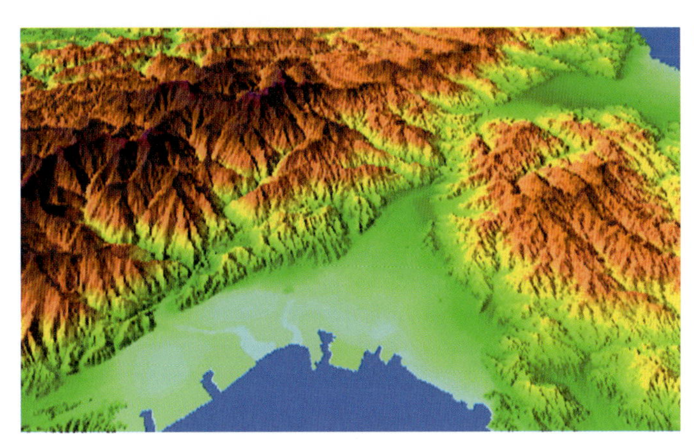

■図3　四国山地（石鎚山脈）－桜樹屈曲－高縄半島の鳥瞰段彩図（カシミール3Dで岡田作成）
愛媛県西条市付近より南西方を俯瞰．左手は四国山地（石鎚山脈）であり，右側の高縄山地との間に桜樹屈曲の地峡がみられ，右手遠景は松山平野である．中央構造線断層帯は下部の予讃回廊地帯西部（西条平野）と四国山地を地形的に明瞭に分け，桜樹屈曲を経て，松山平野の北東部から南部へと平野縁を直線状に連続する．近畿以西では，比較的近接した地域で高度差がもっとも大きい場所である．

■**写真2　石鎚断層と畑野断層沿いの変位地形**（1980年3月岡田撮影）

四国中央市土居町畑野付近を南方向に望む．山麓線に沿って石鎚断層が通り，和泉層群（北側）と三波川変成岩類（南側）が接する中央構造線である（図4の東側）．左側の浦山川の河床に和泉層群と三波川変成岩類が接する露頭が露出する．両者の間には安山岩質岩脈が挟まれ，これらは激しい破砕を受け，主な断層面は走向N50～90°E，傾斜70～80°Nである．この部分の石鎚断層沿いに高速道路が現在では建設され，このような写真は撮影できなくなった．また，約300m北側を並走する畑野断層は低位面群を切断して，低断層崖の地形が発達する．

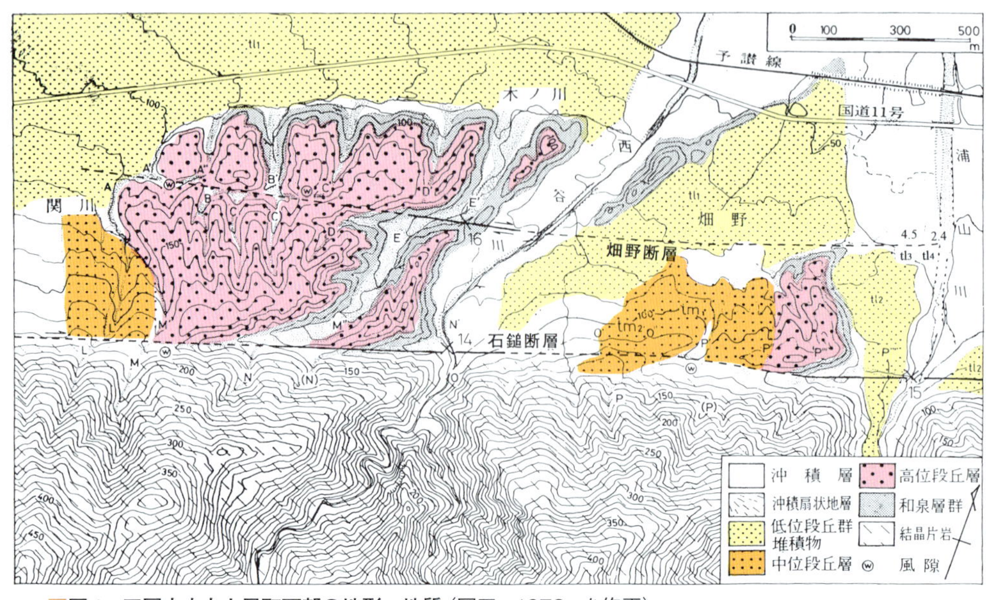

■**図4　四国中央市土居町西部の地形・地質**（岡田，1973aを修正）

等高線は10m間隔で，国土基本図から抽出して作成．A-A'，…は右ずれ河谷，×印は断層露頭の位置．

■**写真3　石鎚断層と畑野断層沿いの変位地形**（1980年3月岡田撮影）
四国中央市土居町畑野－上野付近を南方向に望む．山麓線に沿って石鎚断層が通過し，これに沿って和泉層群と三波川変成岩類が接する（図4の西側）．この北側約400 mを高位段丘面を切断して畑野断層が並走する．両断層を横切る開析谷は系統的な右横ずれ屈曲をしており，石鎚断層沿いに約600 m，畑野断層沿いで約150 mの屈曲が認められる．現在では，高速道路や四国電力の東予変電所が建設され，地形は大幅に改変された．

は第四紀後期には活動を止めており，北側約1 kmを並走する寒川（さんがわ）断層（長さ約5 km）が活断層として連なる．中央構造線は西条市域以西になると，第四紀の活動は認められなくなるが，北側約1.5 kmを岡村断層（長さ約20 km）がほぼ並走し，この断層が活断層として直線状に連なり，和泉層群（南側）と岡村層（北側）・段丘堆積物・沖積層とが接する．岡村断層も西端部は第四紀後期の活動を停止しているが，さらに北側に配列する川上（かわかみ）断層へと活動が移化して，さらに南西方の桜樹（さくらぎ）屈曲部（高縄半島頸部）へと連なる（■**図1，3**）．このように地質境界の断層とこれにほぼ並走する活断層が雁行状に配列して中央構造線断層帯を構成している．

活断層の誕生時期

四国北西部の中央構造線沿いには多くの場所で石鎚層群（中新世中期）の火成活動に伴って安山岩質の岩脈が貫入している．この岩脈は新居浜市や四国中央市域では顕著な破砕を受けているが，西条市域以西の中央構造線ではほとんど破砕していない．また，北側を並走する活断層帯（岡村・川上・北方（きたがた）・重信・伊予の各断層）には岩脈は貫入していない．したがって，岩脈の貫入後に活断層帯は位置をやや異にして誕生したとみられる（岡田，1973b）．

四国山地北西部の山頂部には小起伏面が発達するが，これは鮮新世後期頃までに石鎚層群や基盤岩類を切って形成され，この期間に郡中層や岡村層などの鮮新～更新統が堆積したとされる．全般的に地殻運動の緩やかな時代とされる中新世後期から鮮新世にかけて，中央構造線の活動はほとんどなく，この休止期間に平坦化が進行した．第四紀になって西南日本の島弧の活動が活発化し，中央低地帯の沈降や外帯山地の隆起が始まり，それら変動域の境界をなす中央構造線断層帯が活動を開始してきたとみなされる（岡田，1973a）．

活断層の位置・形状

中央構造線断層帯は，東側から，池田・寒川・畑

■写真4　石鎚断層崖と山麓の活断層沿いの地形（1980年3月岡田撮影；赤外線フィルム写真）
四国中央市土居町畑野−上野付近と石鎚山脈東部を南方向に望む．山麓線に沿って石鎚断層と畑野断層が通過する．右手背後は二ツ岳（1647m）とエビラ山（1677m）で，これらの北斜面が石鎚断層崖である．いくつかの三角末端面が認められ，それらが複合してより大きな三角末端面を形成する．なお，写真2は左下，写真3は中央下部の位置であり，断層の解説はそれらも参照されたい．

野・石鎚・岡村・川上などの活断層が屈曲部や間隙を伴って配列し，東北東−西南西方向へ直線状に延長する（中田ほか，1998；堤ほか，1998，1999）．各活断層は右横ずれ運動が卓越し，一般には北側が低下する上下運動が伴われる．活断層沿いには，多くの場所で明瞭な河谷や尾根の右ずれ屈曲，段丘面を切断する低断層崖などの変位地形が発達するが，局所的にはバルジ（ふくらみ地形）や小地塁などの変位地形も一部で認められ，実に多様な変動地形が分布している．また，活断層の移行部にプルアパート盆地とみなされる地溝状の凹地が数ヶ所で検出される．

右横ずれ変位の代表例

右横ずれの河谷屈曲や変位地形が典型的に発達するのは，四国中央市土居町畑野付近であった（■図4，写真3）が，四国電力の東予変電所や高速道路の建設により，現在では地形は不明瞭となってきた．しかし，それらの建設前や最中に多くのボーリング掘削やトレンチ調査が実施され，断層の性質や地質構成が詳しく判明してきた．当域の石鎚断層は西谷川（にしだにがわ）や浦山川の河床で観察され，結晶片岩類・岩脈・和泉層群が断層破砕帯を伴って接触し，河床礫層も取り込まれていた．畑野断層では8地点のトレンチ調査や露頭調査が行われ，ほぼ東西走向で高角度の断層面をもつことが判った．最新活動時期やこれに先行する活動時期，さらに活動間隔などの資料も得られている．

石鎚断層の変位速度・活動間隔

土居町畑野付近における高位段丘面の形成（約16〜20数万年前）後に，石鎚断層沿いに約550〜600m，畑野断層沿いに約150〜200m，計700〜800mの右ずれ変位が生じたとされ，この間の平均的な右ずれ変位速度は3.5〜5m/千年程度と推定された（岡田，1973a）．高位段丘面の形成年代は具体的に得られた値ではなく，推定年代であり参考値である．

岡村断層の変位速度・活動間隔

岡村断層を横切る数多くのトレンチ調査が西条市飯岡地区で行われ，平均的な右横ずれ変位速度は5〜6m/千年，1回の活動に伴う右横ずれ変位量は約

■写真5　石鎚（山）断層崖と岡村断層沿いの中萩低断層崖（1980年3月岡田撮影）
新居浜市萩生（はぎゅう）付近から南東方向の中萩低断層崖や石鎚（山）断層崖を望む．背後は石鎚山脈であり，その手前が急傾斜の石鎚（山）断層崖であり，山麓を石鎚断層が縁取る．石鎚断層沿いには南側の三波川変成岩類と北側の第四紀層とが接する断層露頭が各所で観察され，北傾斜（40°N）の断層面は徐々に東方へ高角度化していく．写真中央の中萩低断層崖（比高10m程度）は岡村断層東部に位置し，東北東－西南西方向に直線状に延びる．これを横切るトレンチ調査が数多く行われ，ほぼ直立する断層面が観察され（写真6参照），活動履歴や間隔なども解明されてきた．

■写真6　岡村断層（中萩低断層崖）のトレンチ東側断面（1998年11月岡田撮影）
新居浜市中萩で行われた岡村断層を横切るトレンチ東側断面．右（南）側は急傾斜する岡村層であり，左（北）側の扇状地礫層（完新世）とほぼ直立する断層面で接する．背後は比高10m前後の中萩低断層崖であり，東北東－西南西方向に延びる．この低崖が南へやや入り込んだ場所でトレンチは掘削され，低崖の延長線沿いで岡村断層の断面が観察された．

6mと求められた（岡田ほか，1998b）．これらの値から，平均的な活動間隔は1000～1200年となる．なお，過去3回の活動時期からは2300～2500年と求められているので，これら2つの数値を取り入れると，活動間隔は約2000～2500年の幅に収まる．新居浜市南西部の中萩低断層崖には，みごとな低崖が岡村断層に沿って約3kmにわたって連続する．この付近に広がる低位段丘面の形成年代（約2万年前）を基準とすると，比高は最大16mであり，平均的な上下変位速度は0.7m/千年程度と求められる．

歴史時代の大地震

歴史時代の活動として，1596年9月1日に西条市域で地震被害が生じたとの記録がある．また，松山市東部でも寺院の被害の文書があることから，伊予国中部で歴史時代に発生した地震があり，川上断層が活動した可能性が指摘されてきた．きわめて限られた史料であり，確実性・信憑性になお問題を有している．しかし，数多く実施されたトレンチ調査では，最新活動時期は16世紀頃と求められる事例が多く，地震本部（2011，2017）もこれを認めている．また，四国中央市土居町津根で行われた畑野断層を横切る3次元的なトレンチ調査では，最新活動は1600年を挟んだ140～190年間に発生したとされ，1596年慶長伏見地震の頃に活動した可能性が高い．

活断層の地下構造

新居浜市－西条市域における地質境界の中央構造

■写真7　石鎚断層崖と山麓の活断層沿いの地形（2004年10月八木浩司撮影）
新居浜市南西部から東方の石鎚（山）断層崖を望む．山麓を石鎚断層が縁取る．当写真の範囲では活断層であり，三波川変成岩類（南側）と北側の岡村層（前期更新統）・段丘堆積層・沖積層とが接する．石鎚断層は北傾斜の断層面をもつが，新居浜市域では35～45°Nで，徐々に東方に高角度となる．写真左下は総合科学博物館，そこから山麓へ延びるのが松山自動車道である．

線は比較的低角度（約30～40°N）で傾斜している．しかし，活断層としての石鎚断層は東方へ徐々に高角度化してゆき，場所によっては垂直に近くなる．四国中央市東部（旧 川之江市）域では，高角度で南傾斜になる場所があり，こうした場所では地表部が地すべり的な変形を受けているとみなされる．断層露頭・トレンチ調査などによる地表付近の観察では，断層面は多くの場所で高角度である．なお，横ずれが卓越した断層では力学的にみると垂直に近い場合がほとんどである．四国西部における地質境界の中央構造線は比較的低角度である．こうした部分では中新世以前には活動したが，活断層の動きは認められない．

新居浜市と西条市の境界を北方へ流れる渦井川沿いで行われた反射法地震探査によれば，石鎚断層（地質境界の中央構造線）は北側へ約30°で傾斜するが，地表では高角度の岡村断層が地下になると，両者は交差するようにみえる．しかし，この低角度断層に上下変位を与えているのか，低角度断層に合流して角度を下げていくのかは解像度が悪く，識別ができない．当域の中央構造線断層帯を横切る地下構造調査は現段階では精度の高い成果が得られておらず，どのような角度を深部で有するかの解明が期待される．

活動区間

地震本部（2011，2017）によれば，四国中央北部の中央構造線断層帯は，過去の活動時期の違いに基づいて，3つに区間に分けている．すなわち，石鎚断層以東（讃岐山脈東部南縁の鳴門南断層まで），石鎚山脈北縁（岡村断層），石鎚山脈北縁西部（川上断層－伊予灘の断層）である．これらの最新活動時期は16世紀で同じであるが，1つ前および2つ前の活動時期が異なることから，別々の区間とされている．しかし，活断層の性質（右横ずれ・北側低下）は相互に似ており，地域的なまとまりや地形・地質の連続性もあることから，石鎚山脈北縁一体をまとめて紹介した．

［岡田篤正］

■写真8　石鎚断層崖と山麓の活断層沿いの地形（1980年3月岡田撮影；赤外線フィルム写真）
西条市飯岡上空より南東方向の石鎚（山）断層崖や岡村断層崖を望む．石鎚（山）断層崖の麓に沿って石鎚断層が通過する．写真中央左は岡村断層沿いの中萩低断層崖であり，さらに中央下部から右下へ連続する．岡村断層沿いの断層崖は西方に比高を増し，200～300mとなるが，和泉層群から構成される断層崖を開析する河谷底の各所に段丘面を切断する低断層崖の地形が伴われる．

■写真9　石鎚断層崖の山麓線と中萩断層崖（1980年3月岡田撮影；赤外線フィルム写真）
新居浜市萩生付近を南方向に俯瞰する．山麓線を石鎚断層が通過するが，三角末端面の基部を走る．これに沿って扇状地礫層と基盤岩石が接する断層露頭が観察される．写真下部を岡村断層沿いの中萩低断層崖が並走している．

32 中央構造線断層帯：愛媛県北西部

Median Tectonic Line Fault Zone : NW Ehime Prefecture

■写真1　伊予断層北部の地形（2008年2月岡田篤正撮影）
伊予市上野付近から伊予断層北東部を北東方向に望む．丘陵性山地の左手は伊予市八倉（やくら）付近であり，未固結の八倉層（鮮新～更新統）が標高約200mの定高性を保って山稜頂部まで分布する．伊予断層帯は北東端部で山麓線沿いから北北東－東北東方向へ数本に分岐し，延長が不明瞭となる．

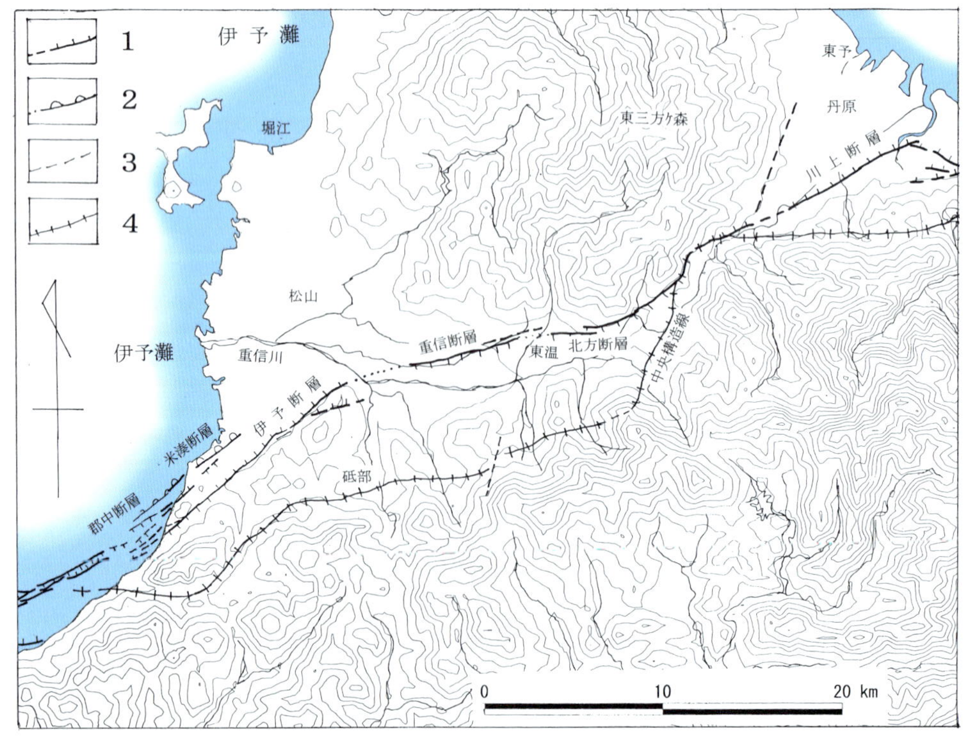

■図1　四国北西部における中央構造線断層帯の位置図（岡田，2016）
基図は等高線100m間隔の接峰面図．1：活断層（ケバ側低下），2：撓曲（符号側低下），3：推定活断層，4：中央構造線．

■写真2　伊予断層中部の地形（2008年2月岡田撮影）
伊予市上野付近から原付近を南東方向に望む．写真1の南西延長にあたる．背後の定高性を示す丘陵性山地は行道山（373m）であり，放送送信施設が設置されている．山麓線沿いを伊予断層帯が北東－南西方向へ連続するが，副次的な活断層も並走する．山麓の伊予断層にほぼ沿って松山自動車道が建設され，変位地形が改変された場所も多い．

愛媛県北西部では中央構造線断層帯は松山平野の縁辺部を通過する．高縄半島と石鎚山脈との間は地峡をなし，地質境界の中央構造線が通過するが，桜樹（さくらぎ）屈曲とよばれる大きな湾曲部を形成している．断層面は北へ35～45°で傾斜し，ほとんどの場所で中新世以後に活動は停止している（■図1）．しかし，活断層としての川上断層もここで湾曲し，一部で中央構造線に一致するが，南西方向へ徐々に離れていく．これ以西では，中央構造線の北側約7km以内の和泉層群の分布域を直線状に走る北方・重信・伊予などの活断層群が新期の断層活動を受け継いで中央構造線断層帯として連続する（後藤ほか，1998；岡田ほか，1998a）．なお，伊予断層の南西部では，和泉層群の破砕帯中に三波川変成岩類が挟み込まれており，地下では両者は合流するとみなされる．伊予灘では，断層の分布形状からみて地質境界の中央構造線と活断層とは再び合流して連なる．

桜樹屈曲部の川上断層

桜樹屈曲部の川上断層も大きく湾曲するが，既存の屈曲した中央構造線に規制されて，一部では古い断層面が使用され，一部では新しい破断面が形成された．この付近での最大圧縮軸は屈曲部の川上断層の走向とほぼ直交するので，純粋な逆断層型の運動が期待されるが，以西の活断層の動きに伴って，右横ずれが卓越した逆断層となっている．高縄半島側では西方から移動してきた物質が屈曲部で詰まるような状態となり，高縄山地の曲隆がもたらされたと考えられる（岡田，1973b，2016）．

伊予断層－重信断層の屈曲部と地下構造

桜樹屈曲と伊予断層の間には重信断層や北方断層が分布するが，これら活断層の走向はかなり異なる．伊予断層は北東－南西方向に近く，南東側の隆起成分が大きい．一方，重信－北方断層は東西方向に近く，北側の隆起傾向は相対的に小さい．重信川に沿った松山平野東部の地下には半地溝状を呈する基盤岩石の凹地が伏在することが判明してきた．

川上・北方・重信の各断層

松山平野東部では東から西へ川上・北方・重信の各断層が配列し，東北東－西南西方向に直線状を描いて約37km延びる．川上断層は多くの河谷を横切るので，これら河谷に系統的な右横ずれ屈曲が認められる．一方，北方断層や重信断層は重信川が形成した扇状地性の段丘面や沖積面を横切るので，これら地形面を切断する低断層崖として連なる．いずれの断層でも北側が上昇する上下変位が伴われてい

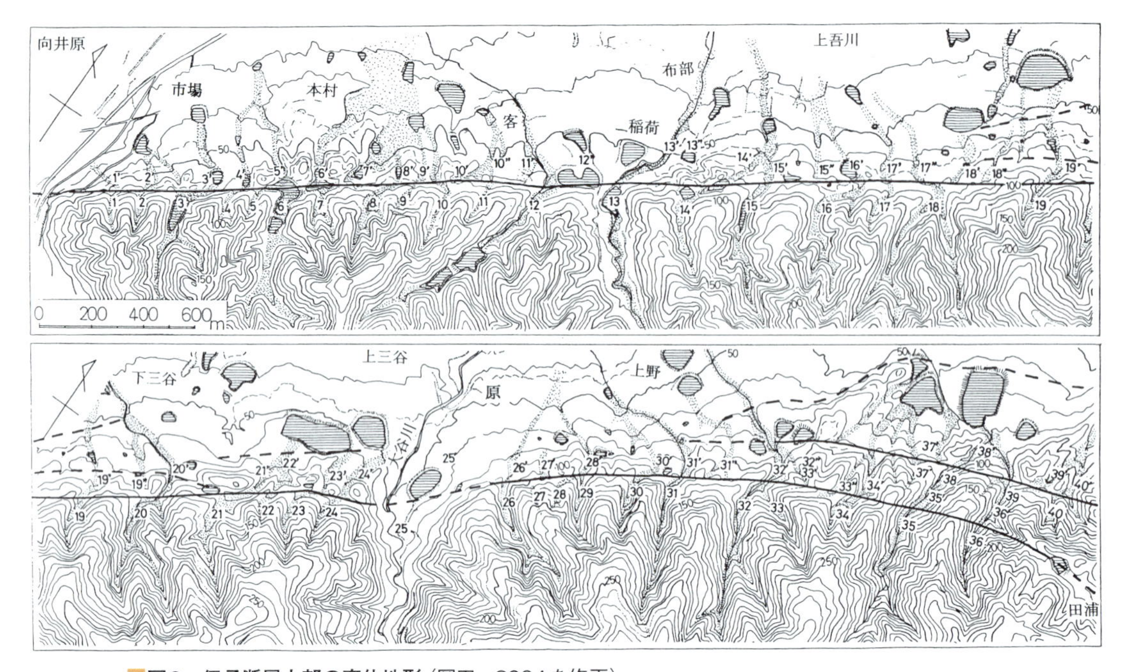

■図2　伊予断層中部の変位地形（岡田，2004を修正）

伊予市南東部の伊予断層中部における詳細地形図．1-1'，2-2'，…などが右横ずれした河谷を示す．変位量は小さいが，系統的な屈曲が断層線沿いに認められる．

■写真3　伊予断層中部の地形（2008年2月岡田撮影）

伊予市上吾川（かみあがわ）から下三谷（しもみたに）付近を南東方向に望む．山麓線沿いに伊予断層が通過し，数多くの右横ずれ河谷が系統的に認められる．また，副次的な活断層も平野側の山麓を並走する．ほぼ伊予断層に沿って高速自動車道が建設され，変位地形は不明瞭になった．左遠景の峰は谷上山（456m）で，さらに後方に久万高原から連続する山地が連なる．

■写真4　伊予断層南部と延長部：伊予灘海岸の地形（2004年10月八木浩司撮影）
伊予市双海町上灘（写真右下）から北東方向を望む．左手の鞍部を伊予断層が通過し，さらに延長する．左手中央の小丘（178m）は和泉層群より構成され，その左側を郡中（ぐんちゅう）断層や米湊（こみなと）断層が並走する．左下は伊予灘であるが，上記の断層の延長が海底下に追跡されることが認められている．

る．低断層崖やその延長線上の沖積面を横切って，トレンチ調査が重信断層の数ヶ所で行われ，沖積層を切断する高角度の断層が観察され，完新世における活動履歴が解明されてきた．

伊予断層

松山平野南部にあたる伊予市域東部では，行道山（373m）・谷上山（たがみさん）（456m）・明神山（634m）を連ねる山地の北西麓を伊予断層が北東－南西方向へと直線状に約14km延びる（■図1）．さらに南西方向は伊予灘となり，伊予灘の海底断層へと長く連続する．北東方向は重信川の沖積低地へ延長して平野下に伏在する．地表の変位地形としては追跡できないので，正確な位置は不明であるが，やや湾曲しながら重信断層へと移行する．

行道山－谷上山の北西麓を北西流する河谷は伊予断層を横切る部分で右横ずれ屈曲が系統的に認められる（■図2）．ほとんどの場所で，北西側が低下する上下変位が伴われている．南西端にあたる伊予市高野川（こうのかわ）の低位段丘面上では，南東側が下がる逆向き低断層崖が認められる．この場所で低崖を直交するトレンチ調査が行われ，70°N傾斜の明瞭な断層が観察された．段丘堆積物の基底面も北側が約6m高く，AT火山灰層は約2mの上下変位を受けていた．なお，和泉層群からなる断層破砕帯の中に，流紋岩や三波川変成岩類が取り込まれているので，地下では地質境界の中央構造線に合流するとみなされる．

当域の活断層の活動時期・変位量・活動間隔

当域の活断層（重信断層や伊予断層）で行われてきた多くのトレンチ調査の成果を取りまとめて，地震本部（2011, 2017）は以下のような評価をしている．過去の活動時期に関して，最新活動時期①は16世紀，1つ前の活動②は1世紀以後で8世紀以前とした．1回の右横ずれ量は2～3m，平均活動間隔は約1000～2900年，最新活動（16世紀）以後の経過時間を約400～500年としている．最新活動は1596年9月1日に発生した伊予国中部地震である可能性が高く，西条市や松山市東部に災害の歴史記録がわずかに残されている．

［岡田篤正］

33 別府-万年山断層帯　大分県

Beppu-Haneyama Fault Zone

■写真1　別府平野と西側の火山群（2017年1月岡田篤正撮影）
別府平野（右上）と由布岳・鶴見岳（左上）を北方に望む．別府平野は北縁を鹿鳴越（かなごえ）断層や亀川断層・鉄輪（かんなわ）断層などに，南縁を堀田断層や浅見川断層に限られた地溝（別府地溝，速見地溝）であり，西側の火山群から供給された火山噴出物や扇状地堆積物で埋積されている．由布岳の南側には由布院断層，周辺には活断層群が分布するが，遠方のためこの写真ではやや不明瞭である．別府平野と西方の火山地域は別府-万年山断層帯に属する多くの活断層が発達する，地学的な活動性の高い地域となっている．

別府-万年山（はねやま）断層帯は，別府湾の海底から大分県西部にかけて東西方向に分布する活断層群であり，数多くの正断層（運動）が卓越した活断層から構成される（■図1）．大分から雲仙にかけての中部九州は，第四紀の火山が密に分布し，南北方向に伸張場を有する日本列島でも特異な地域である．この断層帯の中でも，別府湾と別府平野・崩平山（くえのひらやま）・万年山・亀石山・九重（くじゅう）火山などを中心とした場所に活断層が集中的に分布する．それぞれの場所では北側と南側の断層（帯）の間が落ち込んだ地溝が形成されている．地溝の長さは10～20km，幅は5～10kmが一般的であり，平面形は紡錘型を呈する．なお，地震本部（2017）は当断層帯西部を万年山-崩平山断層帯に，東部を中央構造線断層帯（豊予海峡-由布院）に改訂して評価を行ったが，ここでは旧来の区分で解説した．

断層帯の概要と区分

別府-万年山断層帯は長大な断層帯であり，総延長は約90kmに及ぶ．断層の走向や変位の向きから，地震本部（2005e）は，1）別府湾-日出生（ひじゅう），2）大分平野-由布院，3）野稲岳-万年山，4）崩平山-亀石山の各断層帯に区分して評価している．1）別府湾-日出生断層帯は別府湾（海底）から玖珠（くす）郡玖珠町に至る長さ約76kmの断層帯で，北側が相対的に隆起する正断層で構成される．過去の活動から，東側の海底部（豊予海峡付近から別府湾海底）と西側の陸上部の2つの区間に区分される．2）大分平野-由布院断層帯は大分市付近から由布院に至る約40kmの断層帯で，南側が相対的に隆起する正断層で構成さ

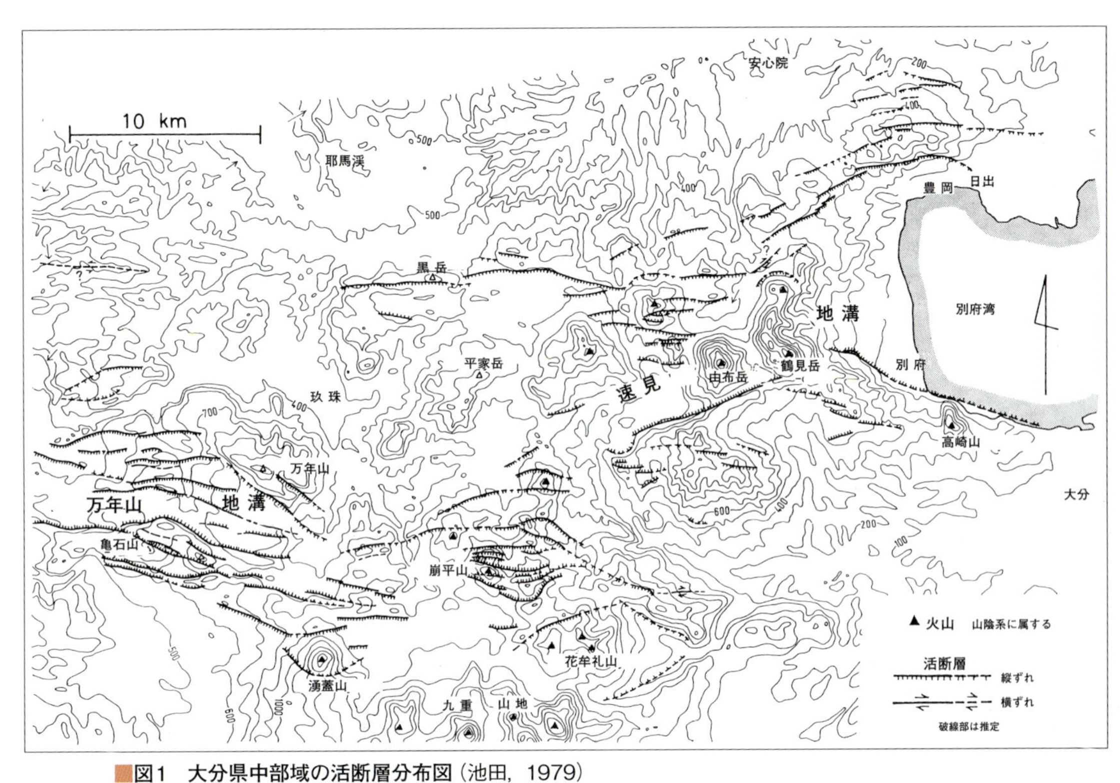

図1 大分県中部域の活断層分布図（池田，1979）
等高線間隔は100 m，等高線は谷幅500 m以下の谷を埋めて平滑化した谷埋法による．

写真2 別府平野南縁の朝見川断層（1988年10月岡田撮影）
写真左下は別府市街地南部，右は別府平野南縁の山地で，上部の孤立峰は高崎山（628 m）であり，東方を望む．別府平野と南縁山地との地形境界線に沿って朝見川断層が通過する．この断層が形成した低断層崖が写真下部（別府市観海寺温泉付近）でとくに明瞭であり，河成中位段丘面（形成年代は約5万年前頃）を約30 m北落ちに変位させる．堀田や観海寺などの温泉がこの断層沿いに分布する．東南方では朝見川の沖積平野下に埋積され，地表での変位地形が一時的に不明となる．さらに東方では直線状の山麓線沿いを朝見川断層が延長し，大分平野の南縁を限る府内断層へと連なり，別府地溝南縁の主要活断層を構成する．詳細位置は千田ほか（2000）の「別府」図幅や九州活断層研究会編（1989）『九州の活構造』の「別府」図幅参照．

■写真3　由布院断層東部の活断層地形（1988年10月岡田撮影）
由布岳（豊後富士：1584m）南麓から東北東方向を望む．遠景は鶴見岳（1375m）で3つの峰をもつ溶岩円頂丘である．写真下左から右上にかけて由布院断層が走り，東北東－西南西方向へ約10km延びる．写真は由布院断層の北東部であり，北西側が約140m低下する明瞭な断層崖が水口山溶岩（約20万年前）を切断して連なり，平均上下変位速度は約0.7m/千年程度と求められる．断層面に認められる条線の方向から，右横ずれ変位を伴う可能性が指摘されている．この断層の詳しい位置や周辺の地形は千田ほか（2000）の「別府」図幅や「九州の活構造」の「別府」図幅参照．

■写真4　崩平山断層群東部の火山と変位地形（1988年10月岡田撮影）
大分県玖珠郡九重町の崩平山と周辺を西方に望む．崩平山（1288m）は崩平山溶岩よりなる溶岩円頂丘であり，約34万年前の噴出とされる．写真中央上部が電波施設のある崩平山であり，この南北両側に東西方向に走る多くの正断層群が発達している．崩平山の北側では南向きの断層崖が，南側では北向きの断層崖（写真中央左）が分布する．崩平山頂部を中心にして約250m落ち込み，平均的な上下変位速度が0.7m/千年程度の地溝が形成されている．主な活断層の配置は千田ほか（2000）の「別府」図幅や『九州の活構造』の「別府」「久住」図幅参照．

れる．この断層帯も東部と西部に二分される．3）野稲岳－万年山断層帯は，湯布院町から大山町に至る長さ約30kmの正断層群であり，北側が相対的に隆起している．4）崩平山－亀石山断層帯は庄内町から大山町に至る長さ約34kmの正断層群で，南側が相対的に隆起している．

過去の活動

各断層帯の過去の活動（変位速度・活動間隔・最新活動時期など）の概要を地震本部（2005e）によりまとめる．1a）別府湾－日出生断層帯の東部は平均的な上下変位速度が3m/千年程度で，活動間隔は約1300～1700年とされ，最新活動時期は1596年慶長豊後地震と推定される．1b）別府湾－日出生断層帯西部は平均上下変位速度が0.1～0.2m/千年程度で，活動間隔は約13000～25000年とされ，東部に比べて活動度は低い．最新活動時期は約7300年前以後で，6世紀以前と推定される．2a）大分平野－由布院断層帯東部は，平均上下変位速度が2～4m/千年程度で，活動間隔は約2300～3000年とされ，最新活動時期は約2200年前以後で，6世紀以前と求められる．2b）大分平野－由布院断層帯西部の最新活動時期と1つ前の活動時期は，約2000年前以後で，18世紀初頭以前とされるが，これ以上の時

■写真5　崩平山–亀石山断層帯中部の断層崖（1988年10月岡田撮影）
大分県玖珠郡九重町地蔵原（写真下部中央）から天ヶ谷貯水池（写真右中央）付近を北東方向に望む．写真中央を東西方向に延びる台地（標高約900m）は芝やかた峠溶岩（噴出年代：54万～70万年前）で構成され，天ヶ谷断層によって約110m南側が低下する．台地背後の町田牧場内を走る菅原2断層によっても，芝やかた峠溶岩が50m南側に低下している．これらは崩平山–亀石山断層帯に属し，平均的な上下変位速度は0.1～0.4m/千年程度とみなされる．場所は「九州の活構造」の「宮原」図幅参照．

■写真6　万年山断層群北東部の断層崖（1988年10月岡田撮影）
大分県玖珠郡玖珠町第一大原野の南上空から北方の万年山を望む．遠景左の平坦な頂部をもつ台地は，万年山溶岩（53万年前）により構成される万年山（1140.3m）であり，緩く西側へ傾く．この右手の台地（985m）も万年山溶岩からなり，周辺部より一段高い溶岩台地となっている．これら台地の南西縁を限る万年山断層が認められ，北西–南東方向に約6.5km延長する．比高は約290mであり，万年山溶岩の噴出年代は約53万年とされる．平均的な上下変位速度は0.55m/千年程度と求められ，B級の中位に属する．万年山断層群は全体として東西方向に延び，地溝帯を形成するが，北縁に位置する重要な活断層である．詳細な位置は田力ほか（2000）の「森」図幅に示される．

期の限定はできない．平均活動間隔は約700～1700年と求められる．3）野稲岳（のいね）–万年山断層帯は，平均上下変位速度が0.6m/千年程度，活動間隔は約4000年程度とされる．最新活動時期は約3900年前以後で，6世紀以前と推定される．4）崩平山–亀石山断層帯は平均上下変位速度が0.1～0.4m/千年程度，平均活動間隔は約4300～7300年程度とされ，最新活動時期は13世紀以後と推定される．

地震

1596年慶長豊後地震（M7.0±1/4）は別府湾–日出生断層帯東部が活動したと推定される．この地震時には大分市沖にあった瓜生島が津波により水没したとされる．1975年4月21日に発生した大分県中部地震（M6.4）は最大震度4を記録し，この発震機構は北北西–南南東方向に張力軸をもつ正断層とされる．1703年12月31日には由布院断層西部付近を震央とする中規模地震（M6.5）が記録されている．2016年4月16日の熊本地震（本震；M7.3）の発生後（数十秒）に由布市付近を震央とする地震（M5.7）が起こった．これらの事例のように，別府–万年山断層帯と周辺域は中規模地震もかなり多く発生しており，地震に対する注意が喚起される地帯である．

［岡田篤正］

34 布田川断層帯　熊本県

Futagawa (Futa-River) Fault Zone

■写真1　布田川断層中部（阿蘇郡西原村付近）の地形（2016年4月16日村田明広撮影）
益城町高遊・布田上空より東方を望む．遠景の稜線は阿蘇外輪山の西部で，左手の峰は俵山（1095m）．その尾根筋の下方の傾斜変換部から，写真右下の森林部（急斜面部）を布田川断層が通過する．写真中央上部の森林部（急斜面部）を出ノ口断層がほぼ並走する．両断層に沿って比高数十～100m前後の断層崖が伴われる．また，これらの崖麓を連ねる断層線沿いに熊本地震の地表地震断層（布田川断層）が現れた．写真中央左手の集落は西原村布田付近で，そこから手前に流れる小川が布田川．平坦面に立地する集落や道路は主に溶岩・火砕流の台地や河岸段丘面に位置している．

九州中央部には別府－島原地溝帯とよばれる凹地帯があり，長さ200km・幅30km程度の窪地が東北東－西南西方向に連なる．この西部の南側は長さ約20kmの布田川断層帯に一致し，阿蘇カルデラ西部から熊本市南東部にかけて延びる（■図1）．

布田川断層帯は右横ずれが卓越した活断層であり，南東側が相対的に隆起する上下成分を伴う．北東から南西へと，北向山（きたむきやま）断層・布田川断層・出ノ口（いでのくち）断層・木山断層などの活断層が雁行状ないし平行状に配列するが，これら以外にも短い断層が並走したり，派生したりしている（九州活構造研究会編，1989；池田ほか，2001）．断層線はほぼ直線状であるが，緩く湾曲したり，屈曲したりする場所も伴われる．北向山断層の露頭が南阿蘇村立野（たての）の白川両岸で観察され，断層面はほぼ直立し，その面上にはほぼ水平方向に延びる条線が明瞭に発達している．

布田川断層中部では，火砕流が形成した台地や河成段丘面を変位させ，南東側が隆起した低断層崖が多くの場所で認められる．約9万年前に流出した阿蘇4火砕流台地が70～80m程度の上下変位量を受

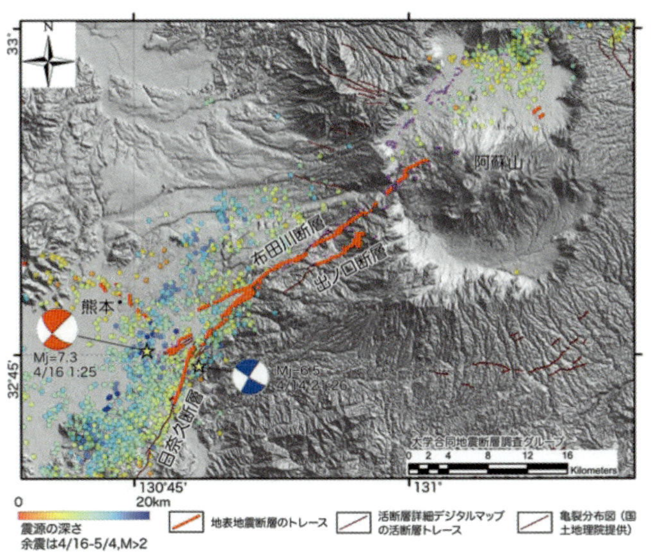

図1　2016年熊本地震の地表地震断層の分布（熊原，2016）

太赤線が2016年熊本地震時の地表地震断層であり，布田川断層帯・日奈久断層帯北部・出ノ口断層などに沿って活動した．熊本市内に断続的に開口亀裂が現れたが，これらも地表地震断層の可能性が高い．また，阿蘇カルデラ北西の外輪山にみられる北西-南東方向の活断層群もSARによる解析によれば活動した可能性が大きい．細赤線は活断層詳細デジタルマップ（中田・今泉編，2002）に記載の活断層線．阿蘇カルデラ内の紫色の亀裂分布図は国土地理院作成．

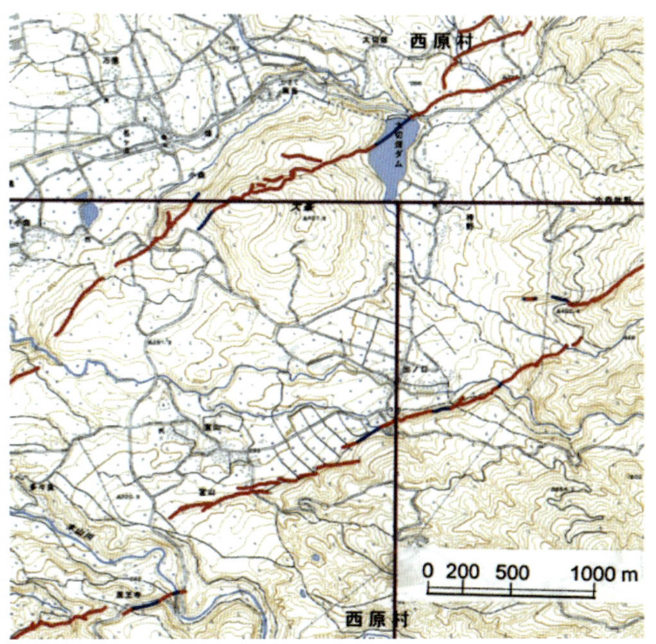

図2　地震断層（布田川断層・出ノ口断層）の分布図（熊原，2016）

基図は熊本県阿蘇郡西原村小森付近の縮尺2.5万分の1地形図．図上部の太赤線が布田川断層で，熊本地震に伴って140cmの右横ずれが現れた．下部が出ノ口断層であり，長さは約10km連なり，左横ずれ（平均：数十cm，最大120cm）で北落ち（120cm以下）の正断層的な活動が現れた．大峯（409m）は阿蘇山の側火山（約12万年前の形成）で，火山北部が布田川断層により約150mの右横ずれを受けた（熊原，2016）．この年代値と変位量から，右横ずれ変位速度は1.25m/千年となり，地震本部（2013b）の値よりはるかに大きい．今回の地震に伴う右横ずれが，毎回同じ量だけずれると，100回分の変位を受けたことになり，1200年に1回同じようなずれが起これば，このような変位地形が形成される．他地点の活動間隔との比較が待たれる．

けている（活断層研究会編，1991）．尾根や河谷の横ずれ地形は火砕流台地を横切ることが多いためか，あまり明瞭ではないが，75m程度の右横ずれ量が指摘されている．断層線は直線状に延び，断層面がほぼ垂直である．東北東-西南西の走向からみても，右横ずれが卓越するとみなされてきた．また，熊本空港を載せる高遊原溶岩台地（約10万年前）の南東側が南方への傾動を受けて，布田川断層の方向に撓み込み，南東側が80～100m程度の隆起を受けていると認められる（九州活構造研究会編，1989）．

地震本部による布田川断層の評価

地震本部（2002c）は布田川・日奈久断層帯が約101kmに及ぶ一連の活断層帯として，それまでに得られた成果に基づいて断層の諸特性を取りまとめ，長期的な地震の評価を行った．これによれば，布田川・日奈久断層帯は3つの区間（北東部：阿蘇外輪山西側-上益城郡甲佐町付近，中部：甲佐町付近-芦北郡田浦町御立岬付近，南西部：御立岬付近

■写真2　布田川断層中部（西原村から益城町付近）の地形（2016年4月16日村田撮影）
西原村布田より南西方の布田川断層帯を望む．写真左側の平坦地は阿蘇4火砕流台地であり，この右側の急斜面が布田川断層に沿う断層崖（比高70～80m）である．三角形をした遠景の峰は飯田山（431m）であり，その右手の山麓域まで布田川断層は連なるが，地震断層がほぼこれに沿って出現した．

■写真3　熊本地震時に現れた地震断層（益城町堂園付近）（2016年4月16日中田 高撮影）
益城町堂園に現れた地震断層を北方に望む．麦畑や畝を約2.2m右横ずれさせたが，これが最大変位量である．上下変位量は北西側が10cm程度低下した．この位置は沖積面であり，既往の変位地形は認定されていなかった．池田ほか（2001）の活断層図では，数十m南側を通過する活断層線として図示されていた．この付近から上陳（かみじん）・木山川低地の北側を経て，益城町中心部の木山・宮園に至る長さ約5kmの地震断層が現れた．この断層沿いの堂園や下寺の低地で，トレンチ掘削調査が実施され，地下に続く断層構造が観察された．

■写真4　熊本地震時に現れた地震断層（益城町三竹付近）（2016年6月岡田篤正撮影）
益城町三竹に現れた地震断層を南西方に望む．田畑の畦を約1.2m右横ずれさせ，南落ち約数十cmの上下変位が現れた．この断層場所は池田ほか（2001）の活断層図で指摘されていた位置にほぼ一致していたが，上下変位の向きは逆であった．三竹付近では，布田川断層の方向に3条の地震断層が並走するように現れたが，北西−南東方向の短い（0.5km程度）左横ずれ断層も出現した．当域は布田川断層帯がやや湾曲する部分であり，分岐断層が派出したり，いくつかの断層が並走したりする，やや複雑な場所にあたっていた．

■写真5　布田川断層南西部（益城町赤井－砥川付近）の地形（2016年4月16日村田撮影）
益城町赤井西方の上空より南方を望む．中景左手の山地（平頂峰）は船野山（307.8m）で，その手前の山麓を布田川断層が走り，ほぼこれに沿って熊本地震時の地震断層が現れた．右手中央部では段丘面の北縁に沿って低断層崖が認められていたが，ここでも右横ずれ・北落ちの地震断層が出現した．手前の低地は木山川が涵養した沖積平野である．

－八代海南部）がそれぞれ別々に活動するとした．しかし，その後に得られた調査成果や資料を再検討して，地震本部（2013b）は布田川断層帯と日奈久断層帯を区別して，評価の改訂を行った．布田川断層帯は西側の宇土半島先端の北側海底までさらに延長するとし，全体の長さは約64kmに及ぶとした．ただし，この延長部（宇土区間と宇土半島北岸区間）は重力異常の急変帯の分布から主に推定され，活断層の実在は確認されていない．また，日奈久断層帯は甲佐町付近から八代平野の東縁を経て八代海南部に至る．この断層帯は長さ約81kmに及ぶ長大な活断層帯であり，北東－南西方向に延び，全体として右横ずれが卓越し，断層の南東側が相対的に隆起する．この評価も地震本部（2013b）より出されているが，ここでは省略する．以下では，布田川断層帯の布田川区間について概要を次に記す．

本断層帯は北向山断層・布田川断層・木山断層から構成される．長さは約19kmで，一般走向：N55°Eである．断層面の傾斜は地表付近では高角度であるが，地下では北西方向に傾斜するとみなされる．断層面の幅は11～17kmであり，平均的な右横ずれ変位速度は0.2m/千年とみなされる．平均的な上下変位速度は0.1～0.3m/千年程度であり，最新活動①が約6900年前以後で約2200年前以前，その1つ前の活動②が約28000年前以後で約23000年前以前（活動①と活動②の間に別の活動があったかどうかは不明）と求められた．平均活動間隔は8100～26000年程度であり，1回のずれ量は2m程度で，将来の地震規模はM7.0程度である．地震発生確率は今後30年以内に発生する地震の確率はほぼ0～0.9%とされていた．

なお，上記の主要活断層帯ごとの評価とは別に，地震本部（2013a）は九州地域の活断層の長期評価を行い，3地域（北部・中部・南部）に区分して評

■写真6　布田川断層中西部（益城町平田付近）の地形（2016年4月16日村田撮影）
益城町平田集落を南下方に望む．写真下部には段丘面と集落を載せる沖積面との間に低断層崖が布田川断層沿いに認められていたが，これに沿って右横ずれで北落ちの地震断層が現れた．また，数百m南側にあたる場所（写真中央左手に見えるため池の南側を通る直線状の低崖）にも低断層崖が指摘されていたが，これに沿っても約2km布田川断層に並走する地震断層が出現した．なお，写真上部の平坦部は阿蘇4火砕流台地，下部の低地は木山川沿いの沖積平野である．

価を提出した．この中で九州中部の活断層の特性を次のように指摘している．九州中部は北部や南部に比べて活断層が密に分布し，東西ないし東北東－西南西走向で正断層成分を伴う活断層が多く，活動性は他の区域に比べて高い．地震活動も他の区域に比べて活発であり，被害地震の発生も多い．九州中部地域は活断層で発生するM6.8以上の地震発生確率が今後30年以内で，18～27％と高いことが指摘されていた．

2016年熊本地震

熊本地震の前震（M6.5）は2016年4月14日21時26分に発生し，最大震度7を記録した．この震央は益城町南部付近であり，深さ11kmの浅発地震であった（■図1, 3）．28時間後の4月16日1時25分には，熊本地震の本震（M7.3）が発生し，震度7に達する激震域が広い範囲に記録された（岡田，2016）．この震央は前震から北西に約7km離れた地点であり，深さは12kmとされる．全体の死者は267名，数多くの負傷者を出し，住宅の被害が生じた．また，大規模な土砂（土石流・地すべり）災害も多くの箇所で引き起こされた．震度7の激震を短期間で2度も記録するという，観測史上では例のない直下型の大地震であった．

熊本地震に伴う地殻変動

熊本地震に伴って，布田川断層や日奈久断層北部を含む地域で，地殻変動が広域で生じたことが観測されている．国土地理院の電子基準点の変動や全地球衛星測位システムの観測から，断層モデルが提出

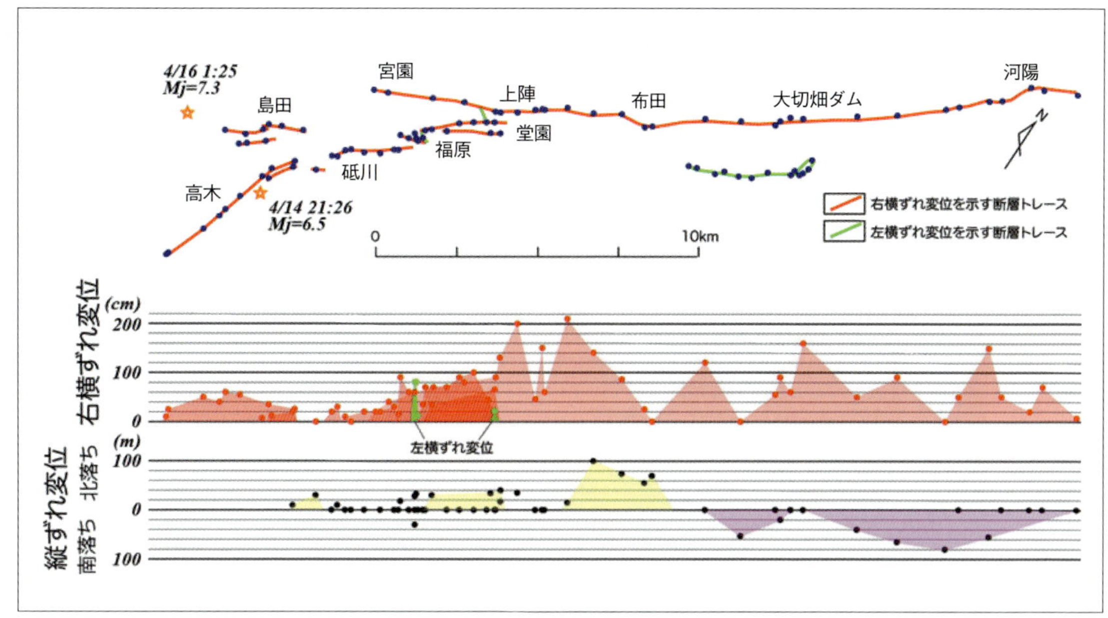

■図3　熊本地震の地表地震断層の分布図と変位量分布（熊原，2016）

上は2016年熊本地震の地震断層・前震・本震の分布位置図．黒点は変位量の測定位置であり，データは大学合同地表断層調査グループに基づく．下は変位量分布図であり，上側が右横ずれ変位，下側が縦ずれ変位を示す．ほぼ全線を通して右横ずれが卓越したが，出ノ口断層や布田川断層に斜交する断層は左横ずれを示した．縦ずれ変位は北東部が北西側上がり，南西部が南東側上がりで，横ずれの進行部が持ち上がった．

されている（岡田，2016）．前震では，北北東-南南西方向に走る日奈久断層北部（長さ17.8km）に沿って，78°Sで幅10kmの断層が右横ずれ62cmを起こし，22%の逆断層成分を伴ったとされる．本震では，東北東-西南西方向で60°Nで傾く断層面（長さ27.1km・幅12.3m）で右横ずれ3.5mが生じ，33%の正断層成分を含むとされる．

合成開口レーダーによる面的な地殻変動の解析が行われ，布田川断層帯の布田川区間および日奈久断層帯の高野-白旗区間沿いに大きな変動がみられる．また，阿蘇カルデラの北西部や熊本市街地東南部・益城町中心部などに現れた亀裂も変動を伴った地震断層である可能性が高い．

熊本地震に伴う地表地震断層

熊本地震の前震が4月14日のM6.5と4月15日のM6.4が発生したが，これらは震源域に存在する日奈久断層北部の活動とされる．4月16日のM7.3の本震は布田川断層帯の布田川区間の活動によるものである（■図1，3）．現地調査によると，熊本市東区や益城町以東の布田川断層帯はほぼ全線が活動し，長さ約28kmに渡って地表地震断層が追跡される．益城町堂園付近では最大約2.2mの右横ずれ変位が地表に出現した（■写真3）．地震断層は西原村を斜断し，さらに阿蘇カルデラ西出口付近から南阿蘇村の阿蘇ファームランドへと連なったが，いずれの場所でも右横ずれが現れた．伴われた上下変位は概して東半部が南落ち，西半部が北落ちで，横ずれの進行方向側が相対的に隆起した（■図3）．

［岡田篤正］

35 水縄断層帯

福岡県

Minoh Fault Zone

写真1　水縄断層東部（浮羽郡吉井町〜田主丸町付近）の地形（1988年11月千田 昇撮影）

写真は福岡県浮羽郡吉井町と田主丸町の境界付近で，南東方向を望む．水縄断層帯東部と周辺の地形であり，下部は森部の集落で，後景の稜線は鷹取山（802m）から東方へ連なる尾根へと高度を下げていく．この北側の急斜面が水縄断層崖であり，崖麓の傾斜変換線に沿って，中位・下位の段丘面に撓曲を伴った低断層崖が写真左手の中央から右手の下部に追跡できる．この部分は水縄断層帯益生田断層とされ，益生田の養護学校付近では基盤の変成岩と扇状地礫層とが断層（N45°E，80°N）で接する露頭も観察された（九州活構造研究会編，1989）．中位段丘面を10〜20m，下位段丘面を3〜5mいずれも北落ちに変位させ，平均上下変位速度は0.15〜0.25m/千年程度と求められている．

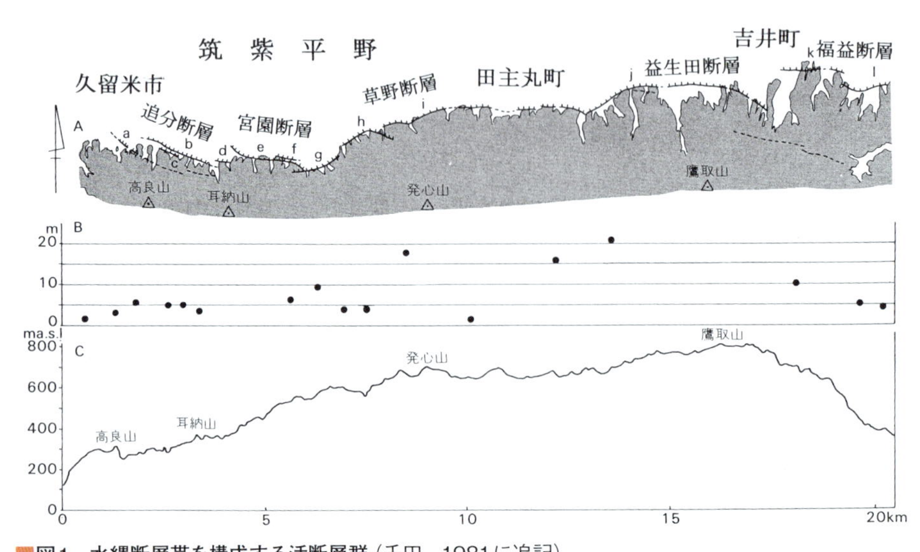

図1　水縄断層帯を構成する活断層群（千田，1981に追記）

A：活断層分布，B：低位段丘面の上下変位量，C：水縄山地の東西断面．

■写真2　水縄断層中西部（久留米市草野町草野付近）の地形（1988年11月千田撮影）
写真は福岡県久留米市草野町草野付近から南東方向を望む．後景の稜線は鷹取山（802m）から西方の発心山（698m）へ連なる尾根で，この北側（手前）の急斜面が水縄断層崖である．この山麓の傾斜変換線沿いに，中位－下位の段丘面を切断する低断層崖が認められる．水縄断層帯に属する草野断層であり，写真左手の上部から右手の下部に追跡できる．中位段丘面が約18m，下位段丘面が約4mいずれも北落ちに変位している．集落は扇状地性の下位段丘面上に立地し，最終氷期頃の形成とみなされるので，平均変位速度は0.2m/千年程度と求められている．

福岡県の南部から佐賀県東部にかけて，主に筑後川が涵養した筑紫平野が広がる．この東部の南側に，耳納山地が東西方向に連なり，その北麓に沿って水縄（みのう）（耳納）断層帯が延びる（■図1A）．耳納山地は東部の鷹取山（802m）が最高峰で，ここから中部の発心山（ほっしんざん）（698m）を経て，西部の耳納山（368m）へと徐々に高度を下げ，久留米市中心部の筑紫平野で終わる（■図1C）．北東から南西方向へ低下する傾動地塊であり，その前面にあたる山地北側が急傾斜の断層崖をなす．その麓に沿って小規模な扇状地性の中位～低位段丘面が合流扇状地として分布する．水縄断層帯の長さは約26kmで浮羽郡浮羽町から久留米市へと延びる．断層線は直線状ではなく，出入りに富み，屈曲や湾曲が見られる．横ずれの変位地形は認められず，高角度で北傾斜の正断層とみなされる．活断層の詳細位置は千田ほか（2001）の活断層図に示され，九州活断層研究会編（1989）の『九州の活構造』でも活断層の位置が図示されている．

活動度

山地北麓に分布する新旧の扇状地性の地形面は水縄断層帯による上下変位を受けて，低断層崖や撓曲崖が連なる．その上下変位量は最大でも約20mである（■図1B）．平均的な上下変位速度は0.2m/千年程度と求められる．活動間隔は，最新の活動とされる679（天武7）年筑紫地震を含めて約14000年前以後に2回の活動があることから，約14000年程度とみなされる（地震本部，2004f）．1回の変位量は約2.1mと求められ，M7.2程度の地震が発生すると推定されている．

歴史地震・過去の活動

久留米市内の遺跡調査や前田地区で行われたトレンチ調査から，679年筑紫地震が本断層帯の最新活動とされる．この地震では家屋の倒壊が多く発生し，幅6m，長さ10kmの地割れが生じたとの記録がある．『日本書紀』によれば，丘が崩れたが，その上にあった家は倒壊することなく移動し家人は崩れたのに気づかなかったという．ここでは巨大な地すべりが発生したらしい．筑紫地震の規模（M）は6.5～7.0と推定される（宇佐美ほか，2013）．［岡田篤正］

36 雲仙断層群

長崎県

Unzen Fault Group

■写真1　千々石断層崖中央部の地形（2004年12月千田 昇撮影）

島原市西部上空から雲仙市国見町の鳥甲山（とりかぶとやま）-田代原牧場付近を西方に望む．写真右手中央の平坦な尾根に放送送信施設がある舞岳，その背後が平頂峰をなす鳥甲山（822m）．これらの左手の急斜面が千々石断層崖で，比高は最大で約180mに及ぶ．この断層崖は長さ約15kmにわたって延び，地溝帯の北縁を形成し，南落ちの上下変位が続く．断層崖はきわめて急傾斜で，その崖麓の崖錐や扇状地も発達がよくないため，形成時期が新しく，第四紀後期の変位速度も大きいと推定される．

中部九州の火山地域には，東西方向の正断層が密に分布し，地溝帯が形成されている．その西部に位置する雲仙断層群は島原湾から島原半島を経て橘湾にかけて分布する（千田，1979；堤，1987；■図1）．この活断層群は，全体としては東西方向に延びる地溝帯を形成し，北縁は明瞭な南落ちの断層崖を伴う．千々石（ちぢわ）断層が主たる活断層である．南東縁は西北西-東南東方向の北落ちの断層崖が何本も並走し，変位地形は明瞭であり，数多くの活断層に変位が分散されている．一方，南西縁にあたる北東-南西方向の推定活断層（金浜断層）は基盤岩石を変位させるが，変位地形が不明瞭であり，活動度は低い．地震本部（2005a）の評価でも，断層の走向や変位の向きから，雲仙断層群を1）北部，2）南東部，3）南西部の3つに区分して，評価を行っている．

雲仙断層群の活断層は地溝中央部に向かって階段状に落ち込むように配列し，徐々に内部に新たな活断層が形成されていったとされる．平均的な変位速度は全体としてB級下位の活断層が多いが，千々石断層はB級上位に属する可能性が高い．

3区分された雲仙断層群の概要

陸域の雲仙断層群北部は，主に千々石断層や九千部（くせんぶ）断層などの東西方向で南落ちの活断層からなり，断層崖の地形が明瞭である．西側の橘湾海底にも延長することから，これを含めた距離は長さ約30km

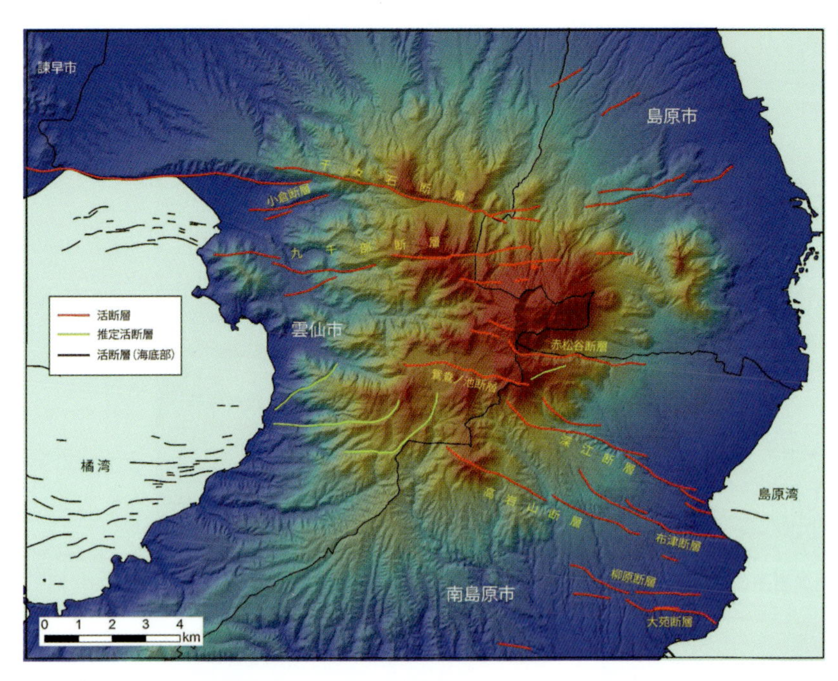

■図1　雲仙断層群とその周辺地域の地形陰影図（堤，2015）
10mDEMから作成された雲仙火山地域の地形陰影図で，活断層の分布は堤（2015）の成果で描かれている．赤線の活断層は明瞭な変位地形を伴う．

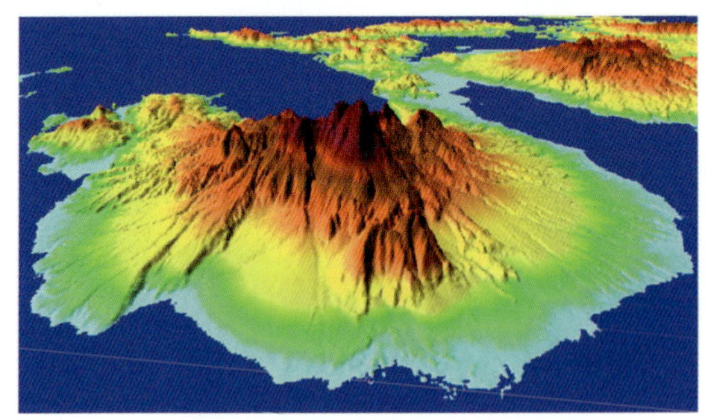

■図2　東から西を見た雲仙地域の鳥瞰図（50mメッシュデータとカシミール3Dで岡田篤正作成）

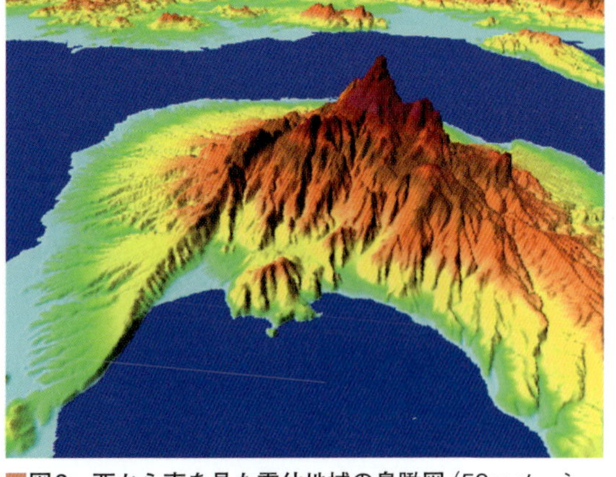

■図3　西から東を見た雲仙地域の鳥瞰図（50mメッシュデータとカシミール3Dで岡田作成）

に及ぶ．千々石断層の地形・地質調査から，高角度で南傾斜の正断層で，最新活動は約5000年前以後で，1回のずれ量は2～3m程度とされる（地震本部，2005a）．平均的な上下変位の速度は0.8m/千年とされ，断層群の中では変位速度が大きい（九州活構造研究会編，1989）．平均活動間隔は判明していない．

雲仙断層群南東部では，赤松谷断層・鴛鴦（おしどり）ノ池断層・深江断層・布津（ふつ）断層・高岩山断層などの活断層が雁行状に配列する．いずれも南側隆起の正断層であり，高角度で北傾斜とされる．最新活動は約7300年前以後で，1回のずれ量は約2mとされる（地震本部，2005a）．平均的な上下変位の速度は北側の断層で0.8～3m/千年，南側の断層で0.7～1m/千年とされる（九州活構造研究会編，1989；松岡ほか，2005）が，火山域の場合には一過的な活動もあり，これらの値より少ないことも予想される．活動間隔は判明していない．なお，布津断層の東方沖にあたる島原湾の海底には，明瞭な断層崖が約10kmも延長する．

雲仙断層群南西部は，陸域の断層は地形的に不明瞭であり，活動性は低いが，橘湾の海底には数多くの活断層が長く追跡される．

■写真2 千々石断層崖西部の地形（1988年11月千田撮影）
雲仙市千々石町上空から北西方向を望む．写真左手から右手下にかけての急斜面が千々石断層崖であり，西部では比高約50mであるが，東部で数百mと高くなる．千々石町上峰名付近では高位火山麓扇状地面に比高約150mの高低差がみられる．また，この付近で断層露頭が観察されており，高角度で南落ちの変位が判明している．

■写真3 雲仙岳と赤松谷断層の地形（2004年12月千田撮影）
南島原市北部上空から北西の雲仙岳方向を望む．写真上部中央は雲仙岳，その右手は1990～1995年に噴火した平成新山（溶岩円頂丘）であり，手前の水無川に向けて，火砕流や土石流が発生して大災害が引き起こされた．水無川河谷の左（南）側を北落ちの赤松谷断層が約5kmにわたって延びる．これに沿って比高百mを超える急斜面が連なる．約7万年前の野岳火山噴出物を変位させるが，低下側が新期の堆積物で埋積されており，正確な変位量は判明していない．

雲仙断層群の詳細な活断層図は堤ほか（2015）で刊行され，地形面や海底活断層も一部の分布が示されている．また，この図幅の解説も堤ほか（2015）で行われている．この地域は活火山帯を横切る正断層性の断層群が数多く発達する，めずらしい事例である．活断層や地形との詳細な関係，火山噴火や地震活動との関連もあり，島原半島の陸上部は貴重な地域を形成している．

■写真4　鴛鴦ノ池断層崖の地形（1988年11月千田撮影）
雲仙市の石割山上空から南西方向を望む．写真上部を左右に連なる傾斜変換線沿いに鴛鴦ノ池断層が走るが，右手上部の鴛鴦ノ池南岸から野岳南部まで連続する．北落ち正断層であり，東西方向に長さ約4km延びる．鴛鴦ノ池付近では，絹笠山や矢岳などの古期雲仙火山噴出物を変位させ，低下側には鴛鴦ノ池や空池などの凹地が分布し，それらの堆積物で埋積されている．

■写真5　雲仙断層群南東部（深江断層－布津断層）の地形（2004年12月千田撮影）
島原市布津町－深江町上空から西方を望む．後景中央は高岩山（881m）で，右手は野岳（1142m）を含む雲仙岳が見える．中景の森林部分が断層崖であり，左手は布津断層，その背後（西側）に高岩山断層が西北西－東南東方向に延びる．右手は深江断層であり，断層崖の比高は50～80m程度である．これらの他にも長さ1km前後の短い活断層がいくつか並走する．放送送信施設のある野岳は道路で取り巻かれているが，この左側の鞍部を鴛鴦ノ池断層の東端部が通る．

歴史時代の噴火と地震

1663年にはカルデラの北東縁から安山岩溶岩（古焼溶岩）が北斜面に向けて流出した．1792年5月21日には雲仙普賢岳が噴火し，溶岩（新焼溶岩）の流出が続き，その後に発生した地震により，眉山の東側斜面が大崩壊を起こした．これにより約5000名の死者が島原で出たとされる．対岸の熊本県に津波が襲い，約1万人に及ぶ犠牲者が出た．世に言う島原大変・肥後迷惑である．

1990年11月19日には雲仙岳が噴火を始め，翌年春頃から活発化し，溶岩ドーム（平成新山）が出現した．さらに火砕流の発生，その堆積物による土石流の災害が1995年頃まで続いた．

このように江戸時代以降だけでも3回に及ぶ噴火活動が知られており，活動性がきわめて高い火山であり，地震（活動）も雲仙火山から橘湾の地下にかけて数多く発生している．　［岡田篤正］

文　　献（アルファベット／五十音順）

著者が4名以上の場合，○○ほかとした．
地震調査研究推進本部地震調査委員会は地震本部と略称．

Cotton, C. A. (1958) *Geomorphology: an introduction to the study of landforms*. Whitcombe & Tomb limited. 505p.

Ikeda, Y. (1983) Thrust-front migration and its mechanism: evolution of intraplate thrust fault systems. *Bull. Dept. Geography, Univ. Tokyo,* **15**, 125-159.

Ishiyama, T., *et al.* (2004) Geomorphology, kinematic history, and earthquake behavior of the active Kuwana wedge thrust anticline, central Japan. *J. Geophys. Res.*, **109**, B12408, doi:10.1029/2003JB002547.

Kaneda, H. and Okada, A. (2008) Long-term seismic behavior of a fault involved in a multiple-fault rupture: insights from tectonic geomorphology along the Neodani fault, central Japan. *Bull. Seismol. Soc. Am.*, **98**, 2170-2190.

Kaneda, H., Kinoshita, H. and Komatsubara, T. (2008) An 18,000-year record of recurrent folding inferred from sediment slices and cores across a blind segment of Biwako-Seigan fault zone, central Japan. *J. Geophys. Res.*, **113**, B05401, doi: 10.1029/2007B005300, 2008.

Koshimizu, T. (1982) Fission track dating pf pyroclastic flows and tuffs. *Int. Conf. Geochr. Cosmochr. Isot. Geol.*, Nikko National Park, Japan, Abstract Workshop on Fission-Track Dating, 35-36.

Koto, B. (1893) On the cause of the great earthquake in central Japan, 1891. *J. Col. Sci., Imp. Univ. Japan,* **5**, 295-353.

Okada, S., *et al.* (2015) The first surface rupturing earthquake in 20 years on a HERP active fault is not characteristic: The 2014 Mw 6.2 Nagano event along the northern Itoigawa-Shizuoka Tectonic Line, *Seismol. Res. Lett.*, **86**, 1287-1300.

Sugimura, A. and Matsuda, T. (1965) Atera fault and its displacement vectors. *Geol. Soc. Am. Bull.*, **76**, 509-522.

Tsutsumi, H. and Okada, A. (1996) Segmentation and Holocene surface faulting on the Median Tectonic Line, Southwest Japan. *J. Geophys. Res.*, **101**, 5855-5871.

Yabe, H. (1926) Excursion to Matsushima and Sendai. Pan-Pacific Science Congress, Tokyo, 1926, Guide Book, C-3, 1-18.

愛知県建築部・玉野総合コンサルタント（1997）平成8年度瀬戸市東部開発事業地質調査報告書（2）第2編断層調査．60p.

跡津川断層トレンチ発掘調査団ほか（1989）岐阜県宮川村野首における跡津川断層のトレンチ発掘調査．地学雑誌，**98**，440-463＋口絵写真1-4.

阿部勝征・岡田篤正・垣見俊弘編著（1985）『地震と活断層―研究・調査・評価等に関する資料集―』．アイ・エス・ユー（ISU）出版部，760p.

新井慶将ほか（2000）糸静線活断層系・若宮断層（富士見町）のテクトニック・バルジの露頭について．活断層研究，**19**，59-62.

粟田泰夫・苅谷愛彦・奥村晃史（1999）古地震調査にもとづく1891年濃尾地震断層系のセグメント区分．No. EQ/99/3，115-130.

粟田泰夫・吉田史郎（1991）桑名断層および四日市断層の完新世における活動．活断層研究，**9**，61-68.

粟田泰夫・水野清秀（1997）『兵庫県南部地震に伴う地震断層ストリップマップ―野島・小倉および灘川断層

―』および説明書．地質調査所，74p.
池田安隆（1979）大分県中部火山地域の活断層系．地理学評論，**52**，10-29.
池田安隆・島崎邦彦・山崎晴雄（1996）『活断層とは何か』．東京大学出版会，220p.
池田安隆ほか編（2002）『第四紀逆断層アトラス』．東京大学出版会，254p.
池田安隆ほか（2001）1：25,000 都市圏活断層図「熊本」．国土地理院技術資料，D1-No. 388.
池田安隆ほか（2002）1：25,000 都市圏活断層図「赤穂」．国土地理院技術資料，D1-No. 396.
池田安隆ほか（2003）1：25,000 都市圏活断層図「伊那」．国土地理院技術資料，D1-No. 416.
石山達也・竹村恵二・岡田篤正（1999）鈴鹿山脈東麓地域の第四紀における変形速度．地震Ⅱ，**52**，229-240.
市川浩一郎（1980）概論：中央構造線．月刊地球，**2**，487-492.
糸静線活断層系発掘調査研究グループ（1988）糸静線活断層系中部，若宮，大沢断層の性格と第四紀後期における活動―富士見，茅野における発掘調査―．東京大学地震研究所彙報，**63**，349-408.
今泉俊文（1998）糸魚川－静岡構造線活断層の活動性評価．科学研究費報告書，73p.
今泉俊文・東郷正美（2007）1：25,000 都市圏活断層図　庄内平野東縁断層帯とその周辺「庄内北部」「庄内南部」解説書．国土地理院技術資料，D1-No. 496.
今泉俊文ほか（1997）地層抜き取り調査とボーリング調査による糸静線活断層系・神城断層のスリップレートの検討．活断層研究，**16**，35-43.
今泉俊文ほか（2001a）1：25,000 都市圏活断層図「北上」．国土地理院技術資料，D1-No. 396.
今泉俊文ほか（2001b）1：25,000 都市圏活断層図「村山」．国土地理院技術資料，D1-No. 388.
今泉俊文ほか（2008）都市圏活断層図「仙台」．国土地理院技術資料，D1-No. 502.
今泉俊文ほか（2018）活断層詳細デジタルマップ［新編］．東京大学出版会，154p. + USB メモリ.
植村善博・太井子宏和（1990）琵琶湖湖底の活構造と湖盆の変遷．地理学評論，**63**，722-740.
宇佐美龍夫ほか（2013）『日本被害地震総覧 599-2012』．東京大学出版会，724p.
大分県（2004）平成 15 年度地震関係基礎調査交付金　別府－万年山断層帯に関する調査成果報告書（概要版）．大分県，145p + 20p.
太田陽子・寒川 旭（1984）鈴鹿山脈東麓地域の変位地形と第四紀地殻変動．地理学評論，**57**，237-262.
太田陽子・鈴木郁夫（1979）信濃川下流地域における活褶曲の資料．地理学評論，**52**，592-601.
太田陽子・松田時彦・平川一臣（1976）能登半島の活断層．第四紀研究，**15**，109-128.
岡田篤正（1968）阿波池田付近の中央構造線の新期断層運動．第四紀研究，**7**，15-26.
岡田篤正（1970）吉野川流域の中央構造線の断層変位地形と断層運動速度．地理学評論，**43**，1-21.
岡田篤正（1973a）四国中央北縁部における中央構造線の第四紀断層運動．地理学評論，**46**，295-322.
岡田篤正（1973b）中央構造線の第四紀断層運動について．杉山隆二編『中央構造線』，49-86，東海大学出版会，401p.
岡田篤正（1975）阿寺断層中北部，舞台峠周辺の地形発達と断層変位地形．地理学評論，**48**，72-78.
岡田篤正（1979a）愛知県と周辺地域における活断層と歴史地震．愛知県の地質・地盤その 4　活断層，愛知県防災会議地震部会，122p.
岡田篤正（1979b）世界の主要活断層．地理，**24**，46-55.
岡田篤正（1981）活断層としての阿寺断層．月刊地球，**3**，372-382.
岡田篤正（1984）断層地形．池田俊雄ほか編『土質基礎工学ライブラリー 26　建設計画と地形・地質』，95-110，土質工学会，237p.
岡田篤正（1985）活断層の分類・活断層（地形）の用語と解説．阿部勝征・岡田篤正・垣見俊弘編著（1985）『地震と活断層―研究・調査・評価等に関する資料集―』．177-194，アイ・エス・ユー（ISU）出版部，760p.
岡田篤正（1990a）トレンチ法による活断層調査の現状と展望．米倉伸之・岡田篤正・森山昭雄編『変動地形とテクトニクス』，18-44，古今書院，254p.
岡田篤正（1990b）断層地形．佐藤 久・町田 洋編『地形学』，216-229，朝倉書店，279p.
岡田篤正（1992）中央構造線活断層系の活動区の分割試案．地質学論集，**40**，15-30.

岡田篤正（1993）1891年濃尾地震の震源地をたずねて—根尾谷断層の紹介—．断層研究資料センター，76p.
岡田篤正（1996）兵庫県南部地震の地震断層と六甲–淡路島活断層帯．日本地形学連合編『兵庫県南部地震と地形災害』，28-63，古今書院，182p.
岡田篤正（2004）中央構造線とその周辺．太田陽子ほか編『日本の地形6　近畿・中国・四国』，243-272，東京大学出版会，383p.
岡田篤正（2006）活断層で発生する大地震の連動・連鎖—中央構造線・濃尾断層系・山陰地域の活断層を事例として—．月刊地球，号外54，5-24.
岡田篤正（2010）1：25,000都市圏活断層図　木曽山脈西縁断層帯とその周辺「上松」「妻籠」解説書．国土地理院技術資料，D1-No. 562.
岡田篤正（2012）中央構造線断層帯の第四紀活動史および地震長期評価の研究．第四紀研究，**51**，131-150.
岡田篤正（2016）中央構造線（活）断層帯，『日本地方地質誌7　四国地方』，338-430，朝倉書店，679p.
岡田篤正・安藤雅孝（1979）日本の活断層と地震．科学，**49**，158-169.
岡田篤正・安藤雅孝・佃 為成（1987）山崎断層系安富断層のトレンチ調査．地学雑誌，**96**，81-97.
岡田篤正・池田安隆・中田 高（1981）1：25,000都市圏活断層図　阿寺断層とその周辺「萩原」「下呂」「坂下」「白川」解説書．国土地理院技術資料，D1-No. 458.
岡田篤正・寒川 旭（1978）和泉山脈南麓域における中央構造線の断層変位地形と断層運動．地理学評論，**51**，385-405.
岡田篤正・熊木洋太（1983）宮川の段丘と跡津川断層の変位．月刊地球，**5**，411-416.
岡田篤正・熊原康博（2014）1：25,000都市圏活断層図「六甲・淡路島断層帯とその周辺」「洲本」「由良」「鳴門海峡」解説書．国土地理院技術資料，D1-No. 722，30p.
岡田篤正・鈴木康弘・中田 高（2003）1：25,000都市圏活断層図「時又」．国土地理院技術資料，D1-No. 416.
岡田篤正・千田 昇・中田 高（1996）1：25,000都市圏活断層図「和歌山」「粉河」「五條」，国土地理院技術資料，D1-No. 333.
岡田篤正・千田 昇・中田 高（2009）1：25,000都市圏活断層図「五條」第2版，国土地理院技術資料，D1-No. 524.
岡田篤正・堤 浩之（1997）中央構造線活断層系父尾断層の完新世断層活動—徳島県市場町でのトレンチ調査—．地学雑誌，**106**，644-659＋口絵1.
岡田篤正・東郷正美編（2000）『近畿の活断層』．東京大学出版会，408p+付図.
岡田篤正・松田時彦（1992）根尾村水鳥および中付近における根尾谷断層の第四紀後期の活動性．地学雑誌，**101**，19-37＋口絵写真iii-iv.
岡田篤正ほか（1992）濃尾活断層系から発生した古地震の考察—梅原断層のトレンチ調査—．地学雑誌，**101**，1-18＋口絵写真i-ii.
岡田篤正ほか（1996）1：25,000都市圏活断層図「京都東北部」．国土地理院技術資料，D1-No. 333.
岡田篤正ほか（1998a）1：25,000都市圏活断層図「郡中」．国土地理院技術資料，D1-No. 355.
岡田篤正ほか（1998b）中央構造線活断層系岡村断層の完新世断層活動．活断層研究，**17**，106-131.
岡田篤正ほか（1999）1：25,000都市圏活断層図「徳島」．国土地理院技術資料，D1-No. 368.
岡田篤正ほか（2002）1：25,000都市圏活断層図「佐用」．国土地理院技術資料，D1-No. 396.
岡田篤正ほか（2007）1：25,000都市圏活断層図　境峠–神谷断層帯とその周辺「木曽駒高原」．国土地理院技術資料，D1-No. 495.
岡田篤正ほか（2009）1：25,000都市圏活断層図「川島」第2版．国土地理院技術資料，D1-No. 524.
岡田篤正ほか（2010）1：25,000都市圏活断層図　木曽山脈西縁断層帯とその周辺「上松」．国土地理院技術資料，D1-No. 562.
岡田篤正ほか（2017）1：25,000都市圏活断層図　屏風山・恵那山断層帯及び猿投山断層帯とその周辺「中津川」．国土地理院技術資料，D1-No. 758.
岡田義光（2016）2016年熊本地震（速報）．地震ジャーナル，**61**，1-10.
岡山県（1996）平成7年度地震調査研究交付金　大原断層に関する調査報告書．232p.

岡山俊雄 (1966) 坂下断層崖―阿寺断層の最近の運動―. 駿台史学, **18**, 34-56.
奥村晃史ほか (1994) 糸魚川-静岡構造線活断層系の最近の断層活動―牛伏寺断層・松本市並柳地区トレンチ発掘調査―. 地震Ⅱ, **46**, 425-438.
奥村晃史ほか (1998) 糸魚川-静岡構造線活断層系北部の最近の断層活動　神城断層・松本盆地東縁断層トレンチ発掘調査. 地震Ⅱ, **50**, 35-51.
科学技術庁 (1996) 日本の地震―基礎知識と観測・調査研究の現況. 31p.
活断層研究会編 (1980)『日本の活断層―分布図と資料』. 東京大学出版会, 363p.
活断層研究会編 (1991)『新編 日本の活断層―分布図と資料』. 東京大学出版会, 437p.
勝部亜矢ほか (2017) 2014年長野県北部の地震 (Mw6.2) に伴う地表地震断層の分布と変位量. 地質学雑誌, **123**, 1-21.
加藤茂弘ほか (2016) 山崎断層帯土万断層の完新世後期の活動履歴. 人と自然, **27**, 13-26.
木曽谷第四紀研究グループ (1964) 岐阜県坂下町における阿寺断層による段丘面の転移. 第四紀研究, **3**, 153-166.
岐阜県 (2000～2002) 平成11～13年度地震関係基礎調査交付金　屏風山・恵那山断層帯に関する調査報告書.
九州活構造研究会編 (1989)『九州の活構造』. 東京大学出版会, 553p.
京都大学防災研究所 (2016) 中央構造線断層帯 (金剛山地東縁-和泉山脈南縁) における重点的な調査観測. 平成25～27年度報告書, 311p.
京都府 (2003) 京都府の地震と活断層. 京都府パンフレット.
熊原康博 (2016) 熊本地震の特徴と地表地震断層. 野島断層普及講演会資料.
熊原康博ほか (2014) 1：25,000都市圏活断層図「由良」, 国土地理院技術資料, D1-No. 719.
神戸市 (1999) 阪神・淡路大震災と神戸の活断層. 神戸市震災復興本部総括局, 55p.
小島 弘 (1987) 木曽山脈西翼の変動地形. 駒沢大学大学院地理学研究, **17**, 33-40.
後藤秀昭・杉戸信彦・平川一臣 (2011) 1：25,000都市圏活断層図　富良野盆地とその周辺「富良野盆地北部」「富良野盆地南部」. 国土地理院技術資料, D1-No. 579.
後藤秀昭・堤 浩之・遠田晋次 (2003) 中央構造線活断層系・畑野断層の最新活動時期と変位量. 地学雑誌, **112**, 531-543.
後藤秀昭・中田 高 (2000) 四国の中央構造線活断層系―詳細断層線分布図と資料―. 総合地誌研研究叢書, 35, 広島大学総合地誌研究資料センター, 144p.
後藤秀昭ほか (1999) 1：25,000都市圏活断層図「池田」. 国土地理院技術資料, D1-No. 368.
後藤秀昭ほか (1998) 1：25,000都市圏活断層図「松山」. 国土地理院技術資料, D1-No. 355.
小松原 琢 (1998) 庄内堆積盆地東部における伏在断層の成長に伴う活褶曲の変形過程. 地学雑誌, **107**, 368-389.
小松原 琢ほか (1998) 琵琶湖西岸活断層系北部, 饗庭野断層の第四紀後期の活動. 地質調査所月報, **49**, 447-460.
小松原 琢ほか (1999) 琵琶湖西岸活断層系北部・饗庭野断層の活動履歴. 地震Ⅱ, **51**, 379-394.
斉藤 勝ほか (1997) 和歌山市北部における低位段丘堆積物中の姶良Tn火山灰と根来断層の平均変位速度. 第四紀研究, **36**, 277-280.
佐竹健治ほか (1999) 奈良県金剛断層系の構造と最新活動時期. 地震Ⅱ, **52**, 65-79.
寒川 旭 (1986) 誉田山古墳の断層変位と地震. 地震Ⅱ, **39**, 15-24.
寒川 旭 (1992)『地震考古学』. 中公新書, 1096, 251p.
澤 祥 (1981) 甲府盆地西縁・南縁の活断層. 地理学評論, **54**, 473-492.
澤 祥 (1985) 中部フォッサマグナ西縁, 富士見周辺の活断層. 地理学評論, **58**A, 695-714.
澤 祥ほか (2006) 糸魚川-静岡構造線断層帯北部, 大町～松本北部間の変動地形認定と鉛直平均変位速度解明. 活断層研究, **26**, 121-136.
澤 祥ほか (2007) 糸魚川-静岡構造線活断層帯中部, 松本盆地南部・塩尻峠および諏訪湖南岸断層群の変動地形の再検討. 活断層研究, **27**, 169-190.

澤 祥ほか (2013) 1：25,000 都市圏活断層図 横手盆地東縁断層帯とその周辺「田沢湖」「横手」「湯沢」解説書. 国土地理院技術資料, D1-No. 642, 25p.
産業技術総合研究所 (2007) 庄内平野東縁断層帯の活動性および活動履歴調査.「基盤的調査観測対象断層帯の追加・補完調査」成果報告書 No. H18-6. 18p.
地震本部 (1996) 糸魚川－静岡構造線活断層系の調査結果と評価. 地震本部ウェブサイト.
地震本部 (1997) 神縄・国府津－松田断層帯の調査結果と評価. 地震本部ウェブサイト.
地震本部 (2000) 鈴鹿東縁断層帯の長期評価. 地震本部ウェブサイト.
地震本部 (2001a) 生駒断層帯の評価. 地震本部ウェブサイト.
地震本部 (2001b) 北上低地西縁断層帯の評価. 地震本部ウェブサイト.
地震本部 (2001c) 信濃川断層帯 (長野盆地西縁断層帯) の評価. 地震本部ウェブサイト.
地震本部 (2001d) 養老－桑名－四日市断層帯の評価. 地震本部ウェブサイト.
地震本部 (2002a) 月岡断層帯の長期評価. 地震本部ウェブサイト.
地震本部 (2002b) 長町－利府線断層帯の評価. 地震本部ウェブサイト
地震本部 (2002c) 伊那谷断層帯の評価. 地震本部ウェブサイト.
地震本部 (2002d) 布田川・日奈久断層帯の評価. 地震本部ウェブサイト.
地震本部 (2003) 山崎断層帯の長期評価. 地震本部ウェブサイト.
地震本部 (2004a) 阿寺断層帯の長期評価. 地震本部ウェブサイト.
地震本部 (2004b) 跡津川断層帯の長期評価. 地震本部ウェブサイト.
地震本部 (2004c) 木曽山脈西縁断層帯の長期評価. 地震本部ウェブサイト.
地震本部 (2004d) 長岡平野西縁断層帯の長期評価. 地震本部ウェブサイト.
地震本部 (2004e) 屏風山・恵那山断層帯及び猿投山断層帯の長期評価. 地震本部ウェブサイト.
地震本部 (2004f) 水縄断層帯の長期評価. 地震本部ウェブサイト.
地震本部 (2005a) 雲仙断層群の長期評価. 地震本部ウェブサイト.
地震本部 (2005b) 鈴鹿東縁断層帯の長期評価 (一部改訂). 地震本部ウェブサイト.
地震本部 (2005c) 濃尾断層帯の長期評価. 地震本部ウェブサイト.
地震本部 (2005d) 福島盆地西縁断層帯の長期評価. 地震本部ウェブサイト.
地震本部 (2005e) 別府－万年山断層帯の長期評価. 地震本部ウェブサイト.
地震本部 (2005f) 六甲・淡路島断層帯の長期評価. 地震本部ウェブサイト.
地震本部 (2006) 富良野盆地断層帯の長期評価 (一部改訂). 地震本部ウェブサイト.
地震本部 (2007a) 山形盆地断層帯の長期評価 (一部改訂). 地震本部ウェブサイト.
地震本部 (2007b) 伊那谷断層帯の長期評価 (一部改定). 地震本部ウェブサイト.
地震本部 (2009a) 庄内平野東縁断層帯の長期評価 (一部改訂). 地震本部ウェブサイト.
地震本部 (2009b) 琵琶湖西岸断層帯の長期評価 (一部改訂). 地震本部ウェブサイト.
地震本部 (2011) 中央構造線断層帯 (金剛山地東縁－伊予灘) の長期評価 (一部改訂). 地震本部ウェブサイト.
地震本部 (2013a) 九州地域の活断層の評価 (第一版). 地震本部ウェブサイト.
地震本部 (2013b) 布田川断層帯・日奈久断層帯の評価 (一部改訂). 地震本部ウェブサイト.
地震本部 (2013c) 山崎断層帯の長期評価 (一部改訂). 地震本部ウェブサイト.
地震本部 (2015a) 糸魚川－静岡構造線断層帯の長期評価 (第二版). 地震本部ウェブサイト.
地震本部 (2015b) 塩沢断層帯・平山－松田北断層帯・国府津－松田断層帯 (神縄・国府津－松田断層帯) の長期評価 (第二版). 地震本部ウェブサイト.
地震本部 (2017) 中央構造線断層帯 (金剛山地東縁－由布院) の長期評価 (第二版). 地震本部ウェブサイト.
地震予知総合研究振興会 (1999) 日本の地震防災 活断層. 27p.
信濃毎日新聞社編集局編 (1998)『信州の活断層を歩く』. 信濃毎日新聞社, 190p.
下川浩一ほか (1995) 糸魚川－静岡構造線活断層系ストリップマップ. 構造図11, 地質調査所.
下川浩一ほか (1997) 生駒断層系の活動性調査. 平成8年度活断層調査概要報告書, 37-49, 地質調査所.
新屋浩明 (1984) 白石－福島活断層系の断層変位地形と最新活動時期. 東北地理, 36-4, 219-231.

須貝俊彦・杉山雄一（1998）大深度反射法地震探査による濃尾平野の活構造調査．地質調査所速報，EQ/98/1，55-65.
須貝俊彦ほか（1999）養老断層の完新世後期の活動履歴－1596年天正地震・745年天平地震震源断層の可能性．地質調査所速報，EQ/99/3，89-102.
杉戸信彦・岡田篤正（2010）巡検「養老－桑名－四日市断層帯と1586年天正地震」案内書．日本活断層学会，48p.
杉村 新（1973）『大地の動きをさぐる』．岩波書店，8，232p.
杉山雄一・粟田泰夫・吉岡敏和（1994）柳ヶ瀬－養老断層系ストリップマップ．構造図10，地質調査所.
鈴木康弘（1988）新庄盆地・山形盆地の活構造と盆地発達過程．地理評，61A，332-349.
鈴木康弘・佐野滋樹・野沢竜二郎（2002）航空写真測量に基づく桑名断層の変位地形の解釈．活断層研究，**22**，76-82.
鈴木康弘・千田 昇・渡辺満久（1996a）1：25,000都市圏活断層図「津島」．国土地理院技術資料，D1-333.
鈴木康弘・千田 昇・渡辺満久（1996b）1：25,000都市圏活断層図「四日市」．国土地理院技術資料，D1-333.
鈴木康弘ほか（1996）1：25,000都市圏活断層図「桑名」．国土地理院技術資料，D1-333.
鈴木康弘ほか（1996）六甲－淡路島活断層系と1995年兵庫県南部地震の地震断層．地理学評論，**69**A，7，469-482.
鈴木康弘ほか（2002）1：25,000都市圏活断層図．「飯田」．国土地理院技術資料，D1-No. 396.
鈴木康弘ほか（2004）1：25,000都市圏活断層図「瀬戸」．国土地理院技術資料，D1-No. 435.
鈴木康弘ほか（2010）1：25,000都市圏活断層図　木曽山脈西縁断層帯とその周辺「妻籠」．国土地理院技術資料，D1-No. 562.
総理府地震本部編（1999）『日本の地震活動（追補版）』．395p.
田力正好ほか（2000）1：25,000都市圏活断層図「森」．国土地理院技術資料，D1-No. 375.
田力正好ほか（2007）糸魚川－静岡構造線活断層帯中部，諏訪盆地北東縁の変動地形とその認定根拠，および変位速度分布．活断層研究，**27**，147-168.
地域地盤環境研究所（2008）中央構造線断層帯（和泉山脈南縁－金剛山地東縁）の活動性および活動履歴調査．「活断層の追加・補完調査」成果報告書，No. H19-5，50p.
千田 昇（1979）中部九州の新期地殻変動―とくに第四紀火山岩分布地域における活断層について―．岩手大学教育学部研究年報，**39**，37-75.
千田 昇（1981）中部九州・水縄山地北麓の断層変位地形．岩手大学教育学部研究年報，**40**，67-78.
千田 昇ほか（2000）1：25,000都市圏活断層図「別府」．国土地理院技術資料，D1-No. 375.
千田 昇ほか（2001）1：25,000都市圏活断層図「久留米」．国土地理院技術資料，D1-No. 388.
千田 昇ほか（2002）1：25,000都市圏活断層図「山崎」．国土地理院技術資料，D1-No. 396.
電力中央研究所（2004）糸魚川－静岡構造線活断層系変動地形マップ（松本地域）（諏訪－富士見地域）（白州－櫛形地域）.
佃 栄吉ほか（1993）2.5万分の1阿寺断層系ストリップマップ説明書．構造図7，地質調査所，39p.
堤 浩之（1987）雲仙火山地域の活断層．活断層研究，**4**，55-64.
堤 浩之（2015）1：25,000都市圏活断層図　雲仙断層群とその周辺「雲仙」解説書．国土地理院ウェブサイト.
堤 浩之ほか（1998）1：25,000都市圏活断層図「新居浜」．国土地理院技術資料，D1-No. 355.
堤 浩之ほか（1999）1：25,000都市圏活断層図「伊予三島」．国土地理院技術資料，D1-No. 368.
堤 浩之ほか（2000）1：25,000都市圏活断層図「中野」．国土地理院技術資料，D1-No. 375.
堤 浩之ほか（2001）1：25,000都市圏活断層図「長岡」．国土地理院技術資料，D1-No. 388.
堤 浩之ほか（2005）1：25,000都市圏活断層図「熊川」．国土地理院技術資料，D1-No. 449.
堤 浩之ほか（2015）1：25,000都市圏活断層図　雲仙断層群とその周辺「雲仙」．国土地理院技術資料，D1-No. 731.
東郷正美（2000）『微小地形による活断層判読』．古今書院，206p.
東郷正美・岡田篤正（1983）断層変位地形からみた跡津川断層．月刊地球，**5**，359-366.

東郷正美・岡田篤正（1989）鈴鹿山地東麓・大安町付近における一志断層系の性状．活断層研究，**7**，71-81．
東郷正美ほか（2000）1：25,000都市圏活断層図「長野」．国土地理院技術資料，D1-No. 375．
東郷正美ほか（2008）糸静線活断層系・岡谷断層の最新活動に関する資料．法政大学多摩研究報告，**23**，1-16．
徳島県（2000）徳島県活断層調査報告書―中央構造線断層帯（讃岐山脈南縁）に関する調査―．215p．
遠田晋次ほか（1994）阿寺断層の最新活動時期：1586年天正地震の可能性．地震Ⅱ，**47**，73-77．
遠田晋次ほか（1995）阿寺断層の活動と1586年天正地震：小郷地区，青野原地区，伝田原地区トレンチ掘削調査．地震Ⅱ，**48**，401-421．
遠田晋次ほか（1995）山崎断層系大原断層のトレンチ調査．地震Ⅱ，**48**，57-70．
中田 高・今泉俊文編（2002）活断層詳細デジタルマップ．東京大学出版会，60p＋200万分1活断層分布図＋DVD2枚．
中田 高・大槻憲四郎・今泉俊文（1976）仙台平野西縁・長町－利府線に沿う新期地殻変動．東北地理，28，2-111-120．
中田 高・岡田篤正編（1999）『野島断層　写真と解説―兵庫県南部地震の地震断層』．東京大学出版会，208p．
中田 高・島崎邦彦（1997）活断層研究のための地層抜き取り装置（Geo-slicer）．地学雑誌，**106**，59-69．
中田 高ほか（1996a）1：25,000都市圏活断層図「大阪西北部」．国土地理院技術資料，D1-No. 333．
中田 高ほか（1996b）1：25,000都市圏活断層図「大阪東北部」．国土地理院技術資料，D1-No. 333．
中田 高ほか（1996c）1：25,000都市圏活断層図「大阪東南部」．国土地理院技術資料，D1-No. 333．
中田 高ほか（1998）1：25,000都市圏活断層図「西条」．国土地理院技術資料，D1-No. 355．
中田 高ほか（2009）1：25,000都市圏活断層図「脇町」第2版．国土地理院技術資料，D1-No. 524
西山昭仁（2000）元暦2年（1185）京都地震における京都周辺地域の被害実態．歴史地震，**16**，163-184．
萩原尊禮編（1989）『続古地震―実像と虚像』．東京大学出版会，434p．
兵庫県（1997）平成7年度地震関係基礎調査交付金　山崎断層に関する調査成果報告書．
兵庫県立人と自然の博物館（1997）阪神・淡路大震災と六甲変動－兵庫県南部地震地域の活構造調査報告―．106p．兵庫県神戸土木事務所．
平野信一・中田 高（1981）阿寺断層に沿う第四紀後期の断層変位から推定した地震活動．地理学評論，**54**，231-246．
廣内大助（2004）金剛断層系の平均変位速度分布と奈良盆地南西縁地域における地形発達．地学雑誌，**113**，18-37．
廣内大助ほか（2017）1：25,000都市圏活断層図「白馬岳・大町　一部改訂版」．国土地理院．
福井謙三（1981）山崎断層系の変位地形．地理学評論，**54**，196-213．
藤田和夫・笠間太郎（1982）大阪西北地域の地質．地域地質研究報告（5万分の1図幅）．地質調査所，112p．
藤田和夫・笠間太郎（1983）神戸地域の地質．地域地質研究報告（5万分の1図幅）．地質調査所，115p．
北海道（2004）平成15年度地震関係基礎調査交付金富良野断層帯に関する調査成果報告書．
町田 洋ほか（2006）「日本の地形5　中部」．東京大学出版会，385p．
松岡 暁ほか（2005）雲仙断層群の変位速度と活動史．活断層研究，**25**，135-146．
松島信幸（1995）「伊那谷の造地形史―伊那谷の活断層と第四紀地質―」．飯田市美術博物館調査報告書3，145p．
松島信幸（2012）「5万分の1信州南部活断層地質図」および説明資料図．飯田市美術博物館，13p．
松田時彦（1966）跡津川断層の横ずれ変位．東京大学地震研究所彙報，**44**，1179-1212．
松田時彦（1974）1891年濃尾地震の地震断層．東京大学地震研究所研究速報，**13**，85-126．
松田時彦（1975a）活断層から発生する地震の規模と周期について．地震Ⅱ，**28**，269-283．
松田時彦（1975b）活断層としての石廊崎断層系の評価．1974年伊豆半島沖地震災害調査研究報告，121-125．
松田時彦（1993）相模湾北西部地域の地震テクトニクス．地学雑誌，**102**，354-364．

松田時彦・岡田篤正 (1968) 活断層．第四紀研究，**7**，188-199.
松田時彦ほか (1977) 空中写真による活断層の認定と実例．東京大学地震研究所彙報，**52**，461-496.
松田時彦ほか (1980) 1896年陸羽地震の地震断層．東京大学地震研究所彙報，**55**，795-855.
松多信尚ほか (2006) 写真測量技術を導入した糸魚川－静岡構造線断層帯北部（栂池－木崎湖）の詳細変位地形・鉛直平均変位速度解析．活断層研究，**26**，105-120.
水野清秀(1987)四国及び淡路島の中央構造線沿いに分布する鮮新・更新統について(予報)．地質調査所月報，**38**，171-190.
水野清秀・寒川 旭・佃 栄吉 (1994) 中央構造線活断層系（近畿地域）ストリップマップ (1：25,000)，地質調査所.
水野清秀ほか (1993) 2.5万分の1中央構造線活断層系（四国地域）ストリップマップ，構造図8，地質調査所，63p.
水野清秀ほか (1999) 和歌山平野根来地区深層ボーリング調査から明らかになった平野地下の地質．地質学雑誌，**105**，235-238.
宮内崇裕ほか (1996) 1：25,000都市圏活断層図「秦野」「小田原」．国土地理院技術資料，D1-No. 333.
宮内崇裕ほか (2000) 1：25,000都市圏活断層図「飯山」．国土地理院技術資料，D1-No. 375.
宮内崇裕ほか (2001) 1：25,000都市圏活断層図「花巻」．国土地理院技術資料，D1-No. 396.
宮内崇裕ほか (2003) 1：25,000都市圏活断層図「新津」，国土地理院技術資料，D1-No. 416.
宮内崇裕ほか (2005) 1：25,000都市圏活断層図「北小松」．国土地理院技術資料，D1-No. 449.
宮内崇裕ほか (2017) 1：25,000都市圏活断層図　屏風山・恵那山断層帯及び猿投山断層帯とその周辺「恵那」．国土地理院技術資料，D1-No. 758.
宮城県 (1996)「平成7年度地震調査研究交付金　長町－利府断層帯に関する調査業務（地形・地質調査）成果報告書」．10p.
宮地良典・田結庄良昭・寒川 旭 (2001) 大阪東北部地域の地質．地域地質研究報告（5万分1地質図幅），地質調査所，130p.
宮地良典ほか (1998) 大阪東南部地域の地質．地域地質研究報告（5万分1地質図幅），地質調査所，113p.
村松郁栄・松田時彦・岡田篤正 (2002)『濃尾地震と根尾谷断層帯—内陸最大地震と断層の諸性質—』．古今書院，354p.
八木浩司ほか (2001) 1：25,000都市圏活断層図「山形」．国土地理院技術資料，D1-No. 388.
山形県 (1998) 平成9年度地震関係基礎調査研究交付金山形県活断層調査成果報告書．山形県，158p.
山形県 (2000) 平成11年度地震関係基礎調査研究交付金山形県活断層調査成果報告書，193p.
山崎晴雄 (1993) 南関東の地震テクトニクスと国府津－松田断層の活動．地学雑誌，**102**，365-373.
吉岡敏和ほか (2001) 濃尾地震断層系・温見断層の活動履歴調査．活断層・古地震研究成果報告，No. 1，産業技術総合研究所地質調査総合センター，97-105.
吉岡敏和ほか (2005) 全国主要活断層活動確率地図および説明書．構造図14，産総研地質調査総合センター，127p.
渡辺邦彦ほか (1996) 兵庫県南部地震前後の山崎断層域の地殻活動．防災研年報，**39**-B1，205-214.
渡辺満久 (1985) 奥羽脊梁山脈と福島盆地の分化に関する断層モデル．地理学評論，**58**A，1-18.
渡辺満久 (1989) 北上低地帯の分化様式と断層運動．地理学評論，**62**A，734-749.
渡辺満久・宇根 寛 (1985) 新潟平野東縁の活断層と山地の隆起．地理学評論，58A，536-547.
渡辺満久・鈴木康弘・中田 高 (1996) 1：25,000都市圏活断層図「神戸」，国土地理院技術資料，D1-No. 333.
渡辺満久・鈴木康弘・中田 高 (1996) 1：25,000都市圏活断層図「明石」，国土地理院技術資料，D1-No. 333.
渡辺満久ほか (2000) 越後平野西縁，鳥越断層群の完新世における活動性と最新活動時期．地震Ⅱ，**53**，153-164.
渡辺満久ほか (2001) 1：25,000都市圏活断層図「小千谷」．国土地理院技術資料，D1-No. 388.
渡辺満久ほか (2003) 1：25,000都市圏活断層図「新発田」，国土地理院技術資料，D1-No. 416.

索　引

太字ノンブルは本文中で見出しになっている箇所.

サ　行

タ　行

ナ　行

ハ　行

マ　行

ヤ　行

ラ　行

ワ　行

著者略歴

岡田篤正（おかだ あつまさ）

岡山県井原市に生まれる.
1965年　東京教育大学理学部地学科地理学専攻卒業
1972年　東京大学大学院理学系研究科博士課程修了
　　　　愛知県立大学教授，京都大学理学研究科教授，立命館大学特別招聘教授を経て
現　在　京都大学名誉教授
　　　　理学博士

主　著　『新編　日本の活断層—分布図と資料』(東京大学出版会, 1991),『九州の活構造』(東京大学出版会，1989),『近畿の活断層』(東京大学出版会，2000),『濃尾地震と根尾谷断層帯』(古今書院，2002),『日本の地形6　近畿・中国・四国』(東京大学出版会, 2004),『野島断層　写真と解説—兵庫県南部地震の地震断層』(東京大学出版会，1999),『日本地方地質誌7　四国地方』(朝倉書店，2016) など.

八木浩司（やぎ ひろし）

鳥取県米子市に生まれ兵庫県姫路市で育つ.
1979年　東北大学理学部地学科地理学専攻卒業
1986年　東北大学大学院理学研究科博士後期課程修了
　　　　防衛大学校数物教室助手，同講師，山形大学教育学部助教授を経て
現　在　山形大学地域教育文化学部教授
　　　　理学博士

主　著　『日本の海成段丘アトラス』(東京大学出版会，2001),『第四紀逆断層アトラス』(東京大学出版会，2002),『日本の地形3　東北』(東京大学出版会，2005),『地形の辞典』(朝倉書店，2017),『世界地名大事典2　アジア・オセアニア・極II』(朝倉書店，2017),『白神の意味』(自湧社，1998),『Landslide Hazard Mitigation in the Hindu Kush-Himalayas』(ICIMOD，2001) など (いずれも分担執筆).

図説　日本の活断層
—空撮写真で見る主要活断層帯36—　　　定価はカバーに表示

2019年2月20日　初版第1刷
2021年7月15日　　　　第3刷

著　者　岡田篤正
　　　　八木浩司
発行者　朝倉誠造
発行所　株式会社 朝倉書店
東京都新宿区新小川町6-29
郵便番号　162-8707
電　話　03(3260)0141
FAX　03(3260)0180
http://www.asakura.co.jp

〈検印省略〉

シナノ印刷・渡辺製本

ISBN 978-4-254-16073-4 C3044　　　Printed in Japan

西村祐二郎編著　鈴木盛久・今岡照喜・高木秀雄・金折裕司・磯﨑行雄著 **基礎地球科学**（第2版） 16056-7 C3044　A５判 232頁 本体2800円	地球科学の基礎を平易に解説し好評を得た『基礎地球科学』を，最新の知見やデータを取り入れ全面的な記述の見直しと図表の入れ替えを行い，より使いやすくなった改訂版。地球環境問題についても理解が深まるように配慮されている。
愛媛大 山本明彦編著 **地球ダイナミクス** 16067-3 C3044　B５判 232頁 本体4700円	固体地球物理学の主要テーマをおさえた教科書。基礎理論だけでなく，近年知見の集積と進歩の著しい観測についても解説。〔内容〕地震／地殻変動／火山／津波／磁気／重力／温度・熱／地球内部の物質科学／地球内部のダイナミクス
静岡大 狩野謙一・徳島大 村田明広著 **構造地質学** 16237-0 C3044　B５判 308頁 本体5700円	構造地質学の標準的な教科書・参考書。〔内容〕地質構造観察の基礎／地質構造の記載／方位の解析／地殻の変形と応力／地殻物質の変形／変形メカニズムと変形相／地質構造の形成過程と形成条件／地質構造の解析とテクトニクス／付録
前筑波大 松倉公憲著 **地形変化の科学** ―風化と侵食― 16052-9 C3044　B５判 256頁 本体5800円	日本に頻発する地すべり・崖崩れや陥没・崩壊・土石流等の仕組みを風化と侵食という観点から約260の図写真と豊富なデータを駆使して詳述した理学と工学を結ぶ金字塔。〔内容〕風化プロセスと地形／斜面プロセス／風化速度と地形変化速度
日本地質学会編 日本地方地質誌１ **北海道地方** 16781-8 C3344　B５判 664頁 本体26000円	北海道地方の地質を体系的に記載。中生代～古第三紀収束域・石炭形成域／日高衝突帯／島弧会合部／第四紀／地形面・地形面堆積物／火山／海洋地形・地質／地殻構造／地質資源／燃料資源／地下水と環境／地質災害と予測／地質体形成モデル
日本地質学会編 日本地方地質誌２ **東北地方** 16782-5 C3344　B５判 712頁 本体27000円	東北地方の地質を東日本大震災の分析を踏まえ体系的に記載。総説・基本構造／構造発達史／中・古生界／白亜系-古第三系／白亜紀-古第三紀火成岩類／新第三系-第四系／変動地形／火山／海洋地質／2011年東北地方太平洋沖地震／地質災害他
日本地質学会編 日本地方地質誌３ **関東地方** 16783-2 C3344　B５判 592頁 本体26000円	関東地方の地質を体系的に記載・解説。成り立ちから応用まで，関東の地質の全体像が把握できる。〔内容〕地質概説（地形／地質構造／層序変遷他）／中・古生界／第三系／第四系／深部地下地質／海洋地質／地震・火山／資源・環境地質／他
日本地質学会編 日本地方地質誌４ **中部地方** （CD-ROM付） 16784-9 C3344　B５判 588頁 本体25000円	中部地方の地質を「総論」と露頭を地域別に解説した「各論」で構成。〔内容〕【総論】基本枠組み／プレート運動とテクトニクス／地質体の特徴【各論】飛驒／舞鶴／来馬・手取／伊豆／断層／活火山／資源／災害／他
日本地質学会編 日本地方地質誌５ **近畿地方** 16785-6 C3344　B５判 472頁 本体22000円	近畿地方の地質を体系的に記載・解説。成り立ちから応用地質学まで，近畿の地質の全体像が把握できる。〔内容〕地形・地質の概要／地質構造発達史／中・古生界／新生界／活断層・地下深部構造・地震災害／資源・環境・地質災害
日本地質学会編 日本地方地質誌６ **中国地方** 16786-3 C3344　B５判 576頁 本体25000円	古い時代から第三紀中新世の地形，第四紀の気候・地殻変動による新しい地形すべてがみられる。〔内容〕中・古生界／新生界／変成岩と変性作用／白亜紀・古第三紀／島弧火山岩／ネオテクトニクス／災害地質／海洋地質／地下資源
日本地質学会編 日本地方地質誌７ **四国地方** 16787-0 C3344　B５判 708頁 本体27000円	四国地方の地質を体系的に記載。地質概説・地体構造／領家帯／三波川帯／御荷鉾緑色岩類／秩父帯／四万十帯／新第三紀火成岩類／新生代堆積岩類／ネオテクトニクス／地質災害／温泉・地下水／地下資源／海洋地質／地殻構造／他
日本地質学会編 日本地方地質誌８ **九州・沖縄地方** 16788-7 C3344　B５判 648頁 本体26000円	この半世紀の地球科学研究の進展を鮮明に記す。地球科学のみならず自然環境保全・防災・教育関係者も必携の書。〔内容〕序説／第四紀テクトニクス／新生界／中・古生界／火山／深成岩／変成岩／海洋地質／環境地質／地下資源